내신 1등급 문제서

절대등급

Time Attack

137

절대등급으로
수학 내신 1등급 도전!

- 1등급을 위한 **최고 수준 문제**
- 실전을 위한 **타임어택 1, 3, 7분컷**
- 기출에서 pick한 **출제율 높은 문제**

이 책의 검토에 참여하신 선생님들께 감사드립니다.
김문석(포항제철고), 김영산(전일고), 김종서(마산중앙고), 김종익(대동고)
남준석(마산가포고), 박성목(창원남고), 배정현(세화고), 서효선(전주사대부고)
손동준(포항제철고), 오종현(전주해성고), 윤성호(클라이매쓰), 이태동(세화고), 장진영(장진영수학)
정재훈(금성고), 채종윤(동암고), 최원욱(육민관고)

이 책의 감수에 도움을 주신 분들께 감사드립니다.
권대혁(창원남산고), 권순만(강서고), 김경열(세화여고), 김대의(서문여고), 김백중(고려고), 김영민(행신고)
김영욱(혜성여고), 김종관(진선여고), 김종성(중산고), 김종우(우신고), 김준기(중산고), 김지현(진명여고), 김헌충(고려고)
김현주(살레시오여고), 김형섭(경산과학고), 나준영(단대부고), 류병렬(대진여고), 박기헌(울산외고)
백동훈(청구고), 손태진(풍문고), 송영식(혜성여고), 송진웅(대동고), 유태혁(세화고), 윤신영(대륜고)
이경란(일산대진고), 이성기(세화여고), 이승열(제일고), 이의원(인천국제고), 이장원(세화고), 이주현(목동고)
이준배(대동고), 임성균(인천과학고), 전윤미(한가람고), 정지현(수도여고), 최동길(대구여고)

이 책을 검토한 선배님들께 감사드립니다.
김은지(서울대), 김형준(서울대), 안소현(서울대), 이우석(서울대), 최윤성(서울대)

내신 1등급
문제서

절대등급

고등 수학(하)

수학을 모르는 사람은
자연의 진정한 아름다움을 알 수 없다.

By 리처드 파인만

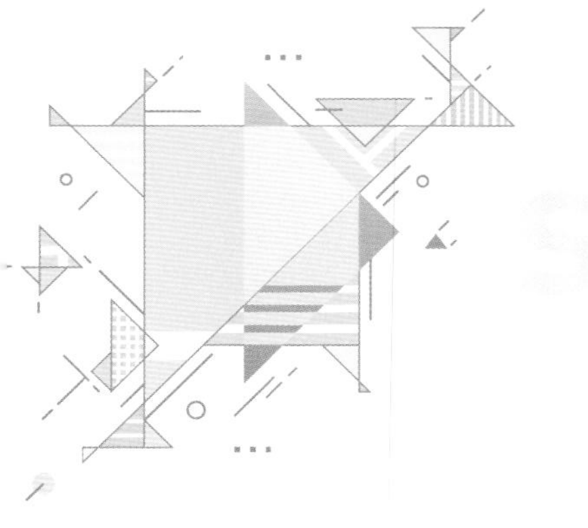

이 책의 특장점

절대등급은
전국 500개 최근 학교 시험 문제를 분석하고 내신 1등급이라면 꼭 풀어야 하는 문제들만을 엄선하여 효과적으로 내신 1등급 대비가 가능하게 구성한 상위권 실전 문제집입니다.

간단 명료한 개념 정리

단원별로 꼭 알아야 하는 필수 개념을 읽기 편하고 이해하기 쉽게 구성하였습니다.
문제를 푸는 데 있어 기본적인 바탕이 되는 개념들이므로 정리하여 익히도록 합니다.

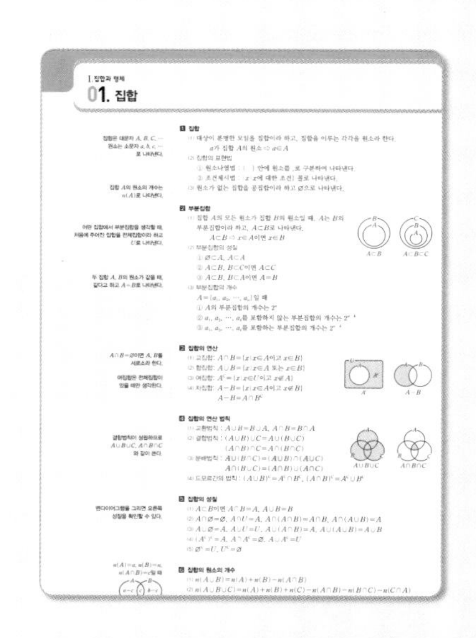

첫째, 타임어택 1, 3, 7분컷!

학교 시험 문제 중에서
출제율이 높은 문제를 기본과 실력으로 나누고
1등급을 결정짓는 변별력 있는 문제를 선별하여
[기본 문제 1분컷], [실력 문제 3분컷],
[최상위 문제 7분컷]의 3단계 난이도로 구성하였습니다.
제한된 시간 안에 문제를 푸는 연습을 하여
실전에 대한 감각을 기르고, 세 단계를 차례로 해결하면서
탄탄하게 실력을 쌓을 수 있습니다.

둘째, 격이 다른 문제!

원리를 해석하면 감각적으로 풀리는 문제,
다양한 영역을 통합적으로 생각해야 하는 문제,
최근 떠오르고 있는 새로운 유형의 문제 등
계산만 복잡한 문제가 아닌 수학적 사고력과
문제해결력을 기를 수 있는 문제들로
구성하였습니다.

셋째, 차별화된 해설!

[전략]을 통해 풀이의 실마리를 제시하였고,
이해하기 쉬운 깔끔한 풀이와
한 문제에 대한 여러 가지 해결 방법,
사고의 폭을 넓혀주는 친절한 Note를
다양하게 제시하여 문제, 문제마다
충분한 점검을 할 수 있습니다.

step A 기본 문제

학교 시험에 꼭 나오는 Best 문제 중 80점 수준의 중 난이도 문제로 구성하여 기본을 확실하게 다지도록 하였습니다.

- code 핵심 원리가 같은 문제끼리 code명으로 묶어 제시하였습니다.

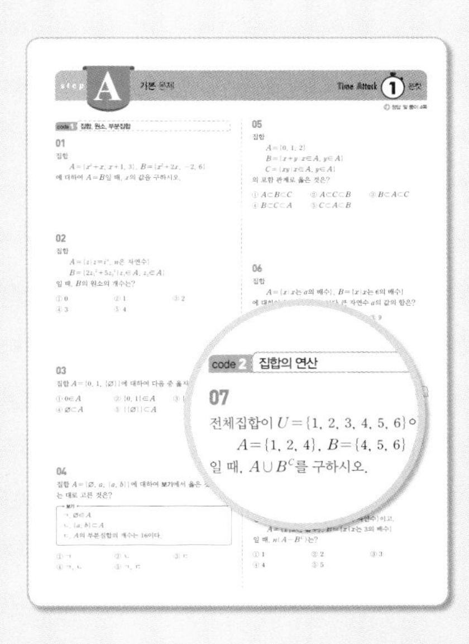

step B 실력 문제

학교 시험에서 출제율이 높은 문제 중 90점 수준의 상 난이도 문제로 구성하였습니다. 1등급이라면 꼭 풀어야 하는 문제들로 실력을 탄탄하게 쌓을 수 있습니다.

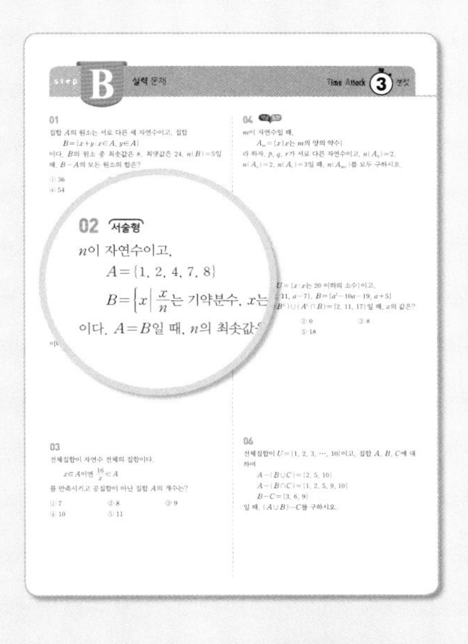

step C 최상위 문제

1등급을 넘어 100점을 결정짓는 최상위 수준의 문제를 학교 시험에서 엄선하여 수록하였습니다.
고난이도 문제에 대한 해결 능력을 키워 학교 시험에 완벽하게 대비하세요.

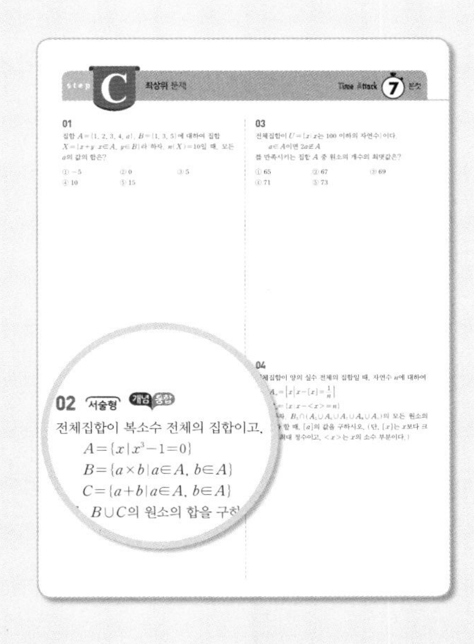

- step B, step C 에는 번뜩 아이디어, 개념 통합, 신유형, 서술형 문제를 수록하여 다양한 문제를 접할 수 있도록 구성하였습니다.

정답 및 풀이

- **[전략]** 풀이의 실마리, 문제를 해결하는 핵심 원리를 간단 명료하게 제시하여 해결 과정의 핵심을 알 수 있도록 하였습니다.
- **Note** 풀이 과정 외에 더 알아두어야 할 내용, 실수하기 쉬운 부분 등에 대해 보충 설명을 추가하여 풀이에 대한 이해력을 높여 줍니다.
- **절대등급 Note** 풀이를 통해 도출된 개념, 문제에 적용된 중요 원리, 꼭 알아두어야 할 공식 등을 정리하였습니다. 반드시 확인하여 문제를 푸는 노하우를 익히세요.
- **번뜩** 좀 더 생각하여 다른 원리로 접근하면 풀이가 간단해지는 문제는 노트와 다른 풀이를 통해 번뜩 아이디어를 제시하였습니다.

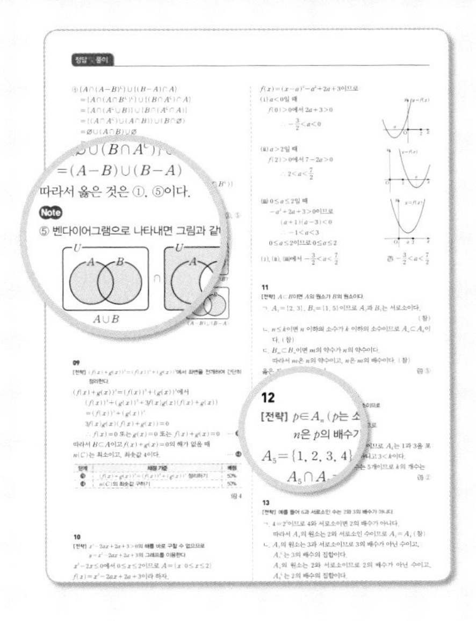

이 책의 **차례**

수학(하)

수학(상)

I. 집합과 명제

01. 집합

02. 명제

01. 집합

1 집합

(1) 대상이 분명한 모임을 집합이라 하고, 집합을 이루는 각각을 원소라 한다.

a가 집합 A의 원소 ⇨ $a \in A$

(2) 집합의 표현법

① 원소나열법 : { } 안에 원소를 ,로 구분하여 나타낸다.

② 조건제시법 : $\{x|x$에 대한 조건$\}$ 꼴로 나타낸다.

(3) 원소가 없는 집합을 공집합이라 하고 $\varnothing$으로 나타낸다.

집합은 대문자 $A, B, C, \cdots$ 원소는 소문자 $a, b, c, \cdots$ 로 나타낸다.

집합 A의 원소의 개수는 $n(A)$로 나타낸다.

2 부분집합

(1) 집합 A의 모든 원소가 집합 B의 원소일 때, A는 B의 부분집합이라 하고, $A \subset B$로 나타낸다.

$A \subset B$ ⇨ $x \in A$이면 $x \in B$

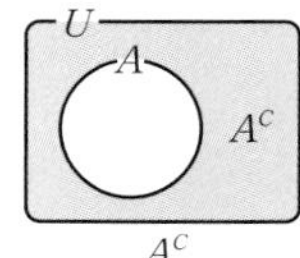

$A \subset B$

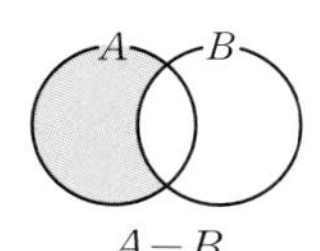

$A \subset B \subset C$

(2) 부분집합의 성질

① $\varnothing \subset A$, $A \subset A$

② $A \subset B$, $B \subset C$이면 $A \subset C$

③ $A \subset B$, $B \subset A$이면 $A = B$

(3) 부분집합의 개수

$A = \{a_1, a_2, \cdots, a_n\}$일 때

① A의 부분집합의 개수는 2^n

② $a_1, a_2, \cdots, a_k$를 포함하지 않는 부분집합의 개수는 2^{n-k}

③ $a_1, a_2, \cdots, a_k$를 포함하는 부분집합의 개수는 2^{n-k}

어떤 집합에서 부분집합을 생각할 때, 처음에 주어진 집합을 전체집합이라 하고 U로 나타낸다.

두 집합 A, B의 원소가 같을 때, 같다고 하고 $A=B$로 나타낸다.

3 집합의 연산

(1) 교집합 : $A \cap B = \{x|x \in A$이고 $x \in B\}$

(2) 합집합 : $A \cup B = \{x|x \in A$ 또는 $x \in B\}$

(3) 여집합 : $A^C = \{x|x \in U$이고 $x \notin A\}$

(4) 차집합 : $A - B = \{x|x \in A$이고 $x \notin B\}$

$A - B = A \cap B^C$

A^C

A−B

$A \cap B = \varnothing$이면 A, B를 서로소라 한다.

여집합은 전체집합이 있을 때만 생각한다.

4 집합의 연산 법칙

(1) 교환법칙 : $A \cup B = B \cup A$, $A \cap B = B \cap A$

(2) 결합법칙 : $(A \cup B) \cup C = A \cup (B \cup C)$

$(A \cap B) \cap C = A \cap (B \cap C)$

(3) 분배법칙 : $A \cup (B \cap C) = (A \cup B) \cap (A \cup C)$

$A \cap (B \cup C) = (A \cap B) \cup (A \cap C)$

(4) 드모르간의 법칙 : $(A \cup B)^C = A^C \cap B^C$, $(A \cap B)^C = A^C \cup B^C$

$A \cap B \cap C$

결합법칙이 성립하므로 $A \cup B \cup C$, $A \cap B \cap C$ 와 같이 쓴다.

5 집합의 성질

(1) $A \subset B$이면 $A \cap B = A$, $A \cup B = B$

(2) $A \cap \varnothing = \varnothing$, $A \cap U = A$, $A \cap (A \cap B) = A \cap B$, $A \cap (A \cup B) = A$

(3) $A \cup \varnothing = A$, $A \cup U = U$, $A \cup (A \cap B) = A$, $A \cup (A \cup B) = A \cup B$

(4) $(A^C)^C = A$, $A \cap A^C = \varnothing$, $A \cup A^C = U$

(5) $\varnothing^C = U$, $U^C = \varnothing$

벤다이어그램을 그리면 오른쪽 성질을 확인할 수 있다.

6 집합의 원소의 개수

(1) $n(A \cup B) = n(A) + n(B) - n(A \cap B)$

(2) $n(A \cup B \cup C) = n(A) + n(B) + n(C) - n(A \cap B) - n(B \cap C) - n(C \cap A)$
$+ n(A \cap B \cap C)$

$n(A)=a$, $n(B)=b$, $n(A \cap B)=c$일 때

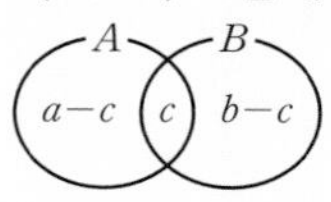

정답 및 풀이 4쪽

code 1 집합, 원소, 부분집합

01

집합

$A=\{x^2+x,\ x+1,\ 3\}$, $B=\{x^2+2x,\ -2,\ 6\}$

에 대하여 $A=B$일 때, x의 값을 구하시오.

02

집합

$A=\{z\,|\,z=i^n,\ n$은 자연수$\}$

$B=\{2{z_1}^2+5{z_2}^2\,|\,z_1\in A,\ z_2\in A\}$

일 때, B의 원소의 개수는?

① 0 ② 1 ③ 2
④ 3 ⑤ 4

03

집합 $A=\{0,\ 1,\ \{\varnothing\}\}$에 대하여 다음 중 옳지 않은 것은?

① $0\in A$ ② $\{0,\ 1\}\in A$ ③ $\{\varnothing\}\in A$
④ $\varnothing\subset A$ ⑤ $\{\{\varnothing\}\}\subset A$

04

집합 $A=\{\varnothing,\ a,\ \{a,\ b\}\}$에 대하여 **보기**에서 옳은 것만을 있는 대로 고른 것은?

보기

ㄱ. $\varnothing\in A$
ㄴ. $\{a,\ b\}\subset A$
ㄷ. A의 부분집합의 개수는 16이다.

① ㄱ ② ㄴ ③ ㄷ
④ ㄱ, ㄴ ⑤ ㄱ, ㄷ

05

집합

$A=\{0,\ 1,\ 2\}$

$B=\{x+y\,|\,x\in A,\ y\in A\}$

$C=\{xy\,|\,x\in A,\ y\in A\}$

의 포함 관계로 옳은 것은?

① $A\subset B\subset C$ ② $A\subset C\subset B$ ③ $B\subset A\subset C$
④ $B\subset C\subset A$ ⑤ $C\subset A\subset B$

06

집합

$A=\{x\,|\,x$는 a의 배수$\}$, $B=\{x\,|\,x$는 6의 배수$\}$

에 대하여 $B\subset A$일 때, 1보다 큰 자연수 a의 값의 합은?

① 5 ② 8 ③ 9
④ 11 ⑤ 13

code 2 집합의 연산

07

전체집합이 $U=\{1,\ 2,\ 3,\ 4,\ 5,\ 6\}$이고,

$A=\{1,\ 2,\ 4\}$, $B=\{4,\ 5,\ 6\}$

일 때, $A\cup B^C$를 구하시오.

08

전체집합이 $U=\{x\,|\,x$는 10 이하의 자연수$\}$이고,

$A=\{x\,|\,x$는 홀수$\}$, $B=\{x\,|\,x$는 3의 배수$\}$

일 때, $n(A-B^C)$는?

① 1 ② 2 ③ 3
④ 4 ⑤ 5

09

집합

$A=\{1, 3, a+2\}$, $B=\{a, b, c\}$

에 대하여 $A\cap B=\{3, 6\}$일 때, $A\cup B$의 모든 원소의 합은?

① 13 ② 14 ③ 15 ④ 16 ⑤ 17

10

전체집합이 U이고, 집합 A, B에 대하여

$A=\{2, 3, 4, 5, 6\}$, $A\cap B^C=\{2, 6\}$

일 때, $A\cap B$를 구하시오.

11

전체집합이 $U=\{1, 2, 3, 4, 5\}$이고, $A=\{1, 4, 5\}$이다.

$A\cap(A-B)=A$, $A\cup B=U$

일 때, 집합 B의 모든 원소의 합은?

① 2 ② 3 ③ 5 ④ 7 ⑤ 9

12

전체집합이 $U=\{x\,|\,x$는 자연수$\}$이고,

$P=\{x\,|\,x$는 10 이하의 자연수$\}$

$Q=\{x\,|\,x$는 소수$\}$

$R=\{x\,|\,x$는 홀수$\}$

일 때, $(P\cap Q^C)-R$를 구하시오.

13

자연수 k에 대하여 A_k는 k의 배수의 집합이라 하자.

$A_4\cap A_6=A_a$, $(A_6\cup A_{12})\subset A_b$

일 때, $a+b$의 최댓값을 구하시오.

code 3 벤다이어그램

14

다음 중 벤다이어그램의 색칠한 부분을 나타내지 않는 집합은?

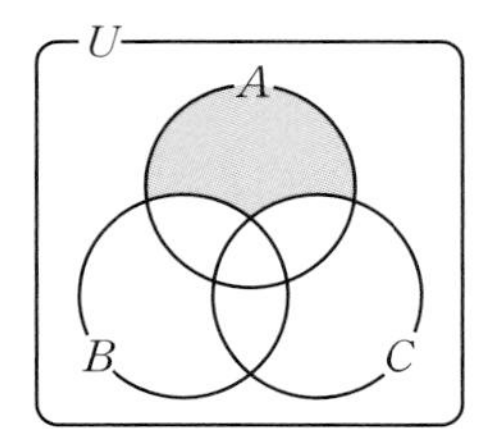

① $(A-B)\cap(A-C)$
② $A-(B\cup C)$
③ $(A-B)-C$
④ $(A\cup B)\cap(A\cup C)$
⑤ $A\cap(B\cup C)^C$

15

다음 중 벤다이어그램의 색칠한 부분을 나타내는 집합은?

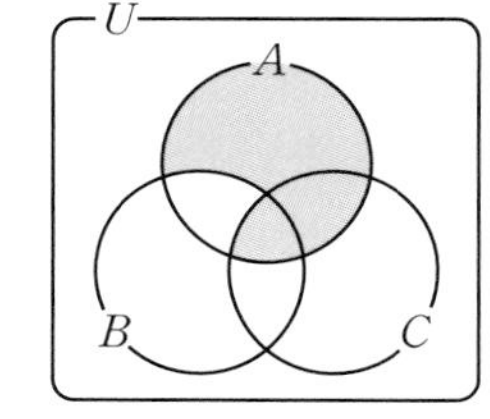

① $(A\cup B)-C$
② $A-(B-C)$
③ $(A\cup C)-B$
④ $A-(B\cup C)$
⑤ $A-(B\cap C)$

code 4 집합의 연산 법칙

16

전체집합이 $U=\{x\,|\,x$는 10 이하의 자연수$\}$이고, 집합 A, B에 대하여

$A^C\cap B^C=\{5, 7, 10\}$, $A\cap B^C=\{2, 6, 8\}$

$A^C\cap B=\{4, 9\}$

일 때, A를 구하시오.

17

전체집합이 $U=\{1, 2, 3, \cdots, 10\}$이고,

$A=\{2, 3, 4, 5\}$, $B=\{1, 3, 5, 7\}$, $C=\{5, 6, 7, 8\}$

일 때, $A\cap(B^C\cup C^C)$를 구하시오.

18

집합 A, B, C에 대하여

$A\cap B=\{2, 3, 4, 5\}$, $A\cap C=\{1, 3, 5\}$

일 때, $A\cap(B\cup C)$를 구하시오.

19

전체집합이 $U=\{x|x$는 6과 서로소인 15 이하의 자연수$\}$이고, 집합 A, B에 대하여

$A-B=\{5, 7\}$, $A^C\cup B^C=\{5, 7, 11\}$

이다. B의 모든 원소의 합의 최댓값을 M, 최솟값을 m이라 할 때, $M+m$의 값은?

① 11　② 13　③ 25　④ 37　⑤ 39

20

전체집합이 U일 때, 집합 A, B에 대하여

$(B\cup A^C)^C\cup(A-B^C)$

를 간단히 하면?

① A　② B　③ $A-B$　④ $A\cap B$　⑤ $A\cup B$

21

전체집합이 U일 때, 집합 A, B에 대하여

$(A-B)\cup(A^C\cup B)$

를 간단히 하면?

① U　② $\varnothing$　③ A　④ B　⑤ A^C

22

전체집합이 U이고, 집합 A, B에 대하여

$(A-B^C)\cup(B^C-A^C)=A\cap B$

일 때, 다음 중 항상 옳은 것을 모두 고르면?

① $B\subset A$　② $B^C\subset A^C$　③ $B-A=\varnothing$　④ $A\cup B=A$　⑤ $A\cap B^C=\varnothing$

23

전체집합이 U이고, 집합 A, B에 대하여

$(A\cup B^C)^C=B$

일 때, **보기**에서 항상 옳은 것만을 있는 대로 고른 것은?

보기

ㄱ. $B\subset A^C$　ㄴ. $A\cup B=U$　ㄷ. $A-B=A$

① ㄱ　② ㄴ　③ ㄱ, ㄴ　④ ㄱ, ㄷ　⑤ ㄴ, ㄷ

code 5 새로 정의하는 집합

24

집합

$A=\{1, 2, 3, 4, 5\}$

$B=\{x|x$는 10 이하의 소수$\}$

$C=\{2n|1\le n\le 5, n$은 자연수$\}$

에 대하여 $A\triangle B=(A-B)\cup(B-A)$라 할 때, $A\triangle(B\triangle C)$를 구하시오.

25
전체집합이 자연수 전체의 집합일 때, 집합 X, Y에 대하여

$X◎Y=(X\cup Y)-(X\cap Y)$

라 하자. 집합 A, B에 대하여 $A=\{1, 2, 3, 4, 5\}$이고 $A◎B=\varnothing$일 때, B를 구하시오.

26
전체집합이 U일 때, 집합 A, B에 대하여

$A\diamond B=(A-B)\cup(B-A)$

라 하자. $A^C\diamond B=U$일 때, $A\diamond B$와 같은 집합은?

① $\varnothing$ ② A^C ③ $A\cap B$
④ B ⑤ $A\cup B$

code 6 부분집합의 개수

27
집합 $A=\{2, 3, 4, 5, 6, 7\}$, $B=\{1, 2, 6, 8, 9\}$에 대하여

$B\cup X=B$, $A\cap X=\varnothing$

일 때, 공집합이 아닌 집합 X의 개수는?

① 4 ② 7 ③ 8
④ 15 ⑤ 16

28
집합 $A=\{1, 2, 3, 4\}$, $B=\{2, 4, 6, 8, 10\}$에 대하여

$A\cap X=X$, $(A-B)\cup X=X$

를 만족시키는 집합 X의 개수는?

① 0 ② 2 ③ 4
④ 6 ⑤ 8

29
전체집합이 $U=\{x|x$는 8 이하의 자연수$\}$이다.

$A=\{1, 3, 5, 7\}$, $B^C-A^C=\{1\}$

을 만족시키는 집합 B의 개수를 구하시오.

30
전체집합이 $U=\{1, 2, 3, 4, 5, 6, 7\}$이고,

$A=\{2, 3, 4, 5\}$, $B=\{1, 3\}$

일 때, $A\cup C=B\cup C$를 만족시키는 집합 C의 개수는?

① 8 ② 12 ③ 16
④ 20 ⑤ 24

31
전체집합이 $U=\{x|x$는 24의 양의 약수$\}$이고,

$A=\{x|x$는 4의 양의 약수$\}$

$B=\{x|x$는 12의 양의 약수$\}$

이다. $A\cap X=A$, $B\not\subset X$를 만족시키는 집합 X의 개수는?

① 16 ② 20 ③ 24
④ 28 ⑤ 32

32
전체집합이 $U=\{1, 2, 3, 4, 5, 6\}$일 때, $\{3, 4\}\cap A\neq\varnothing$을 만족시키는 집합 A의 개수는?

① 24 ② 36 ③ 48
④ 60 ⑤ 72

code 7 방정식, 부등식과 집합

33

집합

$A=\{x \mid x^3-7x^2+14x-8=0\}$

$B=\{x \mid x^4-5x^2+4=0\}$

에 대하여 $(A-B)\cup(B-A)$를 구하시오.

34

집합

$A=\{x \mid 1\le x<3\}$

$B=\{x \mid x^2-2ax+a^2-4<0\}$

에 대하여 $A\subset B$일 때, a의 값의 범위를 구하시오.

35

집합

$A=\{x \mid x^2-8x+12\le 0\}$, $B=\{x \mid x^2+ax+b<0\}$

에 대하여 $A\cap B=\varnothing$, $A\cup B=\{x \mid -1<x\le 6\}$일 때, $a+b$의 값은?

① -6　② -5　③ -4
④ -3　⑤ -2

code 8 원소의 개수

36

전체집합이 U이고, 집합 A, B에 대하여

$n(U)=50$, $n(A)=26$

$n(B)=33$, $n(A^C\cap B^C)=6$

일 때, $n(B-A)$는?

① 10　② 12　③ 14
④ 16　⑤ 18

37

어느 반 40명의 학생 중에서 축구를 좋아하는 학생이 21명, 야구를 좋아하는 학생이 16명, 축구와 야구 중 어느 것도 좋아하지 않는 학생이 8명이다. 축구만 좋아하는 학생 수는?

① 12　② 13　③ 14
④ 15　⑤ 16

38

어느 놀이공원 입장객 100명 중 롤러코스터를 이용한 사람은 72명, 범퍼카를 이용한 사람은 50명이었다. 롤러코스터와 범퍼카를 모두 이용한 사람 수의 최댓값을 M, 최솟값을 m이라 할 때, $M+m$의 값은?

① 35　② 42　③ 50
④ 62　⑤ 72

39

어느 반 학생 32명에게 수학 문제 A, B를 풀게 하였더니 A 문제, B 문제를 맞힌 학생은 각각 17명, 9명이었다. 이때 한 문제도 맞히지 못한 학생 수의 최댓값과 최솟값을 구하시오.

40

어느 학교에서 방과 후 활동으로 바둑, 서예, 피아노 강좌를 개설하였다. 한 가지 이상 신청한 학생은 70명, 바둑 또는 서예를 신청한 학생은 43명, 서예 또는 피아노를 신청한 학생은 51명이라고 한다. 바둑과 피아노를 동시에 신청한 학생이 없을 때, 서예를 신청한 학생 수를 구하시오.

01

집합 A의 원소는 서로 다른 세 자연수이고, 집합

$B=\{x+y\,|\,x\in A,\ y\in A\}$

이다. B의 원소 중 최솟값은 8, 최댓값은 24, $n(B)=5$일 때, $B-A$의 모든 원소의 합은?

① 36 ② 42 ③ 48
④ 54 ⑤ 60

02 서술형

n이 자연수이고,

$A=\{1, 2, 4, 7, 8\}$

$B=\left\{x\,\middle|\,\dfrac{x}{n}\text{는 기약분수, }x\text{는 한 자리 자연수}\right\}$

이다. $A=B$일 때, n의 최솟값을 구하시오.

03

전체집합이 자연수 전체의 집합이다.

$x\in A$이면 $\dfrac{16}{x}\in A$

를 만족시키고 공집합이 아닌 집합 A의 개수는?

① 7 ② 8 ③ 9
④ 10 ⑤ 11

04 개념 통합

m이 자연수일 때,

$A_m=\{x\,|\,x\text{는 }m\text{의 양의 약수}\}$

라 하자. p, q, r가 서로 다른 자연수이고, $n(A_p)=2$, $n(A_q)=2$, $n(A_r)=3$일 때, $n(A_{pqr})$를 모두 구하시오.

05

전체집합이 $U=\{x\,|\,x\text{는 20 이하의 소수}\}$이고,

$A=\{2, 11, a-7\}$, $B=\{a^2-10a-19, a+5\}$

이다. $(A\cap B^C)\cup(A^C\cap B)=\{2, 11, 17\}$일 때, a의 값은?

① -2 ② 0 ③ 8
④ 12 ⑤ 18

06

전체집합이 $U=\{1, 2, 3, \cdots, 10\}$이고, 집합 A, B, C에 대하여

$A-(B\cup C)=\{2, 5, 10\}$

$A-(B\cap C)=\{1, 2, 5, 9, 10\}$

$B-C=\{3, 6, 9\}$

일 때, $(A\cup B)-C$를 구하시오.

07

전체집합이 U일 때, 집합 A, B에 대하여

$$\{(A\cup B)\cap(A^C\cup B)\}\cup\{(A^C\cup B^C)\cap(A\cup B^C)\}$$

를 간단히 하면?

① $\varnothing$　② A　③ B
④ B^C　⑤ U

08

전체집합이 U일 때, 집합 A, B, C에 대하여 다음 중 옳은 것을 모두 고르면?

① $(A-B)\cup(A-C)=A-(B\cap C)$
② $(A-B)-C=A-(B\cap C)$
③ $\{(A-B)\cup(A^C\cup B)\}\cap B=A$
④ $\{A\cap(A-B)^C\}\cup\{(B-A)\cap A\}=A$
⑤ $(A\cup B)\cap(A\cap B)^C=(A-B)\cup(B-A)$

09 서술형

함수 $f(x)$, $g(x)$에 대하여 집합 A, B, C를

$$A=\{x\,|\,f(x)=0\}$$
$$B=\{x\,|\,g(x)=0\}$$
$$C=\{x\,|\,(f(x)+g(x))^3=(f(x))^3+(g(x))^3\}$$

이라 하자. $n(A)=4$, $n(B)=3$일 때, $n(C)$의 최솟값을 구하시오.

10

집합

$$A=\{x\,|\,x^2-2x\le 0\}$$
$$B=\{x\,|\,x^2-2ax+2a+3>0\}$$

에 대하여 $A-B=\varnothing$일 때, a의 값의 범위를 구하시오.

11

n이 자연수일 때, 집합 A_n, B_n을

$$A_n=\{x\,|\,x\text{는 } n \text{ 이하의 소수}\}$$
$$B_n=\{x\,|\,x\text{는 } n\text{의 양의 약수}\}$$

라 하자. **보기**에서 옳은 것만을 있는 대로 고른 것은?

보기

ㄱ. A_3과 B_5는 서로소이다.
ㄴ. $n\le k$이면 $A_n\subset A_k$이다.
ㄷ. $B_m\subset B_n$이면 n은 m의 배수이다.

① ㄱ　② ㄱ, ㄴ　③ ㄱ, ㄷ
④ ㄴ, ㄷ　⑤ ㄱ, ㄴ, ㄷ

12

n이 자연수일 때, 집합 A_n을

$$A_n=\{m\,|\,m<n,\ m\text{과 } n\text{은 서로소인 자연수}\}$$

라 하자. $A_5\cap A_8=A_4\cap A_k$일 때, 20 이하의 자연수 k의 개수는?

① 11　② 12　③ 13
④ 14　⑤ 15

13

전체집합이 자연수 전체의 집합이고, 자연수 k에 대하여

$A_k=\{x|x$는 k와 서로소인 자연수$\}$

라 할 때, **보기**에서 옳은 것만을 있는 대로 고른 것은?

보기

ㄱ. $A_2=A_4$

ㄴ. $A_3^C\cap A_4^C=A_6^C$

ㄷ. m, n의 최소공배수가 l일 때, $A_m\cap A_n=A_k$인 k의 최솟값은 l이다.

① ㄱ ② ㄱ, ㄴ ③ ㄱ, ㄷ
④ ㄴ, ㄷ ⑤ ㄱ, ㄴ, ㄷ

14

전체집합이 $U=\{x|x$는 10 이하의 자연수$\}$이고,

$A=\{2, 5, 8\}$, $B=\{1, 3, 5, 7, 9\}$

일 때, $(C\cap A)\subset(C\cap B)$를 만족시키는 집합 C의 개수는?

① 4 ② 32 ③ 64
④ 128 ⑤ 256

15

전체집합이 $U=\{1, 2, 3, 4, 5\}$일 때, 공집합이 아니고 모든 원소의 곱이 짝수인 집합의 개수를 구하시오.

16 신유형

집합

$A=\{1, 2, 3, 4, 5, 6\}$, $B=\{1, 3, 5, 7, 9\}$

에 대하여 $n(A\cap B\cap X)\geq 2$이고 $A\cap X=X$인 집합 X의 개수는?

① 16 ② 20 ③ 24
④ 28 ⑤ 32

17

전체집합이 $U=\{1, 2, 3, 4, 5, 6, 7\}$이다. 원소가 2개 이상인 집합 A에 대하여 A의 가장 큰 원소와 가장 작은 원소의 차를 $f(A)$라 하자. $f(A)\geq 4$인 A의 개수는?

① 88 ② 92 ③ 96
④ 100 ⑤ 104

18 서술형

전체집합이 $U=\{1, 2, 3, 4, 5, 6, 7, 8\}$이고, $A=\{1, 3\}$, $B=\{2, 4\}$일 때, $A\cup X$의 원소의 합이 $B\cup X$의 원소의 합보다 큰 집합 X의 개수를 구하시오.

19

전체집합이 $U=\{1, 2, 3, 4, 5, 6\}$일 때, 집합 A의 원소의 합을 $S(A)$라 하자. $1\in A$이고 $2\notin A$인 모든 A에 대하여 $S(A)$의 합은?

① 136 ② 144 ③ 152
④ 160 ⑤ 168

20

집합 $A=\{1, 2, 3, 4, 5\}$의 부분집합 중 원소가 2개 이상인 집합에 대하여 각 집합의 가장 큰 원소를 모두 더한 값을 구하시오.

21

전체집합이 $U=\{1, 3, 5, 7, 9, 11\}$이고, 집합 A, B에 대하여 $A-B=\{1, 3, 5\}$일 때, 순서쌍 (A, B)의 개수는?

① 17 ② 21 ③ 24
④ 27 ⑤ 31

22

집합 $A=\{1, 2, 3, 4, 5\}$일 때,

$$X\cup Y=A,\ X\cap Y\neq\varnothing$$

을 만족시키는 집합 X, Y의 순서쌍 (X, Y)의 개수를 구하시오.

23

전체집합이 U이고, 집합 A, B에 대하여

$$A\triangle B=A^C\cap B^C$$

라 하자. $(A\triangle B)\triangle A=\varnothing$일 때, **보기**에서 옳은 것만을 있는 대로 고른 것은?

보기

ㄱ. $A=\{1, 2, 3, 4\}$일 때, 가능한 B는 16개이다.
ㄴ. $A\cap B=A$
ㄷ. $B^C\cup A=U$

① ㄱ ② ㄷ ③ ㄱ, ㄴ
④ ㄴ, ㄷ ⑤ ㄱ, ㄷ

24

전체집합이 U이고, 집합 A, B에 대하여

$$A\triangle B=(A\cap B^C)\cup(B\cap A^C)$$

라 하자. **보기**에서 항상 옳은 것만을 있는 대로 고른 것은?

보기

ㄱ. $A\triangle\varnothing=A$
ㄴ. $A\subset B$이면 $A\triangle B=A$이다.
ㄷ. $A\triangle B=A$이면 $B=\varnothing$이다.

① ㄱ ② ㄱ, ㄴ ③ ㄱ, ㄷ
④ ㄴ, ㄷ ⑤ ㄱ, ㄴ, ㄷ

25

100 이하의 자연수 중에서 자연수 k의 배수의 집합을 A_k로 나타낼 때, $A_2 \cap (A_3 \cup A_4)$의 원소의 개수를 구하시오.

26

집합 S의 부분집합의 개수를 $P(S)$, 원소의 개수를 $n(S)$라 하자.

$P(A)+P(B)=P(A \cup B)$, $n(A)=6$

일 때, $n(A \cap B)$는?

① 2 ② 3 ③ 4
④ 5 ⑤ 6

27

집합 M이 공집합이 아닐 때, $f(M)$을 M의 모든 원소의 곱이라 하자. 전체집합이 $U=\{1, 2, 3, \cdots, 2000\}$이고 집합 A, B가 공집합이 아닐 때, **보기**에서 옳은 것만을 있는 대로 고른 것은?

보기

ㄱ. $A \subset B$이면 $f(A) \le f(B)$이다.
ㄴ. $A \cap B = \varnothing$이면 $f(A \cup B)=f(A)f(B)$이다.
ㄷ. $f(A^C)=\dfrac{f(U)}{f(A)}$

① ㄱ ② ㄷ ③ ㄱ, ㄴ
④ ㄴ, ㄷ ⑤ ㄱ, ㄴ, ㄷ

28 서술형

집합 A, B의 원소가 실수이고,

$$n(A)=5,\ B=\left\{\frac{x+a}{2} \,\middle|\, x \in A\right\}$$

이다. 다음이 성립할 때, 실수 a의 값을 구하시오.

(가) A의 원소의 합은 28이다.
(나) $A \cup B$의 원소의 합은 49이다.
(다) $A \cap B = \{10, 13\}$

29

집합 $A=\{1, 2, 3, 4, 5, 6\}$, $B=\{x \mid x$는 8의 양의 약수$\}$가 있다. A의 부분집합 중 B와 서로소인 집합을 X_1, X_2, X_3, $\cdots$, X_n이라 하고, X_i의 원소의 합을 $S(X_i)$ $(i=1, 2, 3, \cdots, n)$이라 하자. $S(X_1)+S(X_2)+S(X_3)+\cdots+S(X_n)$의 값은? (단, $S(\varnothing)=0$)

① 46 ② 50 ③ 53
④ 56 ⑤ 60

30 번뜩 아이디어

전체집합이 $U=\{x \mid x$는 202 이하의 자연수$\}$이다. 집합 S에 속하는 서로 다른 두 원소의 합이 5의 배수가 아닐 때, $n(S)$의 최댓값은?

① 80 ② 81 ③ 82
④ 83 ⑤ 84

31 서술형

어느 학급에서 방과 후 보충 수업으로 수학과 영어에 대한 참가 신청을 받았다. 수학, 영어를 신청한 학생 수는 각각 학급 전체의 $\frac{5}{8}$, $\frac{7}{10}$이고 두 과목 모두 신청한 학생 수는 학급 전체의 $\frac{2}{5}$이었다. 한 과목도 신청하지 않은 학생이 3명일 때, 방과 후 보충 수업을 신청한 학생 수를 구하시오.

32

집합 X, Y에 대하여

$$X\triangle Y=(X-Y)\cup(Y-X)$$

라 하자. 집합 A, B, C에 대하여

$$n(A\cup B\cup C)=40,\ n(A\triangle B)=n(B\triangle C)=20$$
$$n(C\triangle A)=22$$

일 때, $n(A\cap B\cap C)$의 값은?

① 8 ② 9 ③ 10
④ 11 ⑤ 12

33

집합 A, B, C에 대하여

$$n(A)=32,\ n(B)=18,\ n(C)=40$$
$$n(A\cap B)=15,\ n(A\cap B\cap C)=4$$

일 때, $n(C-(A\cup B))$의 최솟값은?

① 13 ② 14 ③ 15
④ 16 ⑤ 17

34

진우 반 학생 40명 중에서 탁구를 좋아하는 학생은 21명, 배드민턴을 좋아하는 학생은 29명, 테니스를 좋아하는 학생은 16명이고, 세 종목을 모두 좋아하는 학생은 6명이다. 진우 반 학생 모두는 탁구, 배드민턴, 테니스 중 적어도 하나는 좋아한다고 할 때, 2종목만 좋아하는 학생 수는?

① 11 ② 14 ③ 21
④ 26 ⑤ 31

35

어느 고등학교 1학년 학생을 대상으로 학교 축제 홍보 포스터를 선정하기 위하여 세 가지 안 A, B, C에 대해 선호도를 조사하였더니 A를 좋아하는 학생이 전체의 62 %, B를 좋아하는 학생이 전체의 42 %, C를 좋아하는 학생이 전체의 52 %이었다. 한 가지 안만 좋아하는 학생은 전체의 48 %, 세 가지 안을 모두 좋아하는 학생은 전체의 16 %, 세 가지 안을 모두 좋아하지 않는 학생이 21명이었다. 두 가지 안만 좋아하는 학생 수를 구하시오.

36

전체집합이 $U=\{x\,|\,x$는 10 이하의 자연수$\}$이고, 집합 A, B에 대하여 $n(A)=4$, $n(B)=8$이다. $A\cap B$의 모든 원소의 합의 최댓값과 최솟값을 구하시오.

01

집합 $A=\{1, 2, 3, 4, a\}$, $B=\{1, 3, 5\}$에 대하여 집합 $X=\{x+y \mid x\in A, y\in B\}$라 하자. $n(X)=10$일 때, 모든 a의 값의 합은?

① -5 ② 0 ③ 5
④ 10 ⑤ 15

02 서술형 개념 통합

전체집합이 복소수 전체의 집합이고,

$A=\{x \mid x^3-1=0\}$

$B=\{a\times b \mid a\in A, b\in A\}$

$C=\{a+b \mid a\in A, b\in A\}$

이다. $B\cup C$의 원소의 합을 구하시오.

03

전체집합이 $U=\{x \mid x$는 100 이하의 자연수$\}$이다.

$a\in A$이면 $2a\notin A$

를 만족시키는 집합 A 중 원소의 개수의 최댓값은?

① 65 ② 67 ③ 69
④ 71 ⑤ 73

04

전체집합이 양의 실수 전체의 집합일 때, 자연수 n에 대하여

$A_n=\left\{x \,\middle|\, x-[x]=\dfrac{1}{n}\right\}$

$B_n=\{x \mid x-<x>=n\}$

이라 하자. $B_5\cap(A_5\cup A_6\cup A_7\cup A_8\cup A_9)$의 모든 원소의 합을 a라 할 때, $[a]$의 값을 구하시오. (단, $[x]$는 x보다 크지 않은 최대 정수이고, $<x>$는 x의 소수 부분이다.)

정답 및 풀이 15쪽

05 신유형

집합 $S=\{x|x$는 9 이하의 자연수$\}$의 부분집합 X가 다음 조건을 만족시킬 때, X의 개수를 구하시오.

(가) $n(X) \geq 2$
(나) X의 원소끼리는 서로소이다.

06 신유형

집합 $S=\{1, 2, 3, 4, \cdots, 10\}$, $A=\{1, 2, 3\}$, $B=\{3, 4\}$이다. X가 S의 부분집합일 때, $X-A$와 $X-B$의 원소의 합을 각각 $f_A(X)$, $f_B(X)$라 하자.
집합 $T=\{X|X$는 $f_A(X)>f_B(X)\}$로 정의할 때, **보기**에서 옳은 것만을 있는 대로 고른 것은?

보기

ㄱ. $S \in T$
ㄴ. $X \in T$이면 $B \cap X \neq \varnothing$이다.
ㄷ. 집합 T의 원소의 개수는 512이다.

① ㄱ ② ㄴ ③ ㄱ, ㄴ
④ ㄱ, ㄷ ⑤ ㄱ, ㄴ, ㄷ

07

공집합이 아닌 집합 X의 원소의 합을 $S(X)$라 하자. 집합 $A=\{1, 2, 3, 4\}$의 공집합이 아닌 부분집합 B, C가 다음 조건을 만족시킬 때, 순서쌍 (B, C)의 개수는?

(가) $B \subset C$
(나) $S(B)+S(C)$의 값은 짝수이다.

① 35 ② 36 ③ 37
④ 38 ⑤ 39

08

어느 고등학교에서 1학년 학생 300명을 대상으로 봉사 활동 A, B, C에 대한 신청을 받았다. 봉사 활동 A, B, C를 신청한 학생은 각각 110명이고, 봉사 활동 A, B, C를 모두 신청한 학생은 30명이었다. 봉사 활동 A, B, C를 모두 신청하지 않은 학생 수의 최댓값과 최솟값을 구하시오.

02. 명제

1 명제와 조건

(1) 참, 거짓을 구분할 수 있는 문장을 명제라 하고,
'x는 소수이다.'와 같이 미지수의 값에 따라 참, 거짓이 정해지는 문장을 조건이라 한다.

(2) 조건 $p(x)$가 참이 되는 x의 값의 집합을 p의 진리집합이라 하고 P로 나타낸다.
$$P=\{x \mid p(x)\}$$

(3) 명제나 조건 p의 부정은 $\sim p$로 나타낸다.
$$\sim(p\text{이고 } q)=\sim p \text{ 또는 } \sim q,\ \sim(p \text{ 또는 } q)=\sim p\text{이고 } \sim q$$

진리집합은
$\sim p \Rightarrow P^C$
p이고 $q \Rightarrow P\cap Q$
p 또는 $q \Rightarrow P\cup Q$

2 $p \longrightarrow q$

(1) 조건 p, q에 대하여 'p이면 q' 꼴의 명제를 생각할 때, p를 가정, q를 결론이라 하고
$p \longrightarrow q$로 나타낸다. 또 $p \longrightarrow q$가 참이면 $p \Longrightarrow q$로 나타낸다.

(2) $p \longrightarrow q$가 참이면 $P\subset Q$이고, 역으로 $P\subset Q$이면 $p \longrightarrow q$가 참이다.
$p \longrightarrow q$의 참, 거짓 ⇨ 진리집합의 포함 관계를 조사한다.

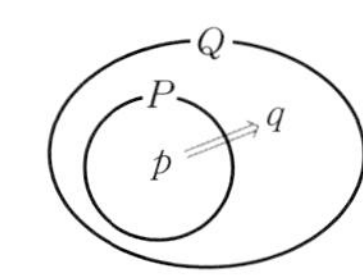

(3) (삼단논법) $p \longrightarrow q$와 $q \longrightarrow r$가 참이면 $p \longrightarrow r$가 참이다.
$p \Longrightarrow q$이고 $q \Longrightarrow r$이면 $p \Longrightarrow r$

$p \longrightarrow q$가 거짓일 때
$P\not\subset Q$이고
$P-Q$의 원소를 반례라고 한다.

3 모든과 어떤

(1) '모든 x에 대하여 p이다.'가 참이면 진리집합은 전체집합이고
'어떤 x에 대하여 p이다.'가 거짓이면 진리집합은 공집합이다.

(2) 모든 x에 대하여 $p \xrightarrow{\text{부정}}$ 어떤 x에 대하여 $\sim p$
어떤 x에 대하여 $p \xrightarrow{\text{부정}}$ 모든 x에 대하여 $\sim p$

조건 p, q는 명제가 아니지만
$p \longrightarrow q$나 모든 p, 어떤 p는
명제이다.

4 역과 대우

(1)
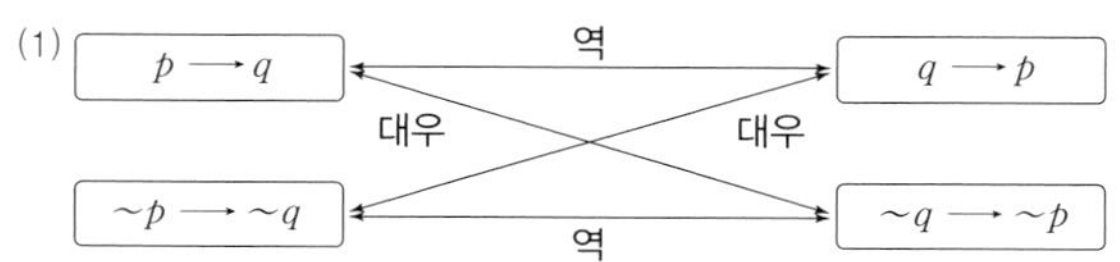

(2) $p \longrightarrow q$와 대우 $\sim q \longrightarrow \sim p$의 참, 거짓은 같다.
명제 $p \longrightarrow q$가 참이면 $P\subset Q$이고, $P\subset Q$이면 명제 $p \longrightarrow q$는 참이다.

$p \longrightarrow q$의 참, 거짓을
판정하기 어려운 경우
대우 $\sim q \longrightarrow \sim p$의
참, 거짓을 조사한다.

5 필요조건과 충분조건

(1) $p \Longrightarrow q$일 때, p는 q이기 위한 충분조건, q는 p이기 위한 필요조건이라 한다.
p는 q이기 위한 충분조건 $=$ $p \Longrightarrow q$ $=$ $P\subset Q$

(2) $p \Longrightarrow q$이고 $q \Longrightarrow p$일 때 p는 q이기 위한 필요충분조건이라 하고 $p \Longleftrightarrow q$로 나타낸다.

6 간접증명법

(1) 대우증명법 : 대우가 참임을 증명한다.

(2) 귀류법 : 명제의 결론을 부정한 다음 모순을 이끌어냄으로써 원래 명제가 참임을 보인다.

7 절대부등식

(1) 기본 부등식
① $a^2\pm ab+b^2\ge 0$ (단, 등호는 $a=b=0$일 때 성립)
② $a^2+b^2+c^2-ab-bc-ca\ge 0$ (단, 등호는 $a=b=c$일 때 성립)

(2) 산술평균과 기하평균의 관계
$a>0$, $b>0$일 때, $\dfrac{a+b}{2}\ge\sqrt{ab}$ (단, 등호는 $a=b$일 때 성립)

(3) 코시-슈바르츠 부등식
$(a^2+b^2)(x^2+y^2)\ge(ax+by)^2$ $\left(\text{단, 등호는 } \dfrac{x}{a}=\dfrac{y}{b}\text{일 때 성립}\right)$

부등식은 실수에서만 생각한다.

실수의 대소에 대한 성질
① $a>b \Longleftrightarrow a-b>0$
② $a^2\ge 0$
③ $a>0$, $b>0$이면 $ab>0$
④ $a<b$이면 $a+c<b+c$

정답 및 풀이 18쪽

code 1 명제와 조건

01

다음 중 참인 명제를 모두 고르면?

① 12의 약수이면 4의 약수이다.
② 이등변삼각형이면 정삼각형이다.
③ x가 6으로 나누어떨어지면 x는 3으로 나누어떨어진다.
④ $x^2-1=0$이면 $x^3-1=0$이다.
⑤ a, b가 실수일 때, $a^2+b^2=0$이면 $a+b=0$이다.

02

$y=x+\sqrt{2}$일 때, 다음 중 참인 명제는?

① x가 무리수이면 y도 무리수이다.
② x가 무리수이면 y는 유리수이다.
③ x가 유리수이면 y는 무리수이다.
④ x가 유리수이면 $x+y$도 유리수이다.
⑤ x가 실수이면 $x+y$는 유리수이다.

03

x, y, z가 실수일 때, 조건 $x^2+y^2+z^2=0$의 부정과 같은 것은?

① x, y, z는 모두 0이 아니다.
② x, y, z는 모두 다른 수이다.
③ x, y, z 중 적어도 하나는 0이다.
④ x, y, z 중 적어도 하나는 0이 아니다.
⑤ x, y, z 중 적어도 하나는 다른 수이다.

code 2 진리집합

04

실수에서 정의된 조건 p, q, r가

p : $-2\le x\le 4$ 또는 $x\ge 7$, q : $x\ge -3$, r : $x<-2$

일 때, 다음 중 참인 명제는?

① $p \longrightarrow q$ ② $p \longrightarrow r$ ③ $q \longrightarrow p$
④ $q \longrightarrow r$ ⑤ $r \longrightarrow p$

05

$0\le x\le 3$, $0\le y\le 3$인 정수 x, y에 대하여 조건 p, q가

p : $x^2-4x+y^2-4y+7=0$
q : $x-y=1$

일 때, '$\sim p$이고 $\sim q$'를 만족시키는 순서쌍 (x, y)의 개수를 구하시오.

06

실수에서 정의된 조건

p : $x\le 0$ 또는 $x\ge 1$, q : $a-1<x<a+1$

에 대하여 명제 $\sim p \longrightarrow q$가 참일 때, 실수 a의 값의 범위를 구하시오.

07

전체집합을 U, 조건 p, q의 진리집합을 P, Q라 하자. 명제 $p \longrightarrow \sim q$가 참일 때, 다음 중 항상 옳은 것은?

① $P^C\cup Q=U$ ② $P^C\cap Q=\varnothing$ ③ $P-Q=P$
④ $P\cap Q=P$ ⑤ $P\cap Q=Q$

08

전체집합이 U이고 조건 p, q, r의 진리집합이 P, Q, R이다. P, Q, R의 벤다이어그램이 오른쪽과 같을 때, 다음 중 참인 명제를 모두 고르면?

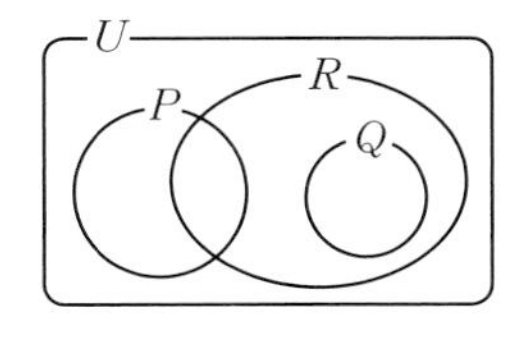

① $\sim p \longrightarrow q$ ② $\sim r \longrightarrow \sim q$
③ $p \longrightarrow \sim r$ ④ (p이고 r) $\longrightarrow \sim q$
⑤ (p 또는 q) $\longrightarrow r$

09

전체집합을 U, 조건 p, q의 진리집합을 P, Q라 하자. 명제 $\sim p \longrightarrow \sim q$가 거짓임을 보일 수 있는 원소가 속하는 집합은?

① P^C ② Q^C ③ $P-Q$
④ $Q-P$ ⑤ $(P\cup Q)^C$

code 3 '모든'과 '어떤'을 포함한 명제

10

전체집합 $U=\{-3, -2, -1, 0, 1, 2, 3\}$이고 x, y가 U의 원소일 때, 다음 중 참인 명제는?

① 모든 x에 대하여 $x^2>0$이다.
② 어떤 x에 대하여 $x^2>11$이다.
③ 모든 x에 대하여 $|x+1|<3$이다.
④ 어떤 x, y에 대하여 $x^2+y^2=1$이다.
⑤ 모든 x, y에 대하여 $x^2+y^2>0$이다.

11

'모든 여학생은 아이스크림을 좋아한다.'의 부정으로 옳은 것은?

① 모든 여학생은 아이스크림을 좋아하지 않는다.
② 여학생이라면 아이스크림을 좋아하지 않는다.
③ 아이스크림을 좋아하지 않는 여학생도 있다.
④ 아이스크림을 좋아하는 여학생은 없다.
⑤ 어떤 여학생은 아이스크림을 좋아한다.

12

전체 집합이 실수 전체의 집합이고 명제

'어떤 실수 x에 대하여 $x^2-2kx-2k+3<0$이다.'

의 부정이 참일 때, 실수 k의 값의 범위를 구하시오.

13

보기에서 부정이 참인 명제만을 있는 대로 고른 것은?

보기
ㄱ. 모든 실수 x에 대하여 $x+1<3$이다.
ㄴ. 모든 짝수 x에 대하여 x^2은 짝수이다.
ㄷ. 어떤 실수 x에 대하여 $x^2+2=0$이다.

① ㄱ ② ㄴ ③ ㄱ, ㄷ
④ ㄴ, ㄷ ⑤ ㄱ, ㄴ, ㄷ

14

두 명제

'$x>0$인 어떤 실수 x에 대하여 $x+a<0$',
'$x<1$인 모든 실수 x에 대하여 $x-a-2\leq 0$'

이 참일 때, 실수 a의 값의 범위는?

① $a<-1$ ② $-1\leq a<0$ ③ $-1\leq a<1$
④ $0\leq a<1$ ⑤ $a\geq 1$

15

실수에서 정의된 조건

$p: x^2-2x-15<0$, $q: k-2<x\leq k+3$

에 대하여 '어떤 x에 대하여 p이고 q이다.'가 참일 때, 실수 k의 값의 범위를 구하시오.

16

P가 전체집합 $U=\{1, 2, 3, 6\}$의 공집합이 아닌 부분집합일 때

'집합 P의 어떤 원소는 3의 배수이다.'

가 참인 P의 개수는?

① 4 ② 8 ③ 12
④ 16 ⑤ 20

code 4 역과 대우

17

x, y가 실수일 때, 다음 명제 중 대우가 거짓인 것을 모두 고르면?

① x가 4의 배수이면 x는 16의 배수이다.
② $x=2$이면 $x^3=8$이다.
③ $xy\neq0$이면 $x\neq0$이다.
④ $x^2>3x$이면 $x>3$이다.
⑤ $x>1$이면 $x^2>1$이다.

18

보기에서 역이 참인 명제만을 있는 대로 고른 것은?

보기
ㄱ. n이 자연수일 때, n이 홀수이면 n^2은 홀수이다.
ㄴ. m, n이 자연수일 때, $m+n$이 짝수이면 mn은 짝수이다.
ㄷ. x, y가 실수일 때, $xy<0$이면 $x^2+y^2>0$이다.

① ㄱ ② ㄷ ③ ㄱ, ㄴ
④ ㄴ, ㄷ ⑤ ㄱ, ㄴ, ㄷ

19

실수에서 정의된 조건

$p : -3\le x<\frac{a}{2}$, $q : x\le -a$ 또는 $x>4$

에 대하여 명제 $\sim q \longrightarrow p$의 역이 참일 때, 양수 a의 값의 범위를 구하시오.

20

명제 '$x^2-6x+4\neq0$이면 $x-a\neq0$이다.'가 참일 때, a의 값의 합은?

① 6 ② 7 ③ 8
④ 9 ⑤ 10

code 5 필요조건, 충분조건

21

x, y가 실수일 때, 다음 중 조건 p, q에 대하여 p는 q이기 위한 필요조건이지만 충분조건이 아닌 것은?

① $p : x=1$ $q : x^2+x-2=0$
② $p : xy=0$ $q : x^2+y^2=0$
③ $p : x^2=y^2$ $q : |x|=|y|$
④ $p : xy<0$ $q : x<0$ 또는 $y<0$
⑤ $p : x$는 8의 배수 $q : x$는 2의 배수

22

실수에서 정의된 조건 p, q, r가 다음과 같다.

$p : x^2-3x-40<0$, $q : x^2+2x-8\le0$
$r : |x-a|\le6$

r는 p이기 위한 충분조건이고 q이기 위한 필요조건일 때, 실수 a의 값의 범위를 구하시오.

23

a, b가 실수일 때, 조건

$p : |a|+|b|=0$, $q : a^2-2ab+b^2=0$
$r : |a+b|=|a-b|$

에 대하여 **보기**에서 옳은 것만을 있는 대로 고른 것은?

보기
ㄱ. r는 q이기 위한 충분조건이다.
ㄴ. p는 q이기 위한 충분조건이다.
ㄷ. q이고 r는 p이기 위한 필요충분조건이다.

① ㄱ ② ㄷ ③ ㄱ, ㄷ
④ ㄴ, ㄷ ⑤ ㄱ, ㄴ, ㄷ

24

조건 p, q가 다음과 같다.

$p: x^2-x-6=0$, $q: x^3+ax^2+bx+c=0$

p는 q이기 위한 필요충분조건일 때, 실수 a, b, c의 값을 모두 구하시오.

25

조건 p, q, r에 대하여 명제 $\sim q \longrightarrow p$와 $\sim r \longrightarrow \sim q$가 참일 때, 다음 중 참인 명제는?

① $p \longrightarrow r$ ② $p \longrightarrow \sim q$ ③ $\sim p \longrightarrow r$
④ $r \longrightarrow q$ ⑤ $q \longrightarrow p$

code 6 절대부등식

26

a, b, c가 실수일 때, 다음 중 참이 아닌 부등식을 모두 고르면?

① $a^2-ab+b^2 \geq 0$
② $a+b \geq 2\sqrt{ab}$
③ $a^2+b^2+c^2-ab-bc-ca>0$
④ $|a+b| \leq |a|+|b|$
⑤ $|a-b| \geq |a|-|b|$

27

a, b가 양수일 때,

$$A=\sqrt{\frac{a^2+b^2}{2}}, \quad B=\sqrt{ab}, \quad C=\frac{a^2+b^2}{a+b}$$

의 대소 관계는?

① $A<B<C$ ② $A \leq C \leq B$ ③ $B<C<A$
④ $B \leq A \leq C$ ⑤ $C \leq B \leq A$

code 7 산술평균과 기하평균의 관계

28

$x>0$, $y>0$일 때, $\left(4x+\frac{1}{y}\right)\left(\frac{1}{x}+16y\right)$의 최솟값은?

① 34 ② 36 ③ 38
④ 40 ⑤ 42

29

x, y가 실수이고 $x^2+3y^2=6$일 때, xy의 최솟값은?

① $-2\sqrt{3}$ ② $-\sqrt{3}$ ③ 0
④ $\sqrt{3}$ ⑤ $2\sqrt{3}$

30

$a>0$, $b>0$이고 $a+b=4$일 때, $\frac{a^2+1}{a}+\frac{b^2+1}{b}$의 최솟값을 구하시오.

31

어느 농부가 길이가 60 m인 철망으로 그림과 같이 작은 직사각형 4개로 이루어진 직사각형 모양의 우리를 만들려고 한다. 우리 전체 넓이의 최댓값은?

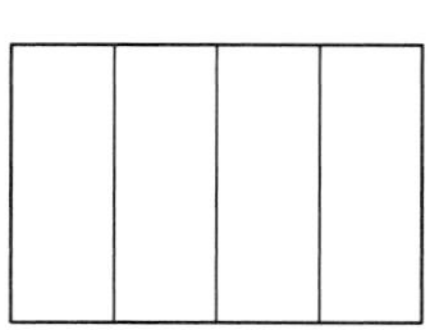

① 60 m^2 ② 70 m^2 ③ 80 m^2
④ 90 m^2 ⑤ 100 m^2

code 8 명제의 증명과 활용

32

n이 자연수일 때, 명제

'n^2이 3의 배수이면 n은 3의 배수이다.'

가 참임을 증명하는 과정이다.

> 주어진 명제의 대우가 참임을 증명한다.
>
> '[(대우)]'
>
> n이 자연수이고 3의 배수가 아니면
>
> $n=3k-1$ 또는 $n=3k-2$(k는 자연수)이다.
>
> (i) $n=3k-1$인 경우
>
> $n^2=3($ (가) $)+1$이고 (가) 는 자연수이므로
>
> n^2은 3의 배수가 아니다.
>
> (ii) $n=3k-2$인 경우
>
> $n^2=3($ (나) $)+1$이고 (나) 는 음이 아닌 정수이므로 n^2은 3의 배수가 아니다.
>
> 따라서 주어진 명제는 참이다.

주어진 명제의 대우를 쓰고, (가), (나)에 알맞은 식을 써넣으시오.

33

a, b가 자연수일 때, 명제

'방정식 $x^2+ax-b=0$의 한 근이 자연수이면

a, b 중 적어도 하나는 짝수이다.'

가 참임을 증명하는 과정이다.

> a, b가 모두 (가) 라 가정하자.
>
> 방정식 $x^2+ax-b=0$의 자연수인 근을 m이라 하면
>
> $m^2+am=b$
>
> (i) m이 홀수일 때, m^2은 홀수, am은 홀수이다.
>
> $b=m^2+am$은 (나) 이므로 가정에 모순이다.
>
> (ii) m이 짝수일 때, m^2은 짝수, am은 (다) 이다.
>
> $b=m^2+am$은 (나) 이므로 가정에 모순이다.
>
> (i), (ii)에서 a, b 중 적어도 하나는 짝수이다.

(가), (나), (다)에 차례로 알맞은 것은?

① 짝수, 짝수, 짝수　　② 홀수, 짝수, 짝수
③ 짝수, 홀수, 홀수　　④ 홀수, 홀수, 홀수
⑤ 홀수, 짝수, 홀수

34

귀류법을 이용하여 다음 명제를 증명하시오.

'$\sqrt{2}$는 무리수이다.'

35

한쪽 면에는 숫자, 다른 쪽 면에는 영어 알파벳이 한 개씩 적혀 있는 카드 6장과 다음 규칙이 있다.

> [규칙] 카드의 한쪽 면에 홀수가 적혀 있으면 다른 쪽 면에는 알파벳 자음이 적혀 있다.

카드의 한쪽 면에 1, 4, 7, a, g, i가 한 개씩 적혀 있을 때, 규칙에 맞는 카드인지 알기 위해 다른 쪽 면을 반드시 확인해야 할 카드에 적힌 것을 모두 고른 것은?

① 1, 4, g　　② 1, 7, g　　③ 1, 7, a, i
④ 4, a, i　　⑤ 4, 7, a, i

36

A, B, C, D 네 사람 중 한 사람만 휴대폰을 가지고 있다. 그런데 네 사람이 다음과 같이 엇갈린 말을 하고 있다.

> A: B는 휴대폰을 가지고 있다.
>
> B: C는 휴대폰을 가지고 있지 않다.
>
> C: 나는 휴대폰을 가지고 있다.
>
> D: C는 거짓말을 하고 있다.

이 중 한 사람의 말만 거짓일 때, 거짓말을 한 사람과 휴대폰을 가지고 있는 사람은?

	거짓말을 한 사람	휴대폰을 가지고 있는 사람
①	A	B
②	A	D
③	B	C
④	C	B
⑤	D	A

01

조건 p, q, r의 진리집합을 P, Q, R라 하자.
$(P\cup Q)\cap R=\varnothing$일 때, 다음 중 참인 명제는?

① $p \longrightarrow q$　② $q \longrightarrow r$
③ $p \longrightarrow \sim r$　④ $\sim q \longrightarrow r$
⑤ $\sim r \longrightarrow p$

02

전체집합을 U, 조건 p, q, r의 진리집합을 P, Q, R라 하자.
$U\neq\varnothing$이고

$$P-Q=\varnothing,\quad Q^C\cup R=U,\quad P\cup R=U$$

일 때, 다음 중 참인 명제를 모두 고르면?

① $r \longrightarrow p$　② $\sim p \longrightarrow q$
③ $\sim q \longrightarrow r$　④ (p 또는 $\sim q$) $\longrightarrow r$
⑤ ($\sim p$이고 r) $\longrightarrow q$

03

전체집합을 U, 조건 p, q, r의 진리집합을 P, Q, R라 하자.

$$\sim p \longrightarrow r,\quad r \longrightarrow \sim q,\quad \sim r \longrightarrow q$$

가 참일 때, **보기**에서 항상 옳은 것만을 있는 대로 고른 것은?

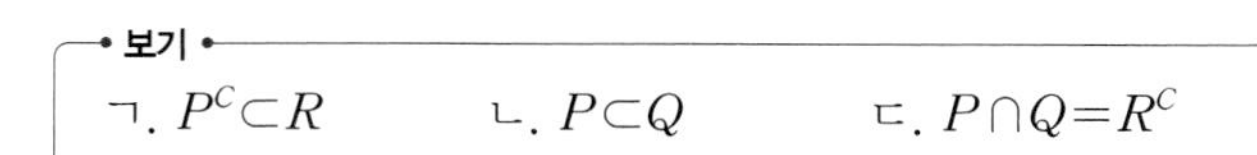
보기
ㄱ. $P^C\subset R$　ㄴ. $P\subset Q$　ㄷ. $P\cap Q=R^C$

① ㄱ　② ㄴ　③ ㄱ, ㄷ
④ ㄴ, ㄷ　⑤ ㄱ, ㄴ, ㄷ

04

실수에서 정의된 조건 p, q가 다음과 같다.

p : $x(x+1)(x+2)(x+3)-24=0$
q : $x^2-kx+1\geq 0$

$p \longrightarrow q$가 참일 때, 실수 k의 최댓값과 최솟값의 합은?

① $-\frac{9}{4}$　② -2　③ $-\frac{7}{4}$
④ $-\frac{3}{2}$　⑤ $-\frac{5}{4}$

05 서술형

전체집합이 $U=\{x\mid 0\leq x\leq 2\}$이고

'어떤 실수 x에 대하여 $x^2-2kx+k^2-9\geq 0$'

의 부정이 참일 때, 실수 k의 값의 범위를 구하시오.

06 신유형

전체집합이 U이고 집합 A, B, C는 공집합이 아니다.

(가) $x\in A$인 어떤 x에 대하여 $x\in B$이다.
(나) $x\in C$인 모든 x에 대하여 $x\notin B$이다.
(다) $x\notin A$인 모든 x에 대하여 $x\notin C$이다.

(가), (나), (다)가 참일 때, 다음 중 옳지 않은 것은?

① $(A\cap C)\subset B^C$　② $A\cap B\cap C=\varnothing$
③ $B\cap(B\cap C)^C=B$　④ $A^C\cup B\cup C=U$
⑤ $(A\cup C)-(A\cap C)=A\cap C^C$

07 개념 통합

명제

'$|x|+|y|=k$를 만족시키는 어떤 실수의 순서쌍 (x, y)에 대하여 $x^2+y^2=4$이다.'

가 참일 때, 실수 k의 최솟값을 m, 최댓값을 M이라 하자. m^2+M^2의 값은?

① 8 ② 10 ③ 12
④ 14 ⑤ 16

08

a, b가 실수일 때, 다음 중 역과 대우가 모두 참인 명제는?

① 정삼각형은 이등변삼각형이다.
② $a>1$이고 $b>1$이면 $a+b>2$이다.
③ $ab>0$이면 $a>0$이고 $b>0$이다.
④ $|a|+|b|=0$이면 $a=0$이고 $b=0$이다.
⑤ $ab\neq8$이면 $a\neq2$ 또는 $b\neq4$이다.

09 서술형

실수에서 정의된 조건

$p : a<x<a+4b+1$, $q : b+1<x<ab+2a$

에 대하여 명제 $p \longrightarrow q$의 역과 대우가 모두 참일 때, 실수 a, b의 값을 모두 구하시오.

10

조건 p, q, r, s에 대하여 명제 $p \longrightarrow \sim q$와 $\sim s \longrightarrow r$가 참이다. 다음 중 $\sim r \longrightarrow \sim q$가 참이기 위해 필요한 참인 명제를 모두 고르면?

① $s \longrightarrow p$ ② $s \longrightarrow q$
③ $q \longrightarrow \sim r$ ④ $\sim p \longrightarrow r$
⑤ $\sim q \longrightarrow \sim r$

11

학생 A, B, C, D가 어떤 문제를 풀려고 시도하였다. 다음이 모두 참일 때, 문제를 푼 학생을 모두 쓰시오.

(가) A가 풀었으면 C도 풀었다.
(나) B가 못 풀었으면 C도 못 풀었다.
(다) D가 풀었으면 A도 풀었다.
(라) A가 못 풀었거나 B가 풀었으면 D는 풀었다.

12

전체집합을 U, 조건 p, q의 진리집합을 P, Q라 하자. q는 $\sim p$이기 위한 충분조건이지만 필요조건은 아닐 때, 다음 중 항상 옳은 것을 모두 고르면?

① $P\cup Q=P$ ② $P\cap Q=\varnothing$
③ $P\cap Q^C=\varnothing$ ④ $P\cup Q^C=U$
⑤ $P\cup Q\neq U$

13

집합 A, B, C에 대하여 다음 중 옳지 않은 것을 모두 고르면?

① $A\subset(B\cap C)$는 $A\subset B$이고 $A\subset C$일 필요충분조건이다.
② $A\subset(B\cup C)$는 $A\subset B$ 또는 $A\subset C$일 충분조건이다.
③ 모든 C에 대하여 $A\cup C=C$이면 $A=\varnothing$이다.
④ 모든 C에 대하여 $A\cap C=B\cap C$이면 $A=B$이다.
⑤ 어떤 C에 대하여 $(A\cap C)\subset(B\cap C)$이면 $A\subset B$이다.

14

실수에서 정의된 조건

$p : x^2-2x-15>0,\quad q : x^2-(2+a)x+2a\le 0$

에 대하여 $\sim p$는 q이기 위한 필요조건일 때, 정수 a의 개수는?

① 7 ② 8 ③ 9
④ 10 ⑤ 11

15

$a>0$, $b>0$, $c>0$일 때, **보기**에서 옳은 것만을 있는 대로 고른 것은?

보기

ㄱ. $\frac{1}{a}+\frac{1}{b}\ge\frac{4}{a+b}$
ㄴ. $\sqrt{a}+\sqrt{b}>\sqrt{a+b}$
ㄷ. $a+b+c>\sqrt{ab}+\sqrt{bc}+\sqrt{ca}$

① ㄱ ② ㄱ, ㄴ ③ ㄱ, ㄷ
④ ㄴ, ㄷ ⑤ ㄱ, ㄴ, ㄷ

16 서술형

$x>2$일 때, $\frac{3x^2-6x+27}{x-2}$의 최솟값을 구하고 최솟값을 가질 때, x의 값을 구하시오.

17

x, y, z가 양수일 때, $\left(\frac{1}{x+y}+\frac{1}{z}\right)(x+y+9z)$의 최솟값은?

① 12 ② 14 ③ 16
④ 18 ⑤ 20

18 번뜩 아이디어

a, b가 양수이고 $3a+2b=1$일 때, $\frac{3}{a}+\frac{2}{b}$의 최솟값을 구하고 최솟값을 가질 때, a, b의 값을 구하시오.

19

$a>0$, $b>0$이고 $ab+2a+3b=18$일 때, ab의 최댓값을 구하시오.

20

a, b는 양수이고 직선 $\frac{x}{a}+\frac{y}{b}=1$은 점 $(2, 8)$을 지난다.
이 직선이 x축, y축과 만나는 점을 각각 A, B라 할 때, $\overline{OA}+\overline{OB}$의 최솟값은? (단, O는 원점)

① 14 ② 16 ③ 18
④ 20 ⑤ 22

21 개념 통합

그림과 같이 $\overline{AB}=3$, $\overline{AC}=6$, $\angle A=30°$인 삼각형 ABC가 있다. 변 BC 위의 한 점 P에서 두 직선 AB, AC에 내린 수선의 발을 각각 M, N이라 할 때, $\frac{3}{\overline{PM}}+\frac{6}{\overline{PN}}$의 최솟값을 구하시오.

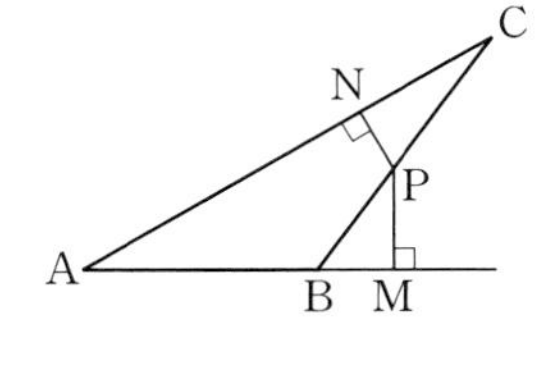

22

다음 물음에 답하시오.

(1) a, b, x, y가 실수일 때, 다음 부등식을 증명하시오.

$$(a^2+b^2)(x^2+y^2)\geq(ax+by)^2$$

(2) a, b가 실수이고 $a^2+4b^2=5$일 때, $3a+2b$의 최댓값과 최솟값을 구하시오.

23

다음은 명제 'm, n이 자연수일 때, m^4+4^n이 소수이고 $m\neq1$ 또는 $n\neq1$이면 m은 홀수이고 n은 짝수이다.'가 참임을 증명한 것이다.

> m이 짝수이거나 n이 홀수라 가정하자.
> (ⅰ) m이 짝수이면 $m=2j$ (j는 자연수)라 할 수 있다.
> $m^4+4^n=4\times(4j^4+4^{n-1})$
> 곧, m^4+4^n은 (가).
> 따라서 가정에 모순이므로 m은 홀수이다.
> (ⅱ) n이 홀수이면 $n=2k-1$ (k는 자연수)라 할 수 있다.
> $m^4+4^n=($(나)$)(m^2+m\times2^k+2\times4^{k-1})$
> m^4+4^n은 소수이므로
> (나)$=1$ 또는 $m^2+m\times2^k+2\times4^{k-1}=1$
> 그런데 $m^2+m\times2^k+2\times4^{k-1}>1$이므로
> (나)$=1$이다.
> 또 (나)$=($(다)$)^2+4^{k-1}=1$이므로
> $k=1$, $m=1$이다.
> 따라서 $m=1$, $n=1$이고, 가정에 모순이므로 n은 짝수이다.
> (ⅰ), (ⅱ)에서 주어진 명제는 참이다.

위 증명에서 (가), (나), (다)에 알맞은 것을 순서대로 적은 것은?

	(가)	(나)	(다)
①	소수가 아니다	$m^2-m\times2^k+2\times4^{k-1}$	$m-2^{k-1}$
②	소수이다	$m^2-m\times2^k+2\times4^{k-1}$	$m-2^{k-1}$
③	소수가 아니다	$m^2-m\times2^{k+1}+5\times4^{k-1}$	$m-2^k$
④	소수이다	$m^2-m\times2^{k+1}+5\times4^{k-1}$	$m-2^k$
⑤	소수가 아니다	$m^2-m\times2^{k+1}+17\times4^{k-1}$	$m-2^{k+1}$

01 개념 통합

전체집합이 $U=\{x|x^2-4x+3\le0\}$일 때, 다음 명제가 참인 m, n의 값의 범위를 구하시오.

'모든 x에 대하여
$m(2x-1)<x^2+2<n(2x-1)$'

02

좌표평면 위에 두 점 $\mathrm{A}(0, 1)$, $\mathrm{B}(4, -1)$과 직선 $l: 2x+y+k=0$이 있다. 명제

'직선 l 위의 어떤 점 P에 대하여 $\angle\mathrm{APB}=90°$이다.'

가 참일 때, k의 최댓값과 최솟값의 합은?

① -2 ② -4 ③ -6
④ -8 ⑤ -10

03

a, b, c가 양수이고 실수에서 정의된 세 조건

$p: ax^2-bx+c<0$
$q: cx^2-bx+a<0$
$r: (x-1)^2\le0$

의 진리집합을 각각 P, Q, R라 할 때, **보기**에서 항상 옳은 것만을 있는 대로 고른 것은?

보기

ㄱ. $R\subset P$이면 $R\subset Q$이다.
ㄴ. $P\cap Q=\varnothing$이고 $P\cup Q\neq\varnothing$이면 $R\subset P$ 또는 $R\subset Q$이다.
ㄷ. $P\cap Q\neq\varnothing$이면 $R\subset(P\cap Q)$이다.

① ㄱ ② ㄴ ③ ㄱ, ㄷ
④ ㄴ, ㄷ ⑤ ㄱ, ㄴ, ㄷ

04

x, y가 실수일 때 $2x^2+y^2-2x+\dfrac{25}{x^2+y^2+1}$는 $x=a$, $y=b$에서 최솟값 m을 갖는다. ab^2m의 값은?

① 24 ② 30 ③ 32
④ 36 ⑤ 40

05

한 변의 길이가 1인 정사각형이 있다. 서로 수직인 두 선분을 이용하여 그림과 같이 직사각형 네 개로 나누고 넓이를 각각 A, B, C, D라 하자. **보기**에서 옳은 것만을 있는 대로 고른 것은?

A	B
C	D

보기

ㄱ. $A>\frac{1}{4}$이면 $C<\frac{1}{4}$이다.

ㄴ. $A<\frac{1}{4}$이면 $D>\frac{1}{4}$이다.

ㄷ. $A>\frac{1}{4}$이면 $D<\frac{1}{4}$이다.

① ㄱ　　② ㄴ　　③ ㄷ
④ ㄱ, ㄷ　　⑤ ㄴ, ㄷ

06

$\overline{AB}=3$, $\overline{BC}=4$이고 $\angle B=90°$인 삼각형 ABC가 있다. 점 P와 Q는 각각 변 AB와 BC 위를 움직이고 삼각형 PBQ의 넓이는 삼각형 ABC의 넓이의 $\frac{1}{6}$이다. 점 R가 변 AC를 1 : 4로 내분하는 점일 때, 삼각형 PQR의 넓이의 최솟값을 구하시오.

07

n이 2 이상인 자연수일 때, $\sqrt{n^2-1}$이 무리수임을 증명하시오.

08

귀류법을 이용하여 $x^2+y^2=1004$인 정수 x, y가 존재하지 않음을 증명하시오.

09

높이가 6인 정삼각형 ABC의 내부의 한 점 P에서 그림과 같이 각 변에 내린 수선의 길이를 각각 x, y, z라 할 때, 다음을 구하시오.

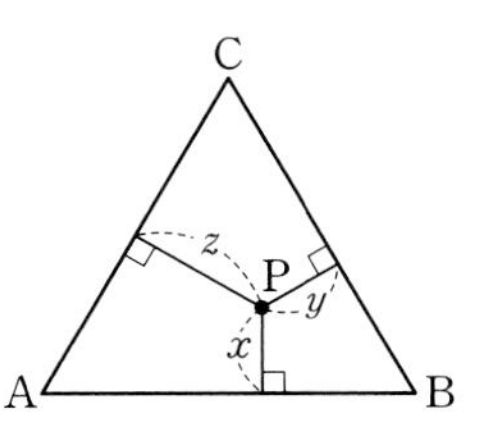

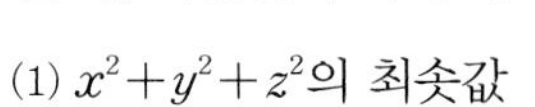

(1) $x^2+y^2+z^2$의 최솟값

(2) $xy+yz+zx$의 최댓값

Memo

Ⅱ. 함수와 그래프

03. 함수

1 함수

(1) 집합 X의 모든 원소에 집합 Y의 원소가 하나씩 대응할 때, 이 대응을 함수라 한다.
함수 f에 의해 X의 원소 x에 대응하는 Y의 원소 y를 x의 함숫값이라 하고 $y=f(x)$로 나타낸다.

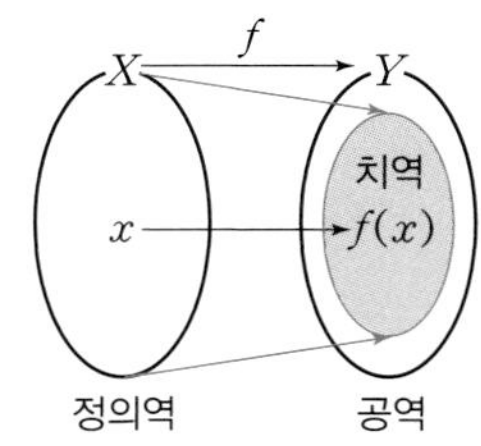

(2) 함수 $f: X \longrightarrow Y$에서 X를 정의역, Y를 공역, 함숫값의 집합 $\{f(x) \mid x \in X\}$를 치역이라 한다.

함수 f, g의 정의역과 공역이 같고 정의역의 모든 원소 x에 대하여 $f(x)=g(x)$이면 $f=g$이다.

(3) 순서쌍의 집합 $\{(x, f(x)) \mid x \in X\}$를 f의 그래프라 한다.
X와 Y가 실수의 부분집합이면 그래프는 좌표평면에 나타낼 수 있다.

2 여러 가지 함수

함수 $f: X \longrightarrow Y$에 대하여

(1) 일대일함수 : X의 모든 원소 x_1, x_2에 대하여 $x_1 \neq x_2$이면 $f(x_1) \neq f(x_2)$이다.
Note 대우 '$f(x_1)=f(x_2)$이면 $x_1=x_2$이다.'가 성립하는 함수라 해도 된다.

(2) 일대일대응 : f가 일대일함수이고, 치역과 공역이 같다.

(3) 항등함수 : 모든 x에 대하여 $f(x)=x$, 곧 x에 자기 자신 x가 대응한다.

항등함수를 I로도 나타낸다. 곧, $I(x)=x$

(4) 상수함수 : $f(x)=c$, 곧 함숫값이 항상 c이다.

3 합성함수

(1) 함수 $f: X \longrightarrow Y$, $g: Y \longrightarrow Z$에 대하여 X의 원소 x에 집합 Z의 원소 $g(f(x))$를 대응시키는 함수를 f와 g의 합성함수라 하고 $g \circ f$로 나타낸다.

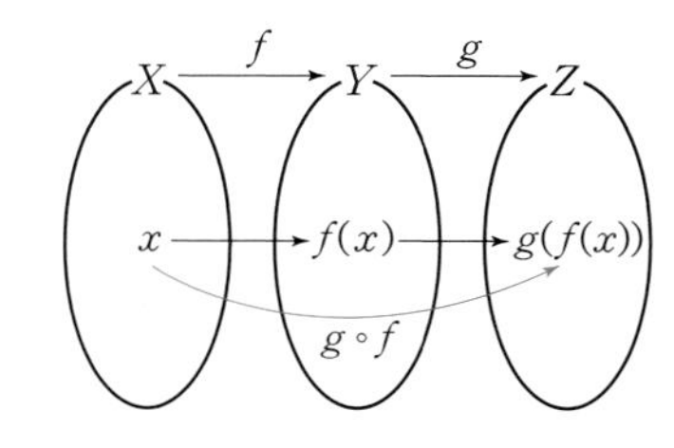

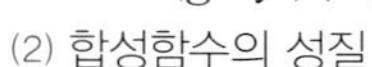

$$(g \circ f)(x)=g(f(x))$$

$g(f(x))$는 $g(x)$의 x에 $f(x)$를 대입하여 구한다.

(2) 합성함수의 성질

① 교환법칙이 성립하지 않는다. 곧, $f \circ g \neq g \circ f$

$f \circ g \neq g \circ f$라는 것은 모든 f, g에 대하여 성립하지는 않는다는 뜻이다.

② 결합법칙이 성립한다. 곧, $(f \circ g) \circ h=f \circ (g \circ h)$
결합법칙이 성립하므로 괄호를 생략하고 $f \circ g \circ h$로 나타낸다.

③ 항등함수 I에 대하여 $f \circ I=f$, $I \circ f=f$

4 역함수

(1) $f: X \longrightarrow Y$가 일대일대응일 때, Y의 $f(x)$에 X의 x를 대응시키는 함수를 f의 역함수라 하고 f^{-1}로 나타낸다.

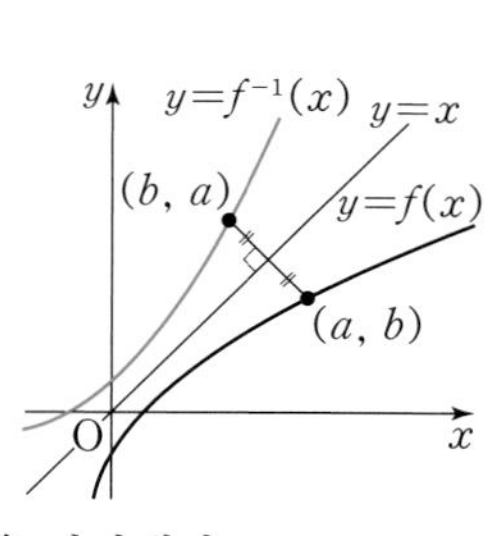

$$y=f(x) \Longleftrightarrow x=f^{-1}(y)$$

(2) 역함수의 성질

① 역함수의 정의역은 원함수의 치역, 역함수의 치역은 원함수의 정의역이다.

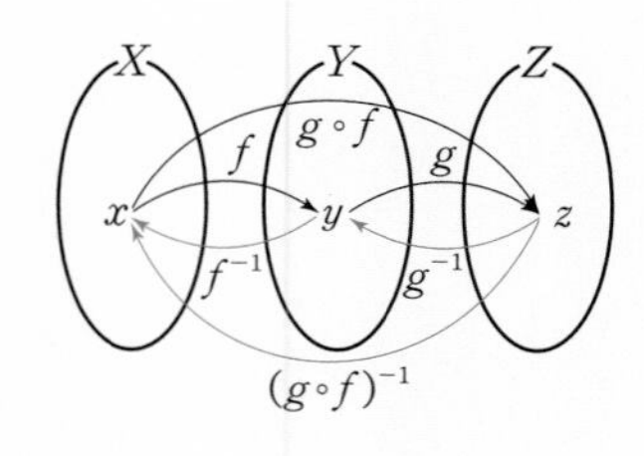

② 역함수의 역함수는 자기 자신이다. 곧, $(f^{-1})^{-1}=f$

③ $(f^{-1} \circ f)(x)=x$, $(f \circ f^{-1})(y)=y$, 곧 $f^{-1} \circ f=I$, $f \circ f^{-1}=I$

④ g의 역함수가 있을 때 $(g \circ f)^{-1}=f^{-1} \circ g^{-1}$

(3) 역함수의 그래프

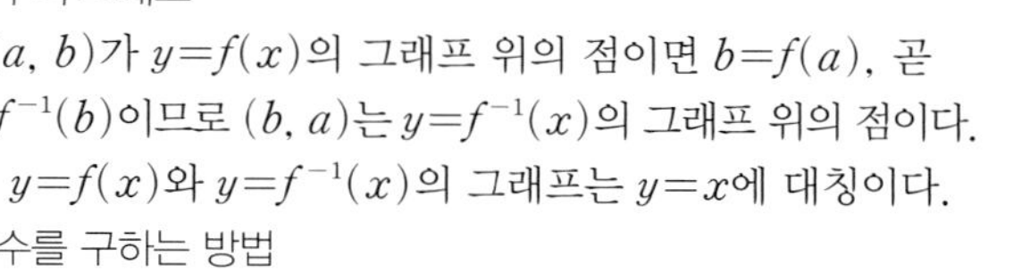

점 (a, b)가 $y=f(x)$의 그래프 위의 점이면 $b=f(a)$, 곧 $a=f^{-1}(b)$이므로 (b, a)는 $y=f^{-1}(x)$의 그래프 위의 점이다.

$y=f(x)$와 $y=f^{-1}(x)$의 그래프는 $y=x$에 대칭이다.

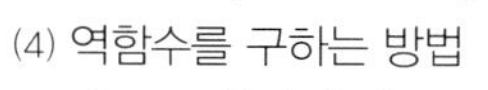

(4) 역함수를 구하는 방법

① $y=f(x)$에서 $x=$(y에 대한 식)으로 정리한다.

② x와 y를 바꾸고, 필요하면 역함수의 정의역($f(x)$의 치역)을 나타낸다.

정답 및 풀이 30쪽

code 1 함수

01

집합 $X=\{-1, 0, 1, 2\}$에서 집합 $Y=\{0, 1, 2, 3, 4\}$로의 함수가 아닌 것을 모두 고르면?

① $y=x+2$　② $y=(x-1)^2$
③ $y=-|x|+1$　④ $y=x^3-1$
⑤ $y=\begin{cases} 2 & (x>0) \\ 0 & (x\le 0) \end{cases}$

02

집합 $X=\{1, \sqrt{2}, \sqrt{3}, 2\}$에서 정의된 함수

$$f(x)=\begin{cases} 2x & (x\text{는 유리수}) \\ x^2 & (x\text{는 무리수}) \end{cases}$$

의 치역을 구하시오.

03

정의역이 $X=\{x|x\ge a\}$인 함수 $f(x)=x^2-2x+4$의 치역이 $Y=\{y|y\ge b\}$일 때, **보기**에서 옳은 것만을 있는 대로 고른 것은?

보기

ㄱ. $a=0$이면 $b=4$이다.
ㄴ. $a>1$이면 $b=f(a)$이다.
ㄷ. $b=3$이면 $a\le 1$이다.

① ㄱ　② ㄴ　③ ㄱ, ㄴ
④ ㄴ, ㄷ　⑤ ㄱ, ㄴ, ㄷ

04

집합 $X=\left\{-\frac{1}{2}, \frac{1}{2}\right\}$에서 집합 $Y=\{-1, 0, 1\}$로 정의된 함수 f, g를

$$f(x)=[x]^2-1, g(x)=ax+b$$

라 하자. $f=g$일 때 a, b의 값을 구하시오.
(단, $[x]$는 x보다 크지 않은 최대 정수)

code 2 일대일함수, 일대일대응, 항등함수

05

실수 전체의 집합 R에서 R로 정의된 함수

$$f(x)=|x-2|+kx-6$$

이 일대일대응일 때, k의 값의 범위를 구하시오.

06

집합 $X=\{x|x\le k\}$에서 집합 $Y=\{y|y\ge k+3\}$으로의 함수 $f(x)=x^2-x$가 일대일대응일 때, k의 값은?

① -1　② 0　③ 1
④ 2　⑤ 3

07

실수 전체의 집합 R에서 R로 정의된 함수

$$f(x)=\begin{cases} x^2+8x+9 & (x\ge -1) \\ (-a+7)x+b & (x<-1) \end{cases}$$

이 일대일대응일 때, 자연수의 순서쌍 (a, b)의 개수는?

① 3　② 4　③ 5
④ 6　⑤ 7

08

집합 $X=\{1, 2, 3\}$에서 X로 정의된 함수 f, g, h가 다음 조건을 만족시킨다.

(가) f는 일대일대응, g는 항등함수, h는 상수함수이다.
(나) $f(1)=g(2)=h(3)$
(다) $f(2)+g(1)+h(1)=6$

$f(3)$과 $g(3)$의 값을 구하시오.

09

실수의 부분집합 X에서 정의된 함수

$f(x)=x^4-3x^3+x^2+4x-2$

가 있다. f가 항등함수일 때, 공집합이 아닌 X의 개수는?

① 2 ② 3 ③ 4
④ 7 ⑤ 15

10

집합 $X=\{-1, 0, 1\}$에서 X로의 함수 중 $f(x)=f(-x)$를 만족시키는 함수 f의 개수는?

① 1 ② 2 ③ 4
④ 6 ⑤ 9

11

집합 $X=\{1, 2, 3, 4\}$에서 집합 $Y=\{1, 2, 3, 4, 5\}$로의 함수 중 다음 조건을 만족시키는 함수 f의 개수를 구하시오.

(가) $x_1\in X$, $x_2\in X$일 때, $f(x_1)=f(x_2)$이면 $x_1=x_2$이다.
(나) $f(1)+f(3)=6$

code 3 합성함수

12

함수

$$f(x)=\begin{cases}-2x+5 & (x\geq 2)\\ 1 & (x<2)\end{cases},\quad g(x)=x^2+x-1$$

일 때, $(f\circ g)(3)+(g\circ f)(0)$의 값은?

① -10 ② -12 ③ -13
④ -15 ⑤ -16

13

함수 $f(x)=\frac{1}{2}x+1$, $g(x)=-x^2+5$이다. 함수 h가 $(f\circ h)(x)=g(x)$를 만족시킬 때, $h(3)$의 값을 구하시오.

14

함수 $f(x)=|x|-3$, $g(x)=\begin{cases}x^2+3 & (x\geq 0)\\ -x^2+3 & (x<0)\end{cases}$이다.
$(g\circ f)(k)=4$일 때, 실수 k의 값의 곱은?

① -16 ② -4 ③ 4
④ 8 ⑤ 16

15

함수 $f(x)=x^2-1$, $g(x)=[x]$, $h(x)=\frac{1}{2}x+1$일 때, **보기**에서 옳은 것만을 있는 대로 고른 것은?
(단, $[x]$는 x보다 크지 않은 최대 정수)

보기
ㄱ. $(f\circ g\circ h)(3)=3$
ㄴ. $(h\circ f)(3)=(g\circ h)(9)$
ㄷ. x가 정수이면 $(g\circ h)(x)=(h\circ g)(x)$이다.

① ㄱ ② ㄱ, ㄴ ③ ㄱ, ㄷ
④ ㄴ, ㄷ ⑤ ㄱ, ㄴ, ㄷ

16

함수 $f(x)=3x+5$, $g(x)=2x-3$에 대하여 다음 물음에 답하시오.

(1) $(g\circ h)(x)=f(x)$인 함수 $h(x)$를 구하시오.
(2) $(k\circ g)(x)=f(x)$인 함수 $k(x)$를 구하시오.

17

함수 $f(x)=2x-3$이고 $g(x)$는 일차함수이다.
$f\circ g=g\circ f$일 때, $y=g(x)$의 그래프가 항상 지나는 점의 좌표를 구하시오.

18

실수 전체의 집합에서 정의된 함수 f, g, h가 다음 조건을 만족시킨다.

(가) $(h\circ g)(x)=2x-1$
(나) $(h\circ(g\circ f))(x)=-2x+b$

$f(x)=ax+1$일 때, $a+b$의 값은?

① -3 ② -1 ③ 0
④ 1 ⑤ 3

19

집합 $X=\{1, 2, 3, 4\}$에서 X로의 함수 f는 일대일대응이다.
$(f\circ f)(2)=1$, $(f\circ f)(3)=3$
일 때, $f(1)+f(4)$의 값은?

① 3 ② 4 ③ 5
④ 6 ⑤ 7

20

집합 $X=\{1, 2, 3\}$에서 X로 정의된 함수 중 $(f\circ f)(x)=x$를 만족시키는 함수 f의 개수는?

① 1 ② 2 ③ 3
④ 4 ⑤ 5

code 4 최대 · 최소, 방정식, 부등식

21

함수 $f(x)=|x-1|+3$, $g(x)=-x^2+8x+1$에 대하여 $0\le x\le 4$일 때, $y=(g\circ f)(x)$의 최댓값과 최솟값을 구하시오.

22

함수 $f(x)=x^2-4x+k$, $g(x)=-3x^2+6x-5$에 대하여 $(f\circ g)(x)$의 최솟값이 17일 때, k의 값을 구하시오

23

함수 $y=f(x)$의 그래프가 그림과 같을 때, 방정식 $f(f(x+3))=4$의 서로 다른 실근의 합을 구하시오.
(단, $x<2$ 또는 $x>19$일 때 $f(x)<0$이다.)

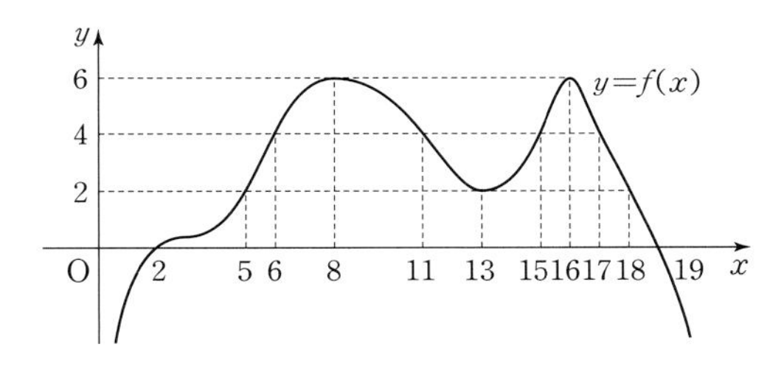

code 5 f^n의 계산

24

집합 $X=\{1, 2, 3, 4\}$에서 X로 정의된 함수 f가 그림과 같다.
$f^1(x)=f(x)$,
$f^{n+1}(x)=f(f^n(x))$
$(n=1, 2, 3, \cdots)$
일 때, $f^{1002}(2)+f^{1005}(3)$의 값은?

① 4 ② 5 ③ 6
④ 7 ⑤ 8

25

실수 전체의 집합에서 정의된 함수 $f(x)=\begin{cases} x-2 & (x\ge 0) \\ x+2 & (x<0) \end{cases}$에 대하여 $f^{2020}(9)+f^{2020}(11)$의 값은?
(단, $f^1=f$, $f^{n+1}=f\circ f^n$, n은 자연수)

① 6 ② 4 ③ 2
④ 0 ⑤ -2

26

$0\le x\le 2$에서 함수 $y=f(x)$의 그래프가 그림과 같을 때, 집합

$$A=\left\{f^n\left(\frac{5}{4}\right)\middle|\, n\text{은 자연수}\right\}$$

라 하자. 집합 A를 원소나열법으로 나타내시오. (단, $f^1(x)=f(x)$, $f^{n+1}(x)=f(f^n(x))$, n은 자연수)

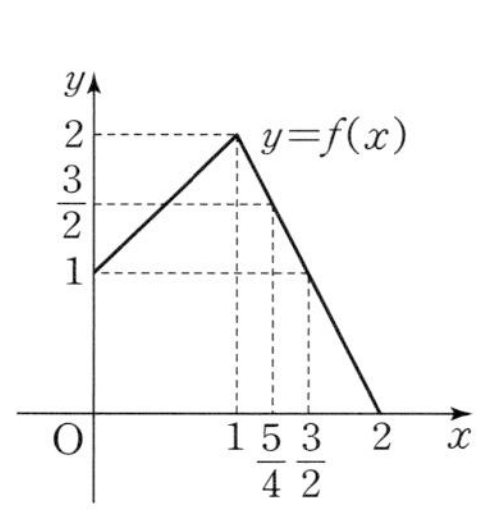

code 6 역함수

27

함수 $f(x)=\begin{cases} x+5 & (x<3) \\ 3x-1 & (x\ge 3) \end{cases}$일 때, $f(2)+f^{-1}(14)$의 값은?

① 10 ② 12 ③ 14
④ 16 ⑤ 18

28

함수 $f(x)=2x-1$, $g(x)=-3x+2$에 대하여 $(f\circ g^{-1})(k)=-7$일 때, k의 값은?

① 7 ② 8 ③ 9
④ 10 ⑤ 11

29

함수 $f(x)=\begin{cases} x & (x\ge 1) \\ -x^2+2x & (x<1) \end{cases}$, $g(x)=x-5$일 때, $(g\circ(f\circ g)^{-1}\circ g)(2)$의 값은?

① -1 ② $-\frac{1}{2}$ ③ 0
④ 1 ⑤ 3

30

함수 f, g에 대하여

$$f(x)=3x+1,\ f^{-1}(x)=g(5x-2)$$

일 때, $g(1)$의 값을 구하시오.

31

f, g는 양의 실수 전체의 집합 X에서 X로 정의된 일대일대응이다.

$$f^{-1}(x)=x^2,\ (f\circ g^{-1})(x^2)=x$$

일 때, $(f\circ g)(20)$의 값은?

① $2\sqrt{5}$ ② $4\sqrt{10}$ ③ 40
④ 200 ⑤ 400

32

집합 $X=\{x\mid -2\le x\le 2\}$에서 집합 $Y=\{y\mid -1\le y\le 5\}$로 정의된 함수 $f(x)=ax+b$의 역함수가 있을 때, a^2+b^2의 값은?

① $\frac{17}{2}$ ② $\frac{25}{4}$ ③ $\frac{19}{4}$
④ $\frac{17}{4}$ ⑤ $\frac{7}{2}$

정답 및 풀이 33쪽

33

집합 $X=\{x|x\le k\}$, $Y=\{y|y\le 2\}$에 대하여

$$f: X \longrightarrow Y,\ f(x)=-x^2+2x+1$$

이라 하자. f의 역함수가 있을 때, 실수 k의 값은?

① -2　② -1　③ 1
④ 2　⑤ 3

code 7 역함수와 그래프

34

함수 $y=f(x)$의 그래프가 그림과 같을 때, $(f^{-1}\circ f^{-1})(c)$의 값은? (단, 모든 점선은 x축 또는 y축에 평행하다.)

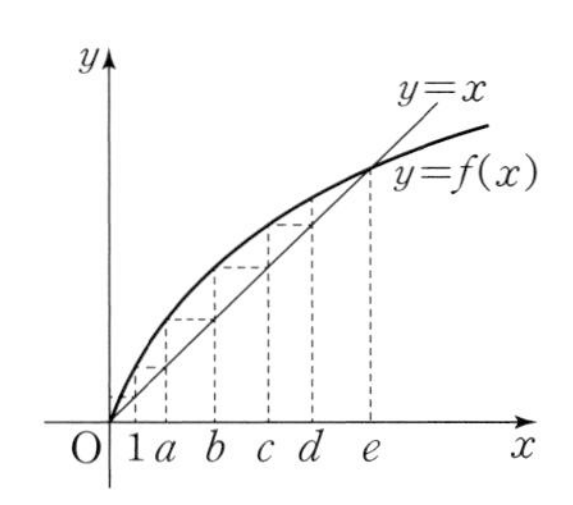

① a　② b
③ c　④ d
⑤ e

35

함수 $y=f(x)$, $y=g(x)$의 그래프가 그림과 같을 때,
$(f\circ(g^{-1}\circ f)^{-1}\circ f^{-1})(d)$의 값은? (단, 모든 점선은 x축 또는 y축에 평행하다.)

① 0　② a
③ b　④ c
⑤ d

36

함수 $f(x)=ax+b$에 대하여 $y=f(x)$의 그래프와 $y=f^{-1}(x)$의 그래프가 모두 점 $(2,\ 5)$를 지날 때, a, b의 값을 구하시오.

37

$f(x)=\frac{1}{3}x^2-\frac{4}{3}$는 $x\ge 0$에서 정의된 함수이다. $y=f(x)$의 그래프와 $y=f^{-1}(x)$의 그래프가 만나는 점의 좌표를 $(a,\ b)$라 할 때, $a+b$의 값은?

① 4　② 6　③ 8
④ 10　⑤ 12

code 8 함숫값 구하기

38

함수 f는 모든 실수 x에 대하여

$$(x+2)f(2-x)+(2x+1)f(2+x)=1$$

이다. $f(5)$의 값은?

① 1　② $\frac{1}{3}$　③ $\frac{1}{5}$
④ $\frac{1}{7}$　⑤ $\frac{1}{9}$

39

$f(x)$는 $0\le x\le 1$에서 정의된 함수이다. 모든 실수 x에 대하여 $2f(x)+3f(\sqrt{1-x^2})=x$일 때, $f\left(\frac{1}{3}\right)$의 값을 구하시오.

40

자연수 전체의 집합을 N, 집합 $K=N\cup\{0\}$이라 할 때, 함수 $f: N \longrightarrow K$가 다음 조건을 만족시킨다.

(가) $f(1)=0$
(나) x가 소수일 때, $f(x)=1$이다.
(다) 자연수 m, n에 대하여 $f(mn)=nf(m)+mf(n)$이다.

$f(8)+(f\circ f)(51)$의 값은?

① 20　② 24　③ 36
④ 48　⑤ 56

01

R는 실수 전체의 집합이고, X는 R의 부분집합이다. X에서 R로의 함수 $f(x)=x|x|-2x$, $g(x)=x+2$에 대하여 $f=g$일 때, **보기**에서 옳은 것만을 있는 대로 고른 것은?

보기

ㄱ. $a\in X$이면 $f(a)=a+2$이다.
ㄴ. 공집합이 아닌 X는 7개이다.
ㄷ. X의 원소의 합의 최솟값은 -3이다.

① ㄱ ② ㄴ ③ ㄱ, ㄴ
④ ㄱ, ㄷ ⑤ ㄱ, ㄴ, ㄷ

02 신유형

정의역이 실수 전체의 집합 R이고, S가 R의 부분집합일 때, 함수 $f_S(x)$를

$$f_S(x)=\begin{cases}2 & (x\in S)\\ 5 & (x\notin S)\end{cases}$$

라 하자. A, B, C가 R의 부분집합이고, $f_{A\cap B\cap C}(a)=2$일 때, $\{f_A(a)+f_{B^C}(a)+f_C(a)\}\times f_{A-B}(a)$의 값은?
(단, $B^C=R-B$)

① 12 ② 18 ③ 24
④ 30 ⑤ 45

03 서술형

집합 $X=\{x|x\geq a\}$에서 집합 $Y=\{y|y\geq b\}$로 정의된 함수 $f(x)=x^2+3x+3$이 일대일대응일 때, $a-b$의 최댓값을 구하시오.

04

집합 $X=\{x|a\leq x\leq a+2\}$에서 집합 $Y=\{y|b\leq y\leq 4b\}$로 정의된 함수 $f(x)=x^2$이 일대일대응일 때, a, b의 값을 모두 구하시오.

05

집합 $X=\{1, 2, 3, 4\}$에서 X로의 함수 f, g가 다음 조건을 만족시킨다.

(가) $f(4)=2$
(나) $g(1)=2$, $g(2)=1$, $g(3)=3$, $g(4)=3$

함수 $h : X \longrightarrow X$, $h(x)=\begin{cases}f(x) & (f(x)\geq g(x))\\ g(x) & (g(x)>f(x))\end{cases}$가 일대일대응일 때, $f(3)$과 $h(1)$의 값을 구하시오.

06

실수 전체의 집합에서 정의된 함수 f, g에 대하여 함수 h를 $h(x)=\frac{1}{4}f(x)+\frac{3}{4}g(x)$라 할 때, **보기**에서 옳은 것만을 있는 대로 고른 것은?

보기

ㄱ. $y=f(x)$, $y=g(x)$의 그래프가 만나면 $y=h(x)$의 그래프는 $y=f(x)$와 $y=g(x)$의 그래프의 교점을 지난다.
ㄴ. $y=f(x)$, $y=g(x)$의 그래프가 각각 원점에 대칭이면 $y=h(x)$의 그래프도 원점에 대칭이다.
ㄷ. f, g가 일대일대응이면 h도 일대일대응이다.

① ㄱ ② ㄴ ③ ㄱ, ㄴ
④ ㄴ, ㄷ ⑤ ㄱ, ㄴ, ㄷ

07

집합 $X=\{1, 2, 3\}$, $Y=\{1, 2, 3, 4, 5, 6, 7\}$에 대하여 다음 조건을 만족시키는 함수 $f: X \longrightarrow Y$의 개수는?

> (가) X의 임의의 원소 x_1, x_2에 대하여
> $f(x_1)=f(x_2)$이면 $x_1=x_2$이다.
> (나) $f(1)+f(2)f(3)=13$

① 12　② 13　③ 14
④ 15　⑤ 16

08

집합 $A=\{1, 2, 3, 4, 5, 6\}$에 대하여 다음 조건을 만족시키는 일대일대응 $f: A \longrightarrow A$의 개수는?

> (가) $f(1)=6$
> (나) $k \geq 2$이면 $f(k) \leq k$

① 4　② 8　③ 10
④ 14　⑤ 16

09

함수 $f(x)=\begin{cases} 2 & (x>2) \\ x & (|x| \leq 2) \\ -2 & (x<-2) \end{cases}$, $g(x)=x^2-2$일 때, **보기**에서 옳은 것만을 있는 대로 고른 것은?

> **보기**
> ㄱ. $(f \circ g)(2)=2$
> ㄴ. $(g \circ f)(-x)=(g \circ f)(x)$
> ㄷ. $(f \circ g)(x)=(g \circ f)(x)$

① ㄱ　② ㄷ　③ ㄱ, ㄴ
④ ㄴ, ㄷ　⑤ ㄱ, ㄴ, ㄷ

10 서술형

함수 f와 일차함수 g에 대하여

$$(f \circ g)(x)=\{g(x)\}^2+4$$
$$(g \circ f)(x)=4\{g(x)\}^2+1$$

일 때, $g(x)$를 구하시오.

11

함수 $f(x)=\begin{cases} 3x-6 & (x \geq 0) \\ -3x+6 & (x<0) \end{cases}$, $g(x)=x^2+k$에 대하여 방정식 $f(g(x))=9$가 서로 다른 세 실근을 가질 때, 근의 제곱의 합은?

① 8　② 10　③ 12
④ 14　⑤ 16

12

$0 \leq x \leq 3$에서 정의된 함수 $y=f(x)$의 그래프가 그림과 같을 때, 방정식 $(f \circ f)(x)=2-f(x)$의 해의 곱은?

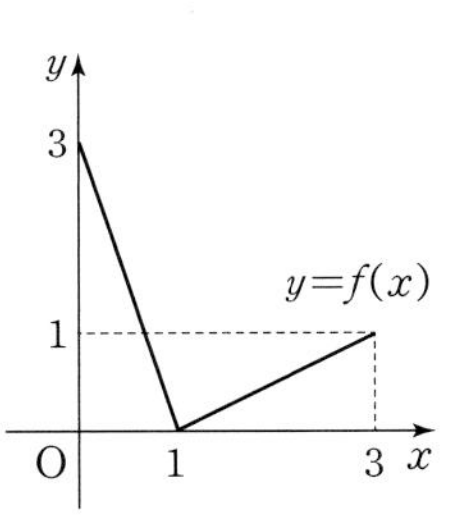

① 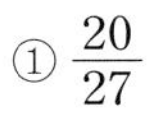 $\frac{20}{27}$　② $\frac{8}{9}$
③ $\frac{26}{27}$　④ 1
⑤ $\frac{11}{9}$

13

함수

$$f(x)=\begin{cases} x-5 & (x>2) \\ -2x+1 & (-1\le x\le 2) \\ 3 & (x<-1) \end{cases}$$

$$g(x)=\begin{cases} 4 & (x>4) \\ x & (|x|\le 4) \\ -4 & (x<-4) \end{cases}$$

일 때, 방정식 $(g\circ f)(x)=-g(x)$의 해를 구하시오.

14

함수 $f(x)=x^2+x-6$, $g(x)=x^2-2ax+11$일 때, 모든 실수 x에 대하여 $(f\circ g)(x)\ge 0$이 성립하는 실수 a의 값의 범위를 구하시오.

15

$f(x)$는 $0\le x\le 2$에서 정의된 함수이고 $y=f(x)$의 그래프가 오른쪽과 같다. 다음 중 $y=f(f(x))$의 그래프의 개형은?

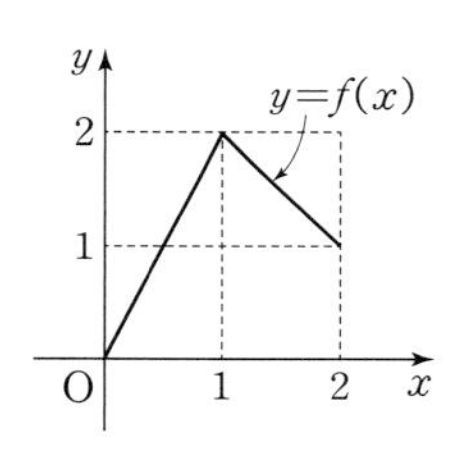

① 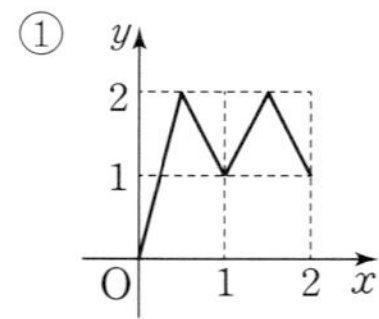

② 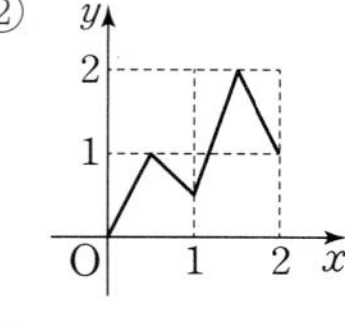

③ 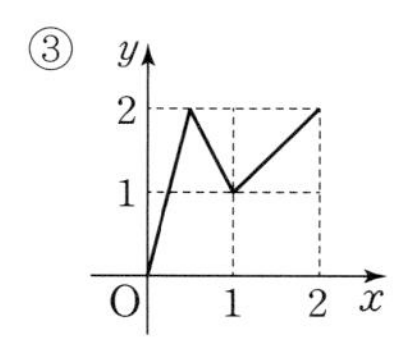

④ 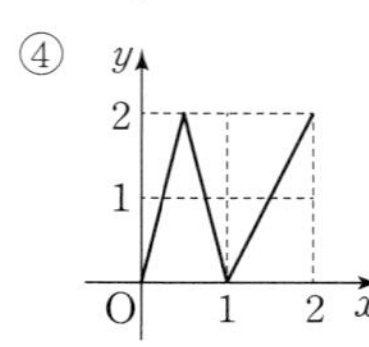

⑤ 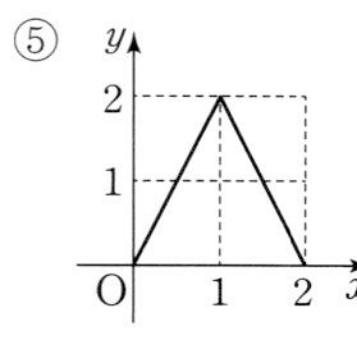

16 서술형

함수 $y=f(x)$의 그래프가 그림과 같다.

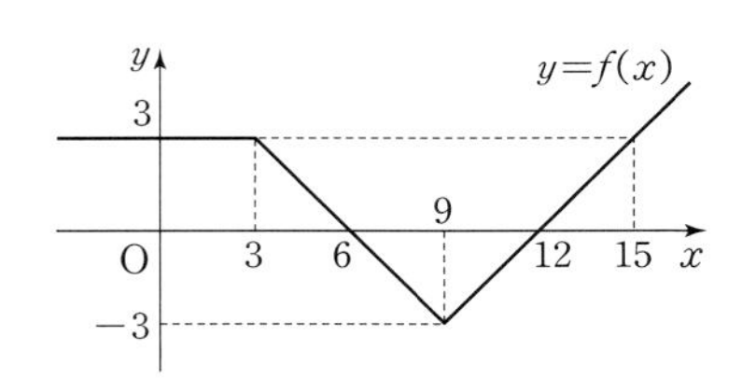

$0\le x\le 24$에서 $y=f(f(x))$의 그래프와 x축, y축으로 둘러싸인 부분의 넓이를 구하시오.

17

함수 $f(x)=|x-1|$에 대하여 n이 자연수일 때,

$f^1(x)=f(x)$, $f^{n+1}(x)=(f\circ f^n)(x)$

라 하자. $y=f^5(x)$의 그래프와 x축으로 둘러싸인 부분의 넓이는?

① 4　② 5　③ 6　④ 7　⑤ 8

18

집합 $X=\{1, 2, 3, 4\}$에서 X로 정의된 함수 f에 대하여

$f(1)=2$, $f(4)=4$, $f^3(1)=1$

일 때, $f^{100}(1)+f^{101}(2)+f^{102}(3)$의 값을 구하시오.
(단, $f^1=f$, $f^{n+1}=f\circ f^n$, n은 자연수)

19

집합 $X=\{1,\ 2,\ 3,\ 4\}$에서 X로 정의된 함수 f는 일대일대응이고 다음 조건을 만족시킨다.

(가) 모든 x에 대하여 $(f\circ f)(x)=x$이다.
(나) 어떤 x에 대하여 $f(x)=2x$이다.

f의 개수를 구하시오.

20

함수 $f(x)=2x-3$, $g(x)=-3x+5$에 대하여

$$(g^{-1}\circ(f\circ g^{-1})^{-1}\circ g)(x)=ax+b$$

일 때, a, b의 값을 구하시오.

21

함수 $f(x)$의 역함수를 $g(x)$라 할 때, 다음 중 $y=\frac{1}{2}g(3x-1)+4$의 역함수는?

① $y=\frac{1}{3}f(2x-8)+\frac{1}{3}$　② $y=\frac{1}{2}f(3x-1)+4$
③ $y=f(2x-8)$　④ $y=2f(x)-8$
⑤ $y=2f(3x-1)-8$

22

실수 전체의 집합 R에서 R로 정의된 함수

$$f(x)=\begin{cases} x^2-ax+3 & (x\geq 1) \\ -x^2+2bx-3 & (x<1) \end{cases}$$

의 역함수가 있을 때, $3a+2b$의 최댓값은?

① 10　② 12　③ 14
④ 16　⑤ 18

23 서술형

함수 $f(x)=x-2$, $g(x)=-3x^2+6x+1$에 대하여 함수 h가 $f\circ f\circ h=g$를 만족시킨다. $x\geq a$에서 h의 역함수가 있을 때, a의 최솟값과 a가 최솟값을 가질 때의 $h^{-1}(-4)$의 값을 구하시오.

24

함수 $f(x)=\begin{cases} 2x+3 & (x<-1) \\ \frac{1}{2}x+\frac{3}{2} & (x\geq -1) \end{cases}$ 일 때, 방정식 $\{f(x)\}^2=f(x)f^{-1}(x)$의 실근의 곱은?

① $-\frac{27}{2}$　② $-\frac{9}{2}$　③ $-\frac{3}{2}$
④ $\frac{9}{2}$　⑤ $\frac{27}{2}$

정답 및 풀이 42쪽

25

함수 $f(x)=x^2-4x-a(x\geq 2)$의 역함수를 $g(x)$라 하자. 방정식 $f(x)=g(x)$의 실근이 있을 때, 실수 a의 최솟값은?

① $-\frac{25}{4}$　② -5　③ 0
④ 3　⑤ $\frac{25}{4}$

26

함수 $f(x)=x^2+4x+a(x\geq -2)$에 대하여 $y=f(x)$와 $y=f^{-1}(x)$의 그래프가 두 점에서 만나고, 두 점 사이의 거리가 1일 때, a의 값을 구하시오.

27 서술형

실수 전체의 집합에서 정의된 함수 $f(x)=ax-2|x-1|$의 역함수를 $g(x)$라 하자. $y=f(x)$와 $y=g(x)$의 그래프가 두 점에서 만나고, 두 함수의 그래프로 둘러싸인 부분의 넓이가 4이다. 양수 a의 값을 구하시오.

28

정의역이 실수 전체의 집합인 함수 f가 모든 실수 x, y에 대하여

$$f(2x+y)=4f(x)+f(y)+xy+4$$

를 만족시킨다. $f(6)$의 값은?

① 7　② 8　③ 9
④ 10　⑤ 11

29

자연수 전체의 집합에서 정의된 함수

$$f(n)=\begin{cases} n-2 & (n\geq 100) \\ f(f(n+4)) & (n<100) \end{cases}$$

에 대하여 $f(81)+f(82)+f(83)+\cdots+f(99)+f(100)$의 값을 구하시오.

30 신유형

집합 $S=\{n|1\leq n<100,\ n$은 9의 배수$\}$의 공집합이 아닌 부분집합 X와 집합 $Y=\{0, 1, 2, 3, 4, 5, 6\}$에 대하여 함수 $f: X \longrightarrow Y$를

$$f(n)=(n\text{을 7로 나눈 나머지})$$

라 하자. 함수 f의 역함수가 있을 때, 집합 X의 개수를 구하시오.

정답 및 풀이 43쪽

01 서술형

$f(x)=ax^2+bx+1$은 집합 $A=\{x|1\le x\le 5\}$에서 $B=\{y|2\le y\le 100\}$으로 정의된 함수이다. 정수 a, b의 순서쌍 (a, b)의 개수를 구하시오. (단, $ab\ge 0$)

02

$0\le x\le 4$에서 정의된 함수 $y=f(x)$의 그래프가 그림과 같다. $g(x)=f(f(x))$가 집합 $X=\{a, b\}$에서 X로의 함수이다. $g(a)=f(a)$, $g(b)=f(b)$를 만족시키는 집합 X의 개수는? (단, $0\le a<b\le 4$)

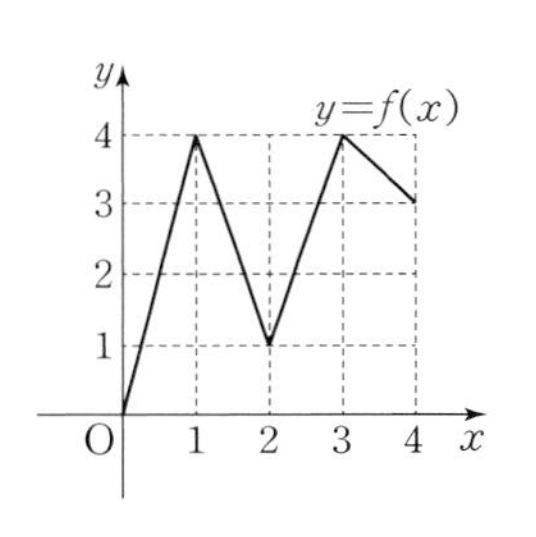

① 11 ② 13 ③ 15
④ 17 ⑤ 19

03

집합 $A=\{x|0\le x\le 1\}$에 대하여 A에서 A로의 함수 $y=f(x)$의 그래프가 그림과 같다. X에서 X로의 함수 $y=(f\circ f\circ f)(x)$가 항등함수일 때, A의 공집합이 아닌 부분집합 X의 개수는?

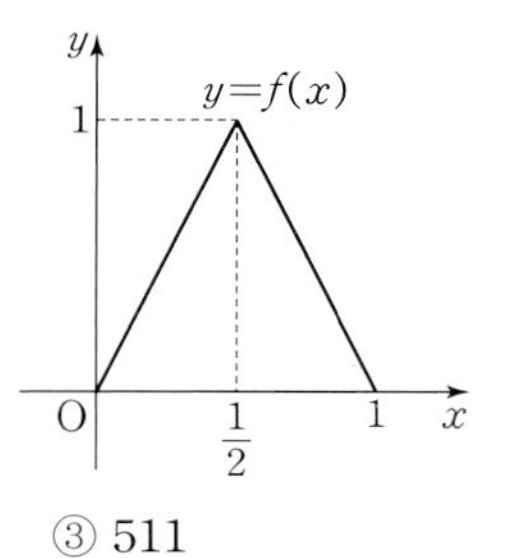

① 255 ② 256 ③ 511
④ 512 ⑤ 1023

04

함수 $f(x)=\begin{cases} 2x^2+a & (x\ge 0) \\ -2x^2+a & (x<0) \end{cases}$의 역함수를 $g(x)$라 하자.

곡선 $y=f(x)$, $y=g(x)$가 서로 다른 세 점에서 만날 때, 실수 a의 값의 범위를 구하시오.

정답 및 풀이 45쪽

05

집합 $X=\{a, b, c, d\}$에서 X로 정의된 함수 f, g가 있다. **보기**에서 옳은 것만을 있는 대로 고른 것은?

보기

ㄱ. f, g가 일대일대응이면 $f \circ g$도 일대일대응이다.
ㄴ. $f \circ g$가 항등함수이면 f, g는 항등함수이다.
ㄷ. $f \circ g$가 일대일대응이면 f, g는 일대일대응이다.

① ㄱ ② ㄱ, ㄴ ③ ㄱ, ㄷ
④ ㄴ, ㄷ ⑤ ㄱ, ㄴ, ㄷ

06

집합 $A=\{1, 2, 3, 4\}$, $B=\{2, 3, 4, 5\}$에 대하여 함수 $f: A \longrightarrow B$, $g: B \longrightarrow A$가 다음 조건을 만족시킨다.

(가) $f(3)=5$, $g(2)=3$
(나) $x \in B$인 어떤 x에 대하여 $g(x)=x$
(다) $x \in A$인 모든 x에 대하여 $(f \circ g \circ f)(x)=x+1$

$f(1)+g(3)$의 값은?

① 5 ② 6 ③ 7
④ 8 ⑤ 9

07

모든 자연수 n에서 정의된 함수 f가

$$f(1)=1,\ f(2n)=f(n),\ f(2n+1)=f(n)+1$$

을 만족시킬 때, $1 \le n \le 128$에서 $f(n)$의 최댓값과 이때 n의 값을 구하시오.

08

$$f(x)=[x]+\left[x+\frac{1}{100}\right]+\left[x+\frac{2}{100}\right]+\cdots+\left[x+\frac{99}{100}\right]$$

가 있다. **보기**에서 옳은 것만을 있는 대로 고른 것은? (단, $[x]$는 x를 넘지 않는 최대 정수이다.)

보기

ㄱ. $f\left(\frac{4}{3}\right)=133$
ㄴ. n이 자연수일 때 $f\left(x+\frac{n}{2}\right)=f(x)+50n$
ㄷ. n이 100보다 작은 자연수이고 $\frac{n}{100} \le x < \frac{n+1}{100}$일 때, $f(f(x)-1)=nf(x)-1$을 만족시키는 n의 합은 100이다.

① ㄴ ② ㄷ ③ ㄱ, ㄴ
④ ㄱ, ㄷ ⑤ ㄱ, ㄴ, ㄷ

04. 유리함수와 무리함수

$C\neq0$일 때
$\frac{A}{B}=\frac{A\times C}{B\times C}$, $\frac{A}{B}=\frac{A\div C}{B\div C}$

1 유리식의 사칙연산

(1) 덧셈과 뺄셈 : $\frac{B}{A}+\frac{D}{C}=\frac{BC+AD}{AC}$, $\frac{B}{A}-\frac{D}{C}=\frac{BC-AD}{AC}$

(2) 곱셈과 나눗셈 : $\frac{B}{A}\times\frac{D}{C}=\frac{BD}{AC}$, $\frac{B}{A}\div\frac{D}{C}=\frac{B}{A}\times\frac{C}{D}=\frac{BC}{AD}$

2 유리함수 $y=\frac{k}{x}$ $(k\neq0)$의 그래프

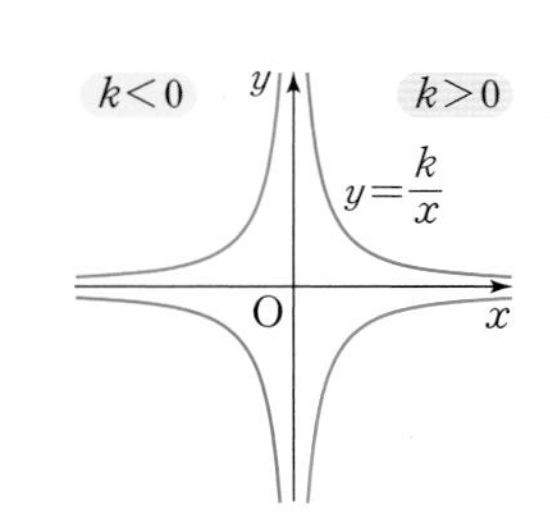

(1) 정의역 : $\{x|x\neq0$인 실수$\}$, 치역 : $\{y|y\neq0$인 실수$\}$
(2) 원점에 대칭이고, 점근선은 x축, y축이다.
(3) $k>0$이면 제1, 3사분면에 있고,
$k<0$이면 제2, 4사분면에 있다.
(4) $|k|$의 값이 클수록 곡선은 원점에서 멀어진다.

3 유리함수 $y=\frac{k}{x-p}+q$ $(k\neq0)$의 그래프

$y=\frac{ax+b}{cx+d}$의 그래프는
$y=\frac{k}{x-p}+q$
꼴로 변형하여 그린다.

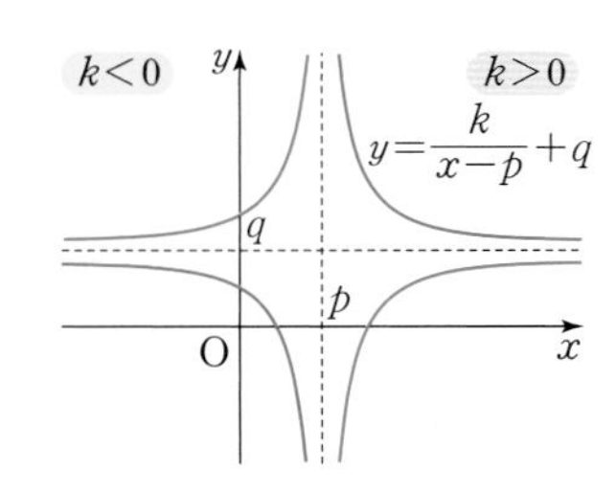

(1) $y=\frac{k}{x}$의 그래프를 x축 방향으로 p만큼,
y축 방향으로 q만큼 평행이동한 것이다.
(2) 정의역 : $\{x|x\neq p$인 실수$\}$, 치역 : $\{y|y\neq q$인 실수$\}$
(3) 점 (p, q)에 대칭이고, 점근선은 $x=p$, $y=q$이다.

4 유리함수의 역함수

역함수의 그래프는
직선 $y=x$에 대칭이다.

(1) $f(x)=\frac{k}{x-p}+q$의 역함수는 $f^{-1}(x)=\frac{k}{x-q}+p$이다.
(2) 점근선이 직선 $x=p$, $y=q$에서 직선 $x=q$, $y=p$로 바뀐다.

5 무리식의 연산

(1) $\sqrt{a}\sqrt{b}=\sqrt{ab}$ $(a>0,\ b>0)$
(2) $\frac{\sqrt{a}}{\sqrt{b}}=\sqrt{\frac{a}{b}}$ $(a>0,\ b>0)$
(3) $\frac{1}{\sqrt{a}+\sqrt{b}}=\frac{\sqrt{a}-\sqrt{b}}{(\sqrt{a}+\sqrt{b})(\sqrt{a}-\sqrt{b})}=\frac{\sqrt{a}-\sqrt{b}}{a-b}$ $(a>0,\ b>0,\ a\neq b)$

6 무리함수 $y=\sqrt{ax}$ $(a\neq0)$의 그래프

무리함수에서
(근호 안에 있는 식의 값)≥0

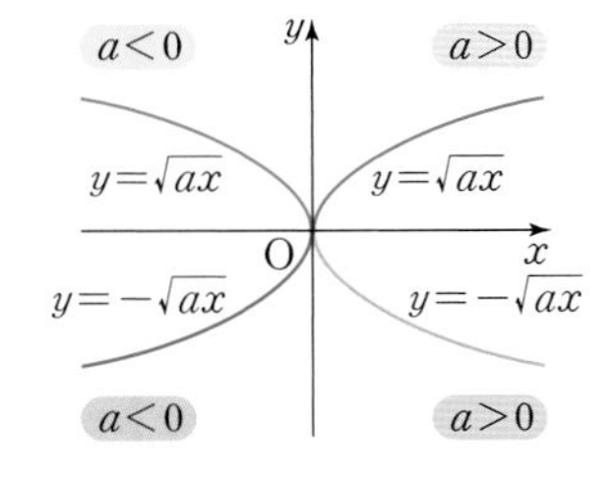

(1) $a>0$이면 정의역 : $\{x|x\geq0\}$, 치역 : $\{y|y\geq0\}$
(2) $a<0$이면 정의역 : $\{x|x\leq0\}$, 치역 : $\{y|y\geq0\}$
(3) $y=-\sqrt{ax}$의 그래프는 $y=\sqrt{ax}$의 그래프를 x축에
대칭이동한 것이다.
(4) $|a|$의 값이 클수록 그래프는 x축에서 멀어진다.

7 무리함수 $y=\sqrt{a(x-m)}+n$ $(a\neq0)$의 그래프

$y=\sqrt{ax+b}+c$ $(a\neq0)$
의 그래프는
$y=\sqrt{a\left(x+\frac{b}{a}\right)}+c$
꼴로 변형하여 그린다.

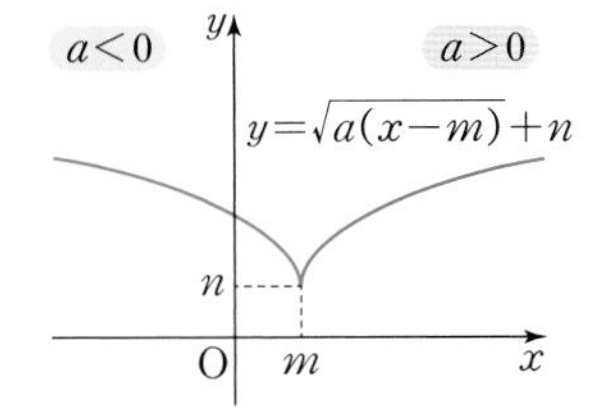

(1) 무리함수 $y=\sqrt{ax}$의 그래프를 x축 방향으로 m만큼,
y축 방향으로 n만큼 평행이동한 것이다.
(2) $a>0$이면 정의역 : $\{x|x\geq m\}$, 치역 : $\{y|y\geq n\}$
(3) $a<0$이면 정의역 : $\{x|x\leq m\}$, 치역 : $\{y|y\geq n\}$

8 무리함수의 역함수

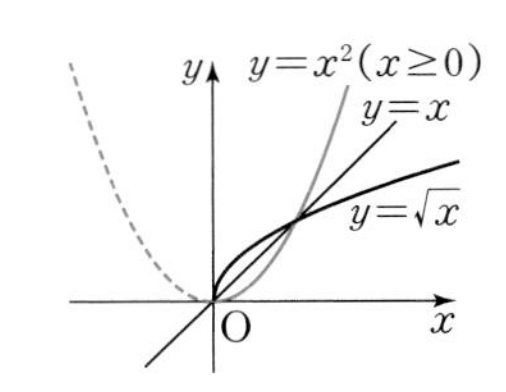

(1) $f(x)=\sqrt{x}$의 역함수는 $f^{-1}(x)=x^2$ $(x\geq0)$이다.
(2) 무리함수의 역함수는 정의역이 있는 이차함수 꼴이다.
(3) 무리함수의 그래프는 이차함수의 그래프 중 축을 기준으로
어느 한 쪽을 직선 $y=x$에 대칭한 꼴이다.

code 1 유리식의 계산

01

$\frac{2x+6}{x^2-2x-3}=\frac{a}{x-3}+\frac{b}{x+1}$가 x에 대한 항등식일 때, ab의 값은?

① -3 ② -1 ③ 2
④ 3 ⑤ 6

02

$\frac{3}{x(x+3)}+\frac{4}{(x+3)(x+7)}+\frac{5}{(x+7)(x+12)}$를 간단히 하면 $\frac{a}{x(x+b)}$일 때, a, b의 값을 구하시오.

03

$\frac{1+\frac{2x}{x+1}}{2-\frac{x-1}{x+1}}=\frac{a}{x+b}+c$일 때, $a+b+c$의 값은?

① -4 ② -2 ③ 0
④ 2 ⑤ 4

code 2 유리함수 그래프의 평행이동과 점근선

04

함수 $y=\frac{2x-1}{x-1}$의 그래프는 함수 $y=\frac{1}{x}$의 그래프를 x축 방향으로 p만큼, y축 방향으로 q만큼 평행이동한 것이다. $p+q$의 값은?

① -1 ② 0 ③ 1
④ 2 ⑤ 3

05

$f(x)=\frac{3x+2}{x}$, $g(x)=\frac{2}{x+2}$일 때, 함수 $y=f(x)$의 그래프를 x축 방향으로 m만큼, y축 방향으로 n만큼 평행이동하면 함수 $y=g(x)$의 그래프와 일치한다. $m+n$의 값은?

① -5 ② -3 ③ -1
④ 1 ⑤ 3

06

함수 $y=\frac{ax+b}{x+c}$의 그래프는 점근선이 직선 $x=1$, $y=3$이고 점 $(2, 8)$을 지난다. abc의 값은?

① -6 ② -3 ③ 0
④ 3 ⑤ 6

07

함수 $y=\frac{3x+1}{x-1}$의 그래프가 점 P에 대칭이다. P의 좌표를 구하시오.

code 3 유리함수의 그래프

08

함수 $y=\frac{2x+1}{x-3}$에 대하여 **보기**에서 옳은 것만을 있는 대로 고른 것은?

보기
ㄱ. 점근선의 방정식은 $x=3$, $y=4$이다.
ㄴ. 그래프는 제3사분면을 지난다.
ㄷ. 그래프는 직선 $y=x-1$에 대칭이다.

① ㄱ ② ㄷ ③ ㄱ, ㄴ
④ ㄴ, ㄷ ⑤ ㄱ, ㄴ, ㄷ

09

함수 $y=\dfrac{4x+6}{-x-1}$의 그래프는 두 직선에 각각 대칭이다. 두 직선과 x축으로 둘러싸인 부분의 넓이는?

① 16 ② 17 ③ 18
④ 19 ⑤ 20

10

$0\le x\le 2$에서 함수 $y=\dfrac{3x+1}{x+2}$의 최댓값과 최솟값의 합은?

① $\dfrac{1}{2}$ ② $\dfrac{3}{2}$ ③ $\dfrac{7}{4}$
④ $\dfrac{9}{4}$ ⑤ $\dfrac{10}{3}$

11

함수 $y=\dfrac{2x-1}{x-1}$의 치역이 $\{y|2<y\le 3\}$일 때, 정의역은?

① $\{x|-2\le x<1\}$ ② $\{x|-2<x<1\}$
③ $\{x|1<x\le 2\}$ ④ $\{x|1\le x\le 2\}$
⑤ $\{x|x\ge 2\}$

12

함수 $y=\dfrac{ax+b}{x+c}$의 그래프가 그림과 같을 때, 그래프가 x축과 만나는 점의 좌표를 구하시오.

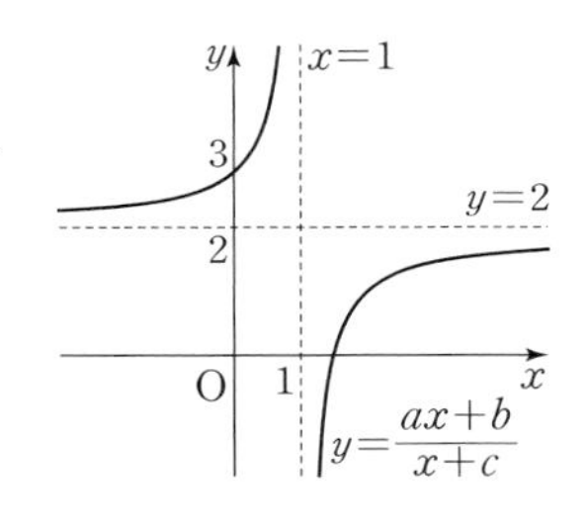

13

함수 $y=\dfrac{-2x-2a+7}{x-2}$의 그래프가 제2사분면을 지나지 않을 때, 자연수 a의 값의 합은?

① 4 ② 5 ③ 6
④ 7 ⑤ 8

code 4 **유리함수의 합성함수와 역함수**

14

함수 $f(x)=\dfrac{2x-3}{x+2}$, $g(x)=\dfrac{x+7}{x-2}$에 대하여 곡선 $y=f(g(x))$의 점근선의 방정식을 구하시오.

15

함수 $f(x)=\dfrac{1+x}{1-x}$일 때, 함수 $y=f^7(x)$의 그래프의 점근선의 방정식을 구하시오. (단, $f^1=f$, $f^{n+1}=f^1\circ f^n$, n은 자연수)

16

함수 $f(x)=\dfrac{ax+b}{x+1}$에 대하여 $y=f(x)$의 그래프와 $y=f^{-1}(x)$의 그래프가 모두 점 $(2,\ 1)$을 지날 때, $b-a$의 값은?

① -6 ② -4 ③ -1
④ 4 ⑤ 6

17

함수 $y=f(x)$의 그래프가 그림과 같다. $f(x)$의 역함수가 $g(x)=\frac{ax+b}{x+c}$일 때, $a^2+b^2+c^2$의 값은?

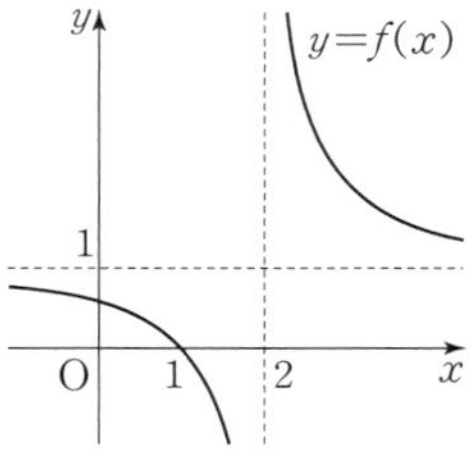

① 2　② 4　③ 6　④ 8　⑤ 10

18

함수 $f(x)=\frac{ax+b}{cx+d}$ $(c\neq0)$의 그래프가 직선 $y=x-4$와 직선 $y=-x+2$에 각각 대칭이다. $f(4)=1$일 때, $f^{-1}(0)$의 값을 구하시오.

code 5 유리함수 그래프의 활용

19

함수 $y=\frac{3x-8}{x-2}$의 그래프와 직선 $y=ax$가 접할 때, 실수 a의 값의 합은?

① 0　② $\frac{1}{2}$　③ $\frac{9}{4}$　④ $\frac{9}{2}$　⑤ 5

20

원 $x^2+y^2=5$와 함수 $y=\frac{k}{x}$ $(k>0)$의 그래프가 제1사분면의 두 점에서 만난다. 두 점의 x좌표의 비가 $1:2$일 때, k의 값을 구하시오.

21

점 (a, b)가 함수 $y=\frac{8}{x-2}+4$의 그래프 위의 점일 때, $2a+b$의 최솟값을 구하시오. (단, $a>2$)

code 6 무리식의 계산

22

$\sqrt{2}$의 소수 부분을 x라 할 때, $\frac{\sqrt{x}+1}{\sqrt{x}-1}+\frac{\sqrt{x}-1}{\sqrt{x}+1}$의 값은?

① $-2-2\sqrt{2}$　② $-1-2\sqrt{2}$　③ $-2-\sqrt{2}$　④ $-1-\sqrt{2}$　⑤ $1-\sqrt{2}$

23

$f(x)=\frac{2}{\sqrt{x+1}+\sqrt{x-1}}$일 때,
$f(1)+f(2)+f(3)+\cdots+f(8)$의 값은?

① 2　② $2\sqrt{2}$　③ 3　④ $2+\sqrt{2}$　⑤ $2+2\sqrt{2}$

code 7 무리함수의 그래프

24

함수 $y=\sqrt{-2x+6}-6$의 그래프는 함수 $y=\sqrt{ax}$의 그래프를 x축 방향으로 m만큼, y축 방향으로 n만큼 평행이동한 것이다. amn의 값은?

① -36　② -18　③ 0　④ 18　⑤ 36

25

함수 $y=\sqrt{ax+b}+c$의 그래프를 x축 방향으로 -4만큼, y축 방향으로 3만큼 평행이동한 후, y축에 대칭이동하면 함수 $y=\sqrt{-2x+9}+6$의 그래프와 일치한다. a, b, c의 값을 구하시오.

26

함수 $f(x)=-\sqrt{ax+b}+c$의 그래프가 그림과 같을 때, $f(-5)$의 값을 구하시오.

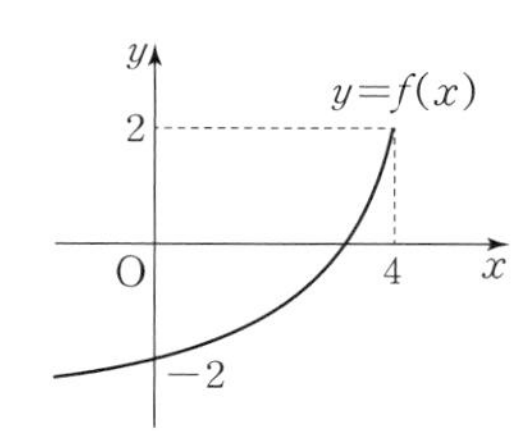

27

함수 $y=\sqrt{ax+b}+c$의 그래프가 그림과 같을 때, 함수 $y=\dfrac{cx+a}{ax+b}$의 그래프는 점 (α, β)에 대칭이다. $\alpha+\beta$의 값은?

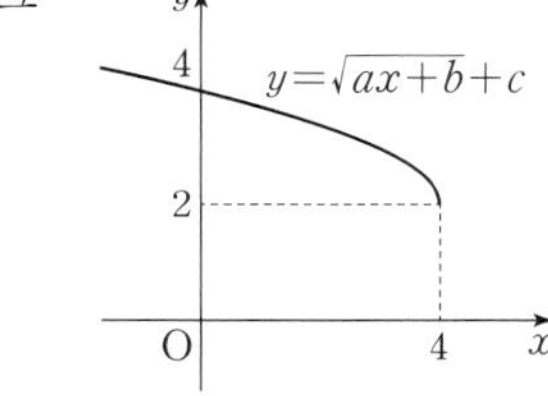

① 1 ② 2 ③ 3 ④ 4 ⑤ 5

28

함수 $y=\sqrt{x+3}+b$의 정의역은 $\{x \mid x \geq a\}$, 치역은 $\{y \mid y \geq -1\}$이다. $a+b$의 값은?

① -4 ② -2 ③ 0 ④ 2 ⑤ 4

29

$-3 \leq x \leq 5$에서 함수 $f(x)=\sqrt{-3x+16}+a$의 최댓값이 9일 때, $f(a)$의 값을 구하시오.

30

함수 $y=\sqrt{a(6-x)}$ $(a>0)$과 함수 $y=\sqrt{x}$의 그래프가 만나는 점을 A라 하자. 원점 O와 점 B(6, 0)에 대하여 삼각형 AOB의 넓이가 6일 때, a의 값은?

① 1 ② 2 ③ 3 ④ 4 ⑤ 5

31

함수 $f(x)=\sqrt{x+4}-3$, $g(x)=\sqrt{-x+4}+3$의 그래프와 직선 $x=-4$, $x=4$로 둘러싸인 부분의 넓이를 구하시오.

code 8 무리함수의 역함수

32

함수 $f(x)=a\sqrt{x+1}+2$에 대하여 $f^{-1}(10)=3$일 때, $f(0)$의 값은?

① 3 ② 4 ③ 5 ④ 6 ⑤ 7

정답 및 풀이 52쪽

33

정의역이 $\{x|x>1\}$인 두 함수

$$f(x)=\frac{x+2}{x-1},\ g(x)=\sqrt{2x-2}+1$$

에 대하여 $(f\circ(g\circ f)^{-1}\circ f)(4)$의 값은?

① $\frac{3}{2}$ ② 2 ③ $\frac{5}{2}$
④ 3 ⑤ $\frac{7}{2}$

34

함수 $f(x)=\sqrt{3-x}+5$에 대하여 다음 물음에 답하시오.

(1) $f(x)$의 역함수의 정의역과 치역을 구하시오.
(2) $f(x)$의 역함수를 구하시오.

35

함수

$$f(x)=\begin{cases}\sqrt{4-x}+3 & (x\le 4)\\ -(x-a)^2+4 & (x>4)\end{cases}$$

의 역함수가 있을 때, a의 값을 구하시오.

36

함수 $f(x)=\sqrt{2x-4}+2$에 대하여 $y=f(x)$와 $y=f^{-1}(x)$의 그래프가 만나는 두 점 사이의 거리는?

① $\sqrt{2}$ ② 2 ③ $2\sqrt{2}$
④ 4 ⑤ $4\sqrt{2}$

code 9 무리함수 그래프의 활용

37

함수 $y=\sqrt{x-1}$의 그래프와 직선 $y=x+a$가 접할 때, a의 값은?

① -2 ② $-\frac{3}{4}$ ③ 0
④ $\frac{1}{2}$ ⑤ $\frac{2}{3}$

38

함수 $y=\sqrt{2x-3}$의 그래프와 직선 $y=mx+1$이 만날 때, 실수 m의 최댓값을 a, 최솟값을 b라 하자. $a-b$의 값은?

① $\frac{2}{3}$ ② 1 ③ $\frac{4}{3}$
④ $\frac{5}{3}$ ⑤ 2

39

함수 $y=\sqrt{x+2}$의 그래프와 직선 $y=\frac{1}{2}x+k$가 서로 다른 두 점에서 만날 때, 실수 k의 값의 범위를 구하시오.

40

a, b가 양수이고 함수 $f(x)=a\sqrt{x-b}$이다. $y=f(x)$와 $y=f^{-1}(x)$의 그래프가 한 점에서 만날 때, $b-a$의 최솟값은?

① -1 ② -2 ③ -3
④ -4 ⑤ -5

정답 및 풀이 54쪽

01

$\frac{x+y}{2z}=\frac{y+2z}{x}=\frac{2z+x}{y}$일 때, $\frac{x^3+y^3+z^3}{xyz}$의 값을 구하시오. (단, $x+y+2z\neq0$)

02

두 저항 R_1, R_2를 직렬 연결하면 전체 저항 R는 $R=R_1+R_2$이고, 병렬 연결하면 $\frac{1}{R}=\frac{1}{R_1}+\frac{1}{R_2}$이다. 세 저항 R, $R+2$, $2R$를 그림과 같이 연결한 회로의 전체 저항은?

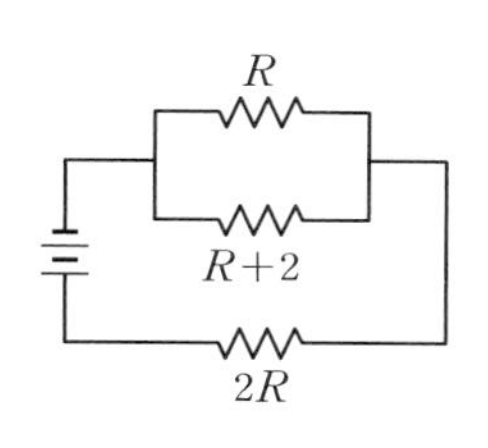

① $\frac{R^2+R}{R+2}$　② $\frac{R^2+6R}{R+1}$　③ $\frac{5R^2+6R}{2R+2}$
④ $\frac{5R^2+R}{2R+3}$　⑤ $\frac{6R^2+2R}{3R+3}$

03

전체 무게에서 포장이나 그릇 무게를 뺀 순수한 내용물만의 무게를 정미중량이라 한다. P(명)인 급식에서 어떤 식재료의 폐기율이 $M(\%)$, 1인당 제공되는 정미중량이 $N(\mathrm{g})$이면 주문하는 식재료의 발주량 $H(\mathrm{g})$은 다음과 같다.

$$H=\frac{N\times100}{100-M}\times P$$

급식 인원이 700명인 학교에서 식재료 A의 폐기율이 $a(\%)$, 1인당 제공되는 정미중량이 48(g)이면 발주량은 $H_{\mathrm{A}}(\mathrm{g})$이고, 식재료 B의 폐기율이 $2a(\%)$, 1인당 제공되는 정미중량이 23(g)이면 발주량은 $H_{\mathrm{B}}(\mathrm{g})$이다. $H_{\mathrm{A}}=2H_{\mathrm{B}}$일 때, a의 값을 구하시오.

04

함수 $y=\frac{1}{2x-8}+3$의 그래프와 x축, y축으로 둘러싸인 부분에 포함되고 x좌표와 y좌표가 모두 자연수인 점의 개수는?

① 3　② 4　③ 5
④ 6　⑤ 7

05

함수 $y=\frac{kx+1}{x-1}$의 그래프는 직선 $y=x+5$에 대칭이고, 직선 $y=ax+b$에 대칭이다. $a\neq1$일 때, ab의 값은?

① -7　② -6　③ 5
④ 6　⑤ 7

06

함수 $f(x)=\frac{bx}{ax+1}$의 정의역과 치역이 같다. $y=f(x)$의 그래프의 두 점근선의 교점이 직선 $y=2x+3$ 위에 있을 때, $a+b$의 값은? (단, $ab\neq0$)

① $-\frac{2}{3}$　② $-\frac{1}{3}$　③ 0
④ $\frac{1}{3}$　⑤ $\frac{2}{3}$

07

다항함수가 아닌 유리함수 $y=\frac{ax+b}{cx+d}$ $(c\neq0)$의 그래프가 직선 $y=x$에 대칭이기 위한 필요충분조건은?

① $a+d=0$ ② $a-d=0$ ③ $ad=1$
④ $ad=-1$ ⑤ $ad-bc=0$

08

함수 $y=\frac{2x+4}{|x|+1}$의 치역을 구하시오.

09 신유형

$2\leq x\leq4$에서 $ax+2\leq\frac{2x}{x-1}\leq bx+2$일 때, $b-a$의 최솟값은?

① $\frac{5}{6}$ ② 1 ③ $\frac{7}{6}$
④ $\frac{3}{2}$ ⑤ 2

10

좌표평면에서 점 $A(-2,\ -2)$와 제1사분면 위를 움직이는 점 P가 있다. P에서 x축, y축에 내린 수선의 발을 각각 Q, R라 하면 $\overline{PA}=\overline{PQ}+\overline{PR}$이다. P가 그리는 도형이 직선 $y=ax+b$에 대칭일 때, $a+b$의 값을 구하시오.

11 서술형

함수 $y=\frac{2}{x-1}+2$의 그래프 위를 움직이는 점 P에서 그래프의 두 점근선에 내린 수선의 발을 각각 Q, R라 하고, 두 점근선의 교점을 S라 하자. 직사각형 PQSR의 둘레의 길이의 최솟값을 구하시오. (단, P는 제1사분면 위의 점이다.)

12

그림과 같이 직선 $y=x$ 위의 한 점 P를 지나고 x축, y축에 수직인 직선이 $y=\frac{2x-3}{x-1}$의 그래프와 만나는 점을 각각 Q, R라 하자. $\overline{PQ}=\frac{2}{3}\overline{PR}$일 때, 삼각형 PQR의 넓이는? (단, P의 x좌표는 1보다 크다.)

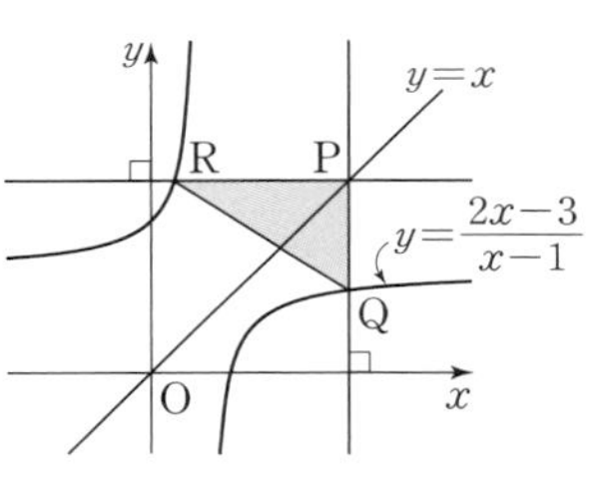

① $\frac{49}{12}$ ② $\frac{49}{10}$ ③ $\frac{49}{8}$
④ $\frac{49}{6}$ ⑤ $\frac{49}{4}$

13

$k>-1$일 때, 함수 $y=\frac{x+k}{x-1}$의 그래프와 직선 $y=x$가 만나는 두 점을 P, Q라 하자. 선분 PQ의 길이가 $6\sqrt{2}$일 때, k의 값은?

① -9　② -8　③ 8
④ 9　⑤ 17

14 신유형

곡선 $xy-2x-2y=k$와 직선 $x+y=8$이 만나는 두 점을 P, Q라 하자. 두 점 P, Q의 x좌표의 곱이 14일 때, $\overline{OP}\times\overline{OQ}$의 값을 구하시오. (단, $k\neq-4$이고, O는 원점)

15

좌표평면 위에 점 A$(-2, 2)$와 곡선 $y=\frac{2}{x}$ 위의 두 점 B, C가 있다. 점 B, C는 직선 $y=x$에 대칭이고, 삼각형 ABC의 넓이는 $2\sqrt{3}$이다. B의 좌표를 (α, β)라 할 때, $\alpha^2+\beta^2$의 값은? (단, $\alpha>\sqrt{2}$)

① 5　② 6　③ 7
④ 8　⑤ 9

16

함수 $f(x)=\frac{x+1}{x-2}$, $g(x)=\frac{ax+b}{x+c}$에 대하여 $(f\circ g)(x)=\frac{1}{x}$일 때, a, b, c의 값을 구하시오.

17

함수 $f(x)=\frac{x}{x+1}$에 대하여

$f^1=f$, $f^{n+1}=f\circ f^n$ (n은 자연수)

라 하자. $f^{10}(1)$의 값은?

① $\frac{1}{11}$　② $\frac{1}{10}$　③ $\frac{9}{10}$
④ $\frac{10}{11}$　⑤ $\frac{10}{9}$

18

함수 $f(x)=\frac{bx+1}{ax+1}$이 다음을 만족시킬 때, $(f\circ f)(2)$의 값을 구하시오. (단, $a\neq0$)

$x_1+x_2=1$이면 $f(x_1)+f(x_2)=3$이다.

19

집합 $X=\{x|0\le x\le 12\}$에서 X로 정의된 함수

$$f(x)=\begin{cases} ax+b & (0\le x<3) \\ \frac{24}{x}-2 & (3\le x\le 12) \end{cases}$$

의 역함수가 있다. $(f\circ f\circ f)(k)=10$일 때, k의 값은?

① $\frac{7}{5}$ ② 2 ③ $\frac{11}{2}$
④ 8 ⑤ $\frac{48}{5}$

20

함수 $f(x)=\frac{2x+b}{x-a}$의 그래프를 평행이동하면 $y=\frac{3}{x}$의 그래프와 일치한다. $f^{-1}(x)=f(x-4)-4$일 때, $a+b$의 값은?

① 1 ② 2 ③ 3
④ 4 ⑤ 5

21 서술형

함수 $y=4\sqrt{x}$의 그래프 위에 점 P(a, b), Q(c, d)가 있다. $\frac{b+d}{2}=4$일 때, 직선 PQ에 수직이고 점 $(2, 6)$을 지나는 직선의 y절편을 구하시오.

22

함수 $y=\frac{ax+1}{bx+c}$의 그래프가 오른쪽 그림과 같을 때, 다음 중 함수 $y=a\sqrt{bx+a}+c$의 그래프의 개형은?

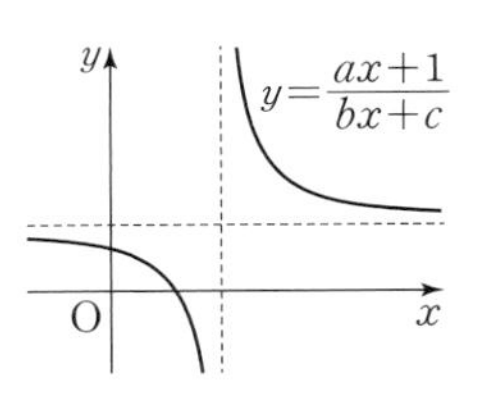

①
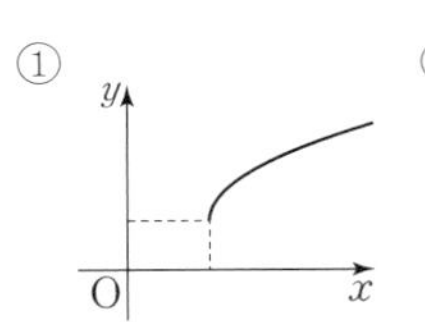

②
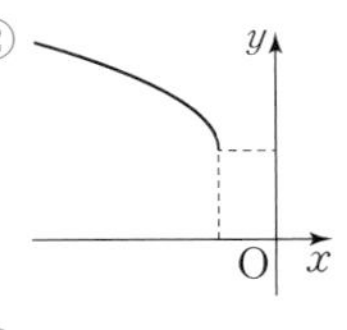

③
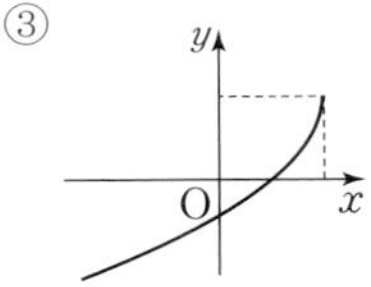

④ ⑤
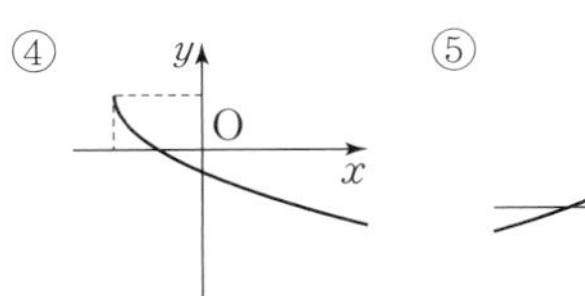

23

집합 $X=\{x|x\ge a\}$에서 $Y=\{y|y\ge 2a\}$로 정의된 함수 $f(x)=\sqrt{4x+3}$의 역함수가 있을 때, 실수 a의 값을 구하시오.

24

함수 $y=k\sqrt{x}$의 그래프가 네 점 A(n^2, n^2), B$(4n^2, n^2)$, C$(4n^2, 4n^2)$, D$(n^2, 4n^2)$을 꼭짓점으로 하는 사각형 ABCD와 만나는 정수 k의 개수를 a_n이라 하자. $a_n\ge 70$일 때, 자연수 n의 최솟값은?

① 19 ② 20 ③ 21
④ 22 ⑤ 23

25 개념 통합

함수 $f(x)$는 다음을 만족시킨다.

(가) $-1 \le x < 1$에서 $f(x)=\sqrt{1-|x|}$
(나) 모든 실수 x에 대하여 $f(x)=f(x+2)$

$y=f(x)$와 $y=ax+1$의 그래프의 교점이 8개일 때, a의 값의 범위를 구하시오.

26

함수 $f(x)=\sqrt{2x}-1$, $g(x)=\sqrt{x}-1$의 그래프가 만나는 점을 A라 하고, 두 함수의 그래프가 직선 $x=p$와 만나는 점을 각각 B, C라 하자. 삼각형 ABC의 넓이가 $2-\sqrt{2}$일 때, p의 값은? (단, $p>0$)

① $\sqrt{3}$ ② 2 ③ 3
④ $2\sqrt{3}$ ⑤ 4

27 서술형

$x \le -\frac{1}{2}$에서

$$ax+1 \le \sqrt{-2x-1} \le bx+1$$

일 때, $b-a$의 최댓값을 구하시오.

28

함수 $y=\sqrt{x+|x|}$의 그래프와 직선 $y=x+k$가 서로 다른 세 점에서 만날 때, k의 값의 범위를 구하시오.

29

$f(x)=\frac{4}{x}$, $g(x)=\sqrt{x-k}+k$이고, 함수 $y=f(x)$와 $y=g(x)$의 그래프는 한 점에서 만난다. 정수 k의 개수는?

① 1 ② 2 ③ 3
④ 4 ⑤ 5

30

함수 $f(x)=\begin{cases} \sqrt{3-x}+a & (x<3) \\ \frac{2x+3}{x-2} & (x \ge 3) \end{cases}$은 실수 전체의 집합에서 $\{y|y>2\}$로 정의된 일대일대응이다. $f(2)f(k)=40$일 때, k의 값은?

① $\frac{3}{2}$ ② $\frac{5}{2}$ ③ $\frac{7}{2}$
④ $\frac{9}{2}$ ⑤ $\frac{11}{2}$

정답 및 풀이 61쪽

31

$f(x)=\begin{cases} \frac{1}{x}-1 & (0<x<1) \\ \sqrt{x-1} & (x\geq 1) \end{cases}$ 은 $x>0$에서 정의된 함수이다.
x축에 평행한 직선이 $y=f(x)$의 그래프와 만나는 두 점의 x좌표를 a, b라 할 때, ab의 최솟값은?

① $\sqrt{3}-1$ ② $2\sqrt{2}-2$ ③ 1
④ $\frac{\sqrt{2}}{2}$ ⑤ $\frac{\sqrt{3}}{2}$

32

$x\geq 2$에서 정의된 두 함수
$f(x)=\sqrt{x-2}+2$, $g(x)=x^2-4x+6$
의 그래프는 두 점에서 만난다. 두 점 사이의 거리는?

① 1 ② $\sqrt{2}$ ③ 2
④ $2\sqrt{2}$ ⑤ 4

33

$f(x)=\frac{1}{5}x^2+\frac{1}{5}k\ (x\geq 0)$, $g(x)=\sqrt{5x-k}$이고
함수 $y=f(x)$, $y=g(x)$의 그래프가 서로 다른 두 점에서 만날 때, 정수 k의 개수는?

① 5 ② 7 ③ 9
④ 11 ⑤ 13

34

함수 $f(x)=\frac{1}{2}\sqrt{4x-5}$에 대하여 $y=f(x)$와 $y=f^{-1}(x)$의 그래프가 직선 $y=-x+k$와 만나는 점을 각각 A, B라 하자. 선분 AB의 길이가 최소일 때, 삼각형 OAB의 넓이는? (단, O는 원점)

① 1 ② 2 ③ 3
④ 4 ⑤ 5

35

$f(x)=\begin{cases} \sqrt{x} & (x\geq 0) \\ x^2 & (x<0) \end{cases}$이고 함수 $y=f(x)$의 그래프와 직선 $x+3y-10=0$이 두 점 $A(-2,\ 4)$, $B(4,\ 2)$에서 만난다. $y=f(x)$의 그래프와 직선 $x+3y-10=0$으로 둘러싸인 부분의 넓이를 구하시오.

36 신유형

함수 $f(x)=-\sqrt{ax+b}+c$는 집합 $X=\left\{x \middle| x\geq -\frac{b}{a}\right\}$에서 집합 Y로 정의된 함수이고, 공역과 치역이 같다.
$X\cap Y=\{2\}$이고, 실수 전체의 집합에서 정의된 함수 $g(x)$는 다음 조건을 만족시킨다.

> (가) $g(x)=g^{-1}(x)$
> (나) $x\in X$이면 $g(x)=f(x)$

$g(0)=6$일 때, $g(a)+g(b)+g(c)$의 값을 구하시오.

정답 및 풀이 63쪽

01

함수 f에 대하여 $f^{n}(x)=x$를 만족시키는 자연수 n의 최솟값을 $D(f)$라 하자. $h(x)=\frac{x-3}{x-2}$이 집합 $X=\{x \mid x\neq1,\ x\neq2$인 실수$\}$에서 X로 정의된 함수일 때, $D(h)+D(h^{2})+D(h^{3})+\cdots+D(h^{100})$의 값은?
(단, $f^{1}=f$, $f^{n+1}=f\circ f^{n}$, n은 자연수)

① 225 ② 228 ③ 231
④ 234 ⑤ 237

02

함수 $f(x)=\frac{k}{x-1}+k\ (k>1)$에 대하여 점 P$(1,\ k)$와 원점 O를 지나는 직선이 $y=f(x)$의 그래프와 만나는 점 중에서 원점이 아닌 점을 A라 하자. P를 지나고 원점으로부터 거리가 1인 직선 l이 $y=f(x)$의 그래프와 제1사분면에서 만나는 점을 B, x축과 만나는 점을 C라 하자. 삼각형 PCO의 넓이가 삼각형 PBA의 넓이의 2배일 때, k의 값을 구하시오.
(단, l은 좌표축과 평행하지 않다.)

03 번뜩 아이디어

함수 $y=\frac{2}{x}$의 그래프와 직선 $y=-x+k$가 제1사분면에서 만나는 두 점을 A, B라 하자. 점 C가 $y=\frac{2}{x}$의 그래프 위에 있고 $\overline{\mathrm{AC}}=2\sqrt{5}$, $\angle\mathrm{ABC}=90°$일 때, k^{2}의 값을 구하시오.

04

함수 $f(x)$는 다음을 만족시킨다.

(가) $-2\leq x\leq2$에서 $f(x)=x^{2}+2$
(나) 모든 실수 x에 대하여 $f(x)=f(x+4)$

$y=f(x)$와 $y=\frac{ax}{x+2}$의 그래프가 무수히 많은 점에서 만날 때, 정수 a의 값의 합은?

① 14 ② 16 ③ 18
④ 20 ⑤ 22

정답 및 풀이 65쪽

05

함수 $f(x)=[x]-\sqrt{x-[x]}$와 $g(x)=ax-1$이 있다.
$y=f(x)$와 $y=g(x)$의 그래프가 서로 다른 여섯 개의 점에서 만날 때, 실수 a의 값의 범위를 구하시오. (단, $[x]$는 x보다 크지 않은 최대 정수)

06

함수 $f(x)=\sqrt{x+2}$와 $g(x)=x+|x-k|$에 대하여 다음 물음에 답하시오. (단, k는 실수)

(1) $f(x)=f^{-1}(x)$를 만족시키는 x의 값을 구하시오.
(2) 방정식 $f(x)=g(x)$의 서로 다른 실근이 2개일 때, k 값의 범위를 구하시오.

07

집합 $X=\{x|x\geq 0$인 실수$\}$에서 X로 정의된 함수

$$f(x)=\begin{cases} \dfrac{4x+a}{2x+1} & (0\leq x<1) \\ \sqrt{2x-1}-b & (x\geq 1) \end{cases}$$

이 있다. $f(x)$의 역함수가 있을 때, 다음 물음에 답하시오.

(1) 실수 a, b의 값을 구하시오.
(2) $y=f(x)$의 그래프와 직선 $y=x+k$가 서로 다른 두 점에서 만날 때, 실수 k의 값의 범위를 구하시오.

08

함수

$$f(x)=\frac{1}{x-n}+n,\ g(x)=\sqrt{x+n}\ (n\text{은 자연수})$$

에 대하여 다음 조건을 만족시키는 점 $\mathrm{P}(a, b)$의 개수를 A_n이라 하자.

(가) a, b는 자연수이다.
(나) $n<a\leq 3n$, $g(a)<b<f(a)$

$n\leq A_n\leq 3n$일 때, A_n의 값의 합은?

① 22 ② 25 ③ 28
④ 31 ⑤ 34

Ⅲ. 순열과 조합

05. 순열과 조합

05. 순열과 조합

1 경우의 수

(1) 합의 법칙 : 두 사건 A, B가 동시에 일어나지 않을 때, A, B가 일어나는 경우의 수가 각각 m, n이면 A 또는 B가 일어나는 경우의 수는

$m+n$

합의 법칙, 곱의 법칙은 셋 이상의 사건에 대해서도 성립한다.

(2) 곱의 법칙 : 사건 A가 일어나는 경우의 수가 m이고 각각에 대하여 사건 B가 일어나는 경우의 수가 n이면 A, B가 잇달아(동시에) 일어나는 경우의 수는

$m\times n$

(3) 나뭇가지 그림 : 가능한 경우를 사전식으로 나열하면 빠짐없이, 중복되지 않게 경우의 수를 구할 수 있다.

2 순열

(1) 순열 : 서로 다른 n개에서 r개를 뽑아 일렬로 나열하는 것을 n개에서 r개를 뽑는 순열이라 하고, 이 순열의 수를 ${}_{n}\mathrm{P}_{r}$로 나타낸다.

${}_{n}\mathrm{P}_{r}$
서로 다른 것의 개수 (n) / 택하는 것의 개수 (r)

곱의 법칙에서
●×●×●×…
n개 $n-1$개 $n-2$개

(2) 순열의 수

① ${}_{n}\mathrm{P}_{r}=\underbrace{n(n-1)(n-2)\times\cdots\times(n-r+1)}_{r\text{개}}$

$=\dfrac{n!}{(n-r)!}$ (단, $0\le r\le n$)

② ${}_{n}\mathrm{P}_{n}=n!$, ${}_{n}\mathrm{P}_{0}=1$, $0!=1$

(3) $n!$을 n의 계승이라 한다.

$n!=n(n-1)(n-2)\times\cdots\times 2\times 1$

3 조합

(1) 조합 : 서로 다른 n개에서 순서를 생각하지 않고 r개를 뽑는 것을 n개에서 r개를 뽑는 조합이라 하고, 이 조합의 수를 ${}_{n}\mathrm{C}_{r}$로 나타낸다.

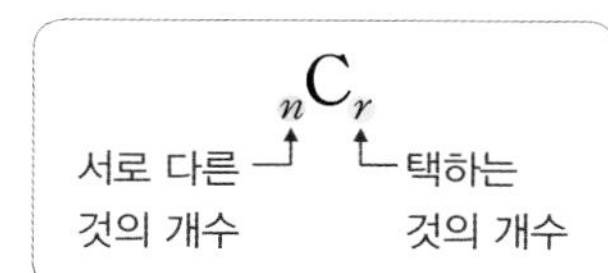

순서를 생각하면 ⇨ 순열
순서를 생각하지 않으면 ⇨ 조합

(2) 조합의 수

① ${}_{n}\mathrm{C}_{r}=\dfrac{{}_{n}\mathrm{P}_{r}}{r!}=\dfrac{n!}{r!(n-r)!}$ (단, $0\le r\le n$)

② ${}_{n}\mathrm{C}_{0}=1$, ${}_{n}\mathrm{C}_{n}=1$

③ ${}_{n}\mathrm{C}_{r}={}_{n}\mathrm{C}_{n-r}$ (단, $0\le r\le n$)

④ ${}_{n}\mathrm{C}_{r}={}_{n-1}\mathrm{C}_{r-1}+{}_{n-1}\mathrm{C}_{r}$ (단, $1\le r<n$)

Note ③ 서로 다른 n개에서 r개를 뽑는 조합의 수는 뽑지 않을 $(n-r)$개를 뽑는 조합의 수와 같다.
④ 서로 다른 n개에서 r개를 뽑는 방법의 수(${}_{n}\mathrm{C}_{r}$)는
특정한 1개를 포함하여 r개를 뽑는 방법의 수(${}_{n-1}\mathrm{C}_{r-1}$)와
특정한 1개를 제외하고 r개를 뽑는 방법의 수(${}_{n-1}\mathrm{C}_{r}$)의 합이라 생각할 수 있다.

4 분할

(1) 여러 개의 물건을 몇 개의 묶음으로 나누는 것을 분할이라 한다.

(2) 서로 다른 n개를 p개, q개, r개 $(p+q+r=n)$의 세 묶음으로 나누는 방법의 수는

① p, q, r가 모두 다른 수일 때 : ${}_{n}\mathrm{C}_{p}\times{}_{n-p}\mathrm{C}_{q}\times{}_{r}\mathrm{C}_{r}$

② p, q, r 중 어느 두 수가 같을 때 : ${}_{n}\mathrm{C}_{p}\times{}_{n-p}\mathrm{C}_{q}\times{}_{r}\mathrm{C}_{r}\times\dfrac{1}{2!}$

③ p, q, r가 모두 같은 수일 때 : ${}_{n}\mathrm{C}_{p}\times{}_{n-p}\mathrm{C}_{q}\times{}_{r}\mathrm{C}_{r}\times\dfrac{1}{3!}$

분할에서는 크기가 같은 묶음의 개수에 주의한다.

(3) 분할된 묶음을 일렬로 나열하는 것을 분배라 한다.

정답 및 풀이 67쪽

code 1 곱의 법칙

01

$(x+y)(a+b)(p+q+r)$를 전개한 다항식의 항의 개수는?

① 12 ② 13 ③ 14
④ 15 ⑤ 16

02

72의 양의 약수의 개수를 a, 양의 약수의 합을 b라 할 때, $a+b$의 값은?

① 180 ② 182 ③ 195
④ 201 ⑤ 207

03

360의 양의 약수 중 21과 서로소인 자연수의 개수는?

① 6 ② 8 ③ 12
④ 16 ⑤ 24

04

100원짜리 동전 1개, 50원짜리 동전 3개, 10원짜리 동전 4개가 있다. 이 중 일부 또는 전부를 사용하여 지불할 수 있는 금액의 수는? (단, 0원을 지불하는 것은 제외한다.)

① 59 ② 49 ③ 39
④ 29 ⑤ 19

05

각 자리의 숫자가 1, 2, 3, 4, 5 중 하나인 네 자리 자연수 중에서 짝수의 개수는? (단, 각 자리의 숫자는 서로 같을 수 있다.)

① 125 ② 200 ③ 250
④ 256 ⑤ 625

code 2 합의 법칙

06

1부터 30까지의 자연수가 하나씩 적힌 카드가 30장 있다. 이 중에서 한 장을 뽑을 때, 3의 배수 또는 5의 배수가 적힌 카드가 나오는 경우의 수는?

① 8 ② 10 ③ 12
④ 14 ⑤ 16

07

주사위를 두 번 던질 때, 나온 눈의 수의 합이 3의 배수인 경우의 수는?

① 3 ② 6 ③ 9
④ 12 ⑤ 15

08

주사위를 세 번 던져서 나온 눈의 수를 차례로 x, y, z라 할 때, $x+2y+3z=15$인 순서쌍 (x, y, z)의 개수는?

① 9 ② 10 ③ 11
④ 12 ⑤ 13

code 3 합의 법칙과 곱의 법칙

09

집과 학교, 도서관 사이의 도로가 그림과 같을 때, 집에서 도서관까지 가는 방법의 수를 구하시오. (단, 같은 지점을 두 번 이상 거치지 않는다.)

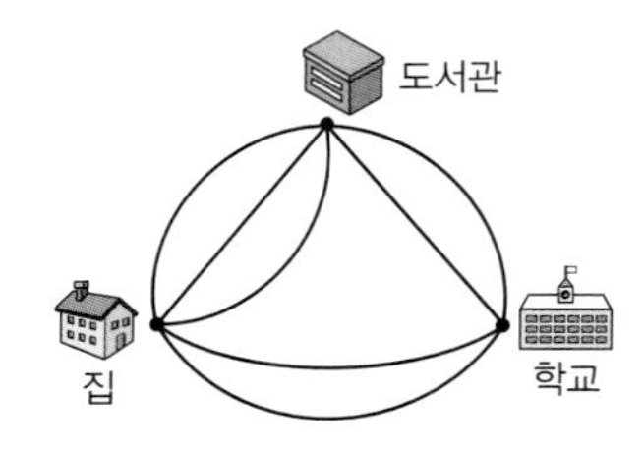

10

그림과 같이 네 지역 A, B, C, D를 연결하는 도로가 있다. A 지역에서 D 지역으로 가는 방법의 수는? (단, 같은 지점을 두 번 이상 거치지 않는다.)

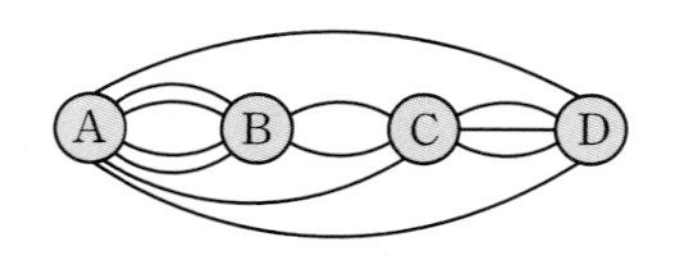

① 26 ② 27 ③ 28
④ 29 ⑤ 30

code 4 직접 세는 경우의 수

11

학생 4명이 쪽지 시험을 본 후 시험지를 바꿔서 채점한다고 한다. 자신의 시험지는 자신이 채점하지 않는다고 할 때, 채점하는 방법의 수는?

① 7 ② 8 ③ 9
④ 10 ⑤ 11

12

그림과 같은 직육면체의 꼭짓점 A에서 B까지 모서리를 따라 가는 경우의 수를 구하시오. (단, 한 번 지난 꼭짓점은 다시 지나지 않는다.)

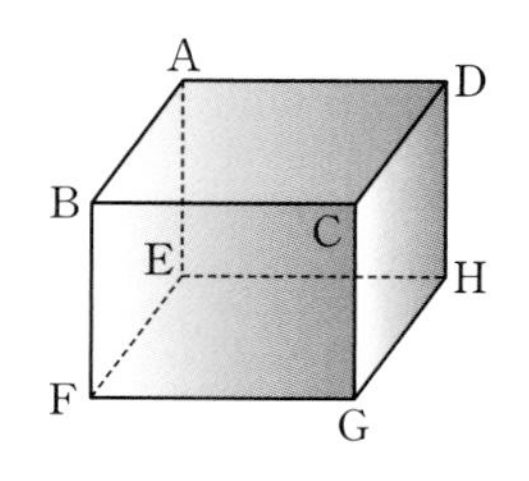

13

320 이상인 세 자리 자연수 중 다음을 만족시키는 수의 개수를 구하시오.

> (가) 각 자리 자연수는 0, 1, 2, 3, 4 중 하나이다.
> (나) 각 자리 숫자는 모두 다르다.
> (다) 이웃하는 자리의 수의 차는 2 이하이다.

code 5 색칠하는 문제

14

그림과 같이 나누어진 도형을 4가지 색으로 구분하는 방법의 수는? (단, 같은 색을 여러 번 쓸 수 있지만, 이웃한 영역은 다른 색으로 칠한다.)

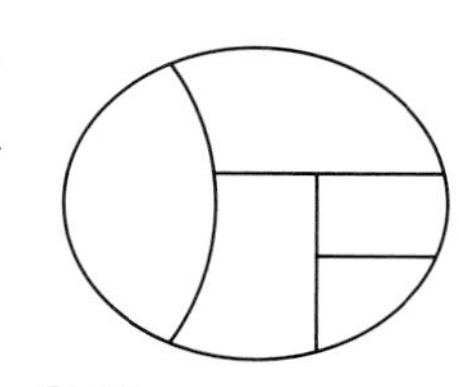

① 24 ② 48 ③ 81
④ 96 ⑤ 256

15

그림과 같이 나누어진 도형을 4가지 색으로 구분하는 방법의 수를 구하시오. (단, 같은 색을 여러 번 쓸 수 있지만, 이웃한 영역은 다른 색으로 칠한다.)

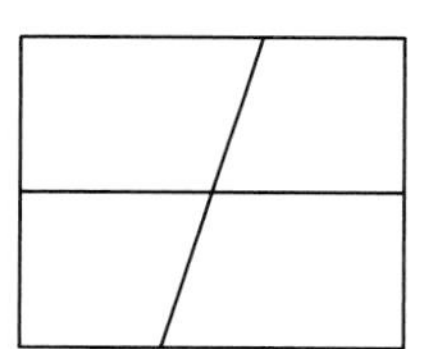

16

그림과 같이 나누어진 도형을 3가지 색으로 구분하는 방법의 수를 구하시오. (단, 같은 색을 여러 번 쓸 수 있지만, 이웃한 영역은 다른 색으로 칠한다.)

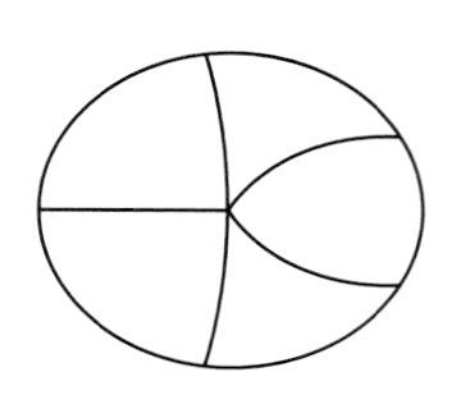

code 6 $_{n}\mathrm{P}_{r}$와 $_{n}\mathrm{C}_{r}$

17

$_{n}\mathrm{P}_{3}=2\times{}_{n+1}\mathrm{P}_{2}$일 때, 자연수 n의 값을 구하시오.

18

$_{12}\mathrm{C}_{r+1}={}_{12}\mathrm{C}_{r^2-1}$을 만족시키는 자연수 r의 값의 합은?

① 1 ② 2 ③ 3
④ 4 ⑤ 5

code 7 순열

19

숫자 0, 1, 2, 3, 4, 5 중에서 서로 다른 4개를 사용하여 만들 수 있는 네 자리 자연수의 개수는?

① 180 ② 240 ③ 300
④ 360 ⑤ 420

20

숫자 1, 2, 3, 4, 5, 6을 한 번씩만 사용하여 만들 수 있는 여섯 자리 자연수 중에서 일의 자리 숫자와 백의 자리 숫자가 모두 3의 배수인 것의 개수를 구하시오.

21

6개의 숫자 1, 2, 3, 5, 6, 7을 일렬로 나열할 때, 짝수는 짝수 번째에 오도록 나열하는 방법의 수를 구하시오.

22

숫자 0, 1, 2, 3, 4, 5 중에서 서로 다른 4개를 사용하여 네 자리 자연수를 만들었다. 이 중에서 3의 배수의 개수를 구하시오.

23

남자 3명과 여자 4명이 한 줄로 서서 체조를 할 때, 남자가 양 끝에 서는 경우의 수는?

① 360 ② 480 ③ 600
④ 720 ⑤ 1440

code 8 이웃하는, 이웃하지 않는 경우의 수

24

소설책 4권과 시집 2권을 책꽂이에 일렬로 꽂을 때, 소설책 4권이 이웃하는 경우의 수는?

① 126 ② 132 ③ 144
④ 158 ⑤ 164

25

남학생 3명, 여학생 3명이 한 줄로 설 때, 남학생끼리 이웃하지 않게 서는 방법의 수는?

① 20 ② 24 ③ 144
④ 256 ⑤ 576

code 9 사전식 나열

26

문자 a, b, c, d, e, f 중에서 서로 다른 4개를 뽑아 문자열을 만든 다음 사전식으로 나열하였다. $dbec$는 몇 번째 문자열인가?

① 197번째 ② 198번째 ③ 199번째
④ 200번째 ⑤ 201번째

27

숫자 1, 2, 3, 4, 5를 한 번씩 사용하여 만든 다섯 자리 자연수를 작은 수부터 나열할 때, 86번째 수의 일의 자리 숫자는?

① 1 ② 2 ③ 3
④ 4 ⑤ 5

code 10 조합

28

어느 학교 야구팀은 1학년이 8명, 2학년이 6명이다. 이 팀에서 11명을 뽑을 때, 1학년에서 6명, 2학년에서 5명을 뽑는 방법의 수를 구하시오.

29

어느 동아리 학생 10명 중에서 회장 1명과 부회장 2명을 뽑는 방법의 수는?

① 330 ② 360 ③ 390
④ 420 ⑤ 450

30

문자 M, A, T, I, C, S를 일렬로 나열할 때, A가 I보다 앞에 오는 경우의 수는?

① 320 ② 330 ③ 340
④ 350 ⑤ 360

31

1부터 8까지의 자연수가 하나씩 적혀 있는 카드 8장 중에서 5장을 뽑을 때, 카드에 적혀 있는 수의 합이 짝수인 경우의 수는?

① 24 ② 28 ③ 32
④ 36 ⑤ 40

32

1부터 15까지의 자연수 중에서 서로 다른 두 수를 뽑을 때, 두 수의 합이 3의 배수인 경우의 수는?

① 35 ② 37 ③ 39
④ 41 ⑤ 43

code 11 직선, 삼각형의 개수

33

그림과 같이 삼각형 위에 점이 7개 있다. 이 중 두 점을 연결하여 만들 수 있는 직선의 개수는?

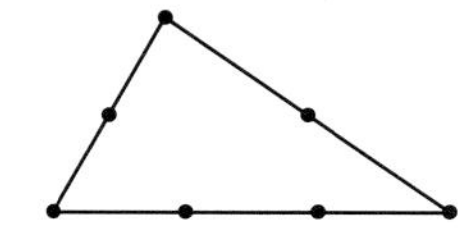

① 12 ② 13 ③ 14
④ 15 ⑤ 16

34

그림과 같이 반원 위에 점이 7개 있다. 이 중 세 점을 연결하여 만들 수 있는 삼각형의 개수는?

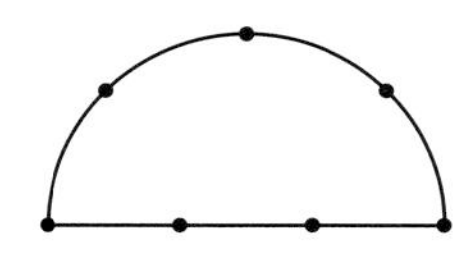

① 34 ② 33 ③ 32
④ 31 ⑤ 30

code 12 묶음으로 나누는 경우의 수

35

서로 다른 연필 7자루를 2자루, 2자루, 3자루씩 포장하여 친구 3명에게 하나씩 나누어 주는 방법의 수는?

① 600 ② 610 ③ 620
④ 630 ⑤ 640

36

원소가 8개인 전체집합을 원소가 3개, 3개, 2개이고 서로소인 세 부분집합으로 나눌 때, 특정한 원소 2개가 같은 부분집합에 속하는 경우의 수는?

① 55 ② 60 ③ 65
④ 70 ⑤ 75

37

수련회에 참가한 여학생 5명과 남학생 6명에게 1호실부터 4호실까지 방을 배정하려고 한다. 여학생은 1호실에 3명, 2호실에 2명 배정하고, 남학생은 3호실과 4호실에 3명씩 배정하는 방법의 수를 구하시오.

38

건물 1층에서 엘리베이터에 8명이 탑승했다. 7층까지 올라가는 동안 처음에는 2명, 다음에는 3명, 마지막에는 3명이 3개의 층에서 내려 모두 내리는 방법의 수는?
(단, 엘리베이터에 새로 타는 사람은 없다.)

① 11200 ② 11300 ③ 11400
④ 11500 ⑤ 11600

code 13 함수의 개수

39

집합 $X=\{1, 2, 3, 4\}$에서 집합 $Y=\{1, 2, 3, 4, 5, 6\}$으로 정의된 일대일함수 중에서 $f(1)+f(2)=7$을 만족시키는 함수 f의 개수는?

① 60 ② 72 ③ 86
④ 102 ⑤ 118

40

집합 $X=\{1, 2, 3, 4, 5\}$에서 집합 $Y=\{1, 2, 3, 4, 5, 6, 7\}$로 정의된 함수 중에서 다음을 만족시키는 함수 f의 개수를 구하시오.

(가) $f(4)=5$
(나) $x_1<x_2$이면 $f(x_1)<f(x_2)$

01

자연수 $2^2\times5\times9^k$의 양의 약수가 30개일 때, 양의 약수 중 10의 배수의 합을 구하시오.

02

길이가 1인 같은 모양의 성냥개비 20개를 모두 사용하여 삼각형을 하나 만들려고 한다. 서로 다른 삼각형의 개수는?

① 4 ② 5 ③ 6
④ 7 ⑤ 8

03 개념 통합

주사위 A, B, C를 던져서 나온 눈의 수를 각각 a, b, c라 하자. 방정식 $ax^2+bx+3c=0$이 실근을 갖는 경우의 수를 구하시오.

04

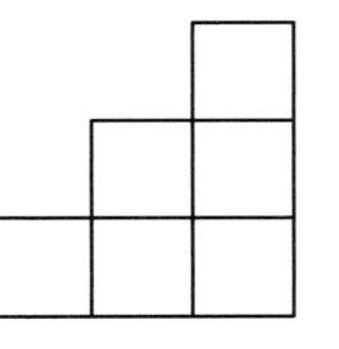

그림과 같이 정사각형 6개로 이루어진 도형이 있다. 각 정사각형에 빨강, 노랑, 파랑 색을 하나씩 칠하려고 한다. 변을 공유한 정사각형은 서로 다른 색을 칠하여 구분하는 방법의 수를 구하시오.
(단, 두 가지 색만 사용해도 된다.)

05

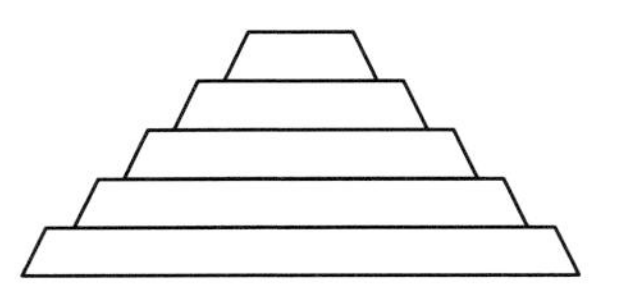

그림과 같이 사다리꼴로 이루어진 도형이 있다. 각 사다리꼴에 세 가지 색을 하나씩 칠하려고 한다. 이웃한 사다리꼴에는 서로 다른 색을 칠하고, 맨 위와 맨 아래의 사다리꼴에도 서로 다른 색을 칠하여 구분하는 방법의 수를 구하시오.

06

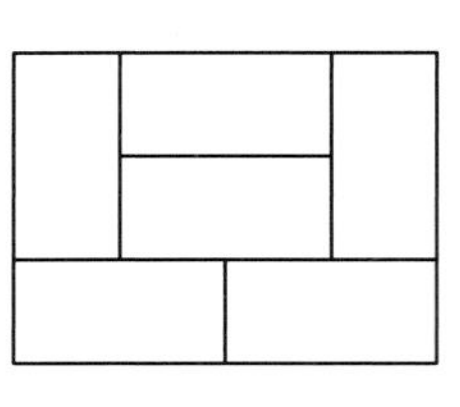

그림과 같이 구분된 6개 지역의 인구수를 5명이 조사하려고 한다. 5명 중에서 1명은 이웃한 2개 지역을, 나머지 4명은 남은 4개 지역을 각각 1개씩 조사한다. 5명이 조사할 지역을 정하는 경우의 수는? (단, 경계가 일부라도 닿은 두 지역은 이웃한 것으로 본다.)

① 720 ② 840 ③ 960
④ 1080 ⑤ 1200

정답 및 풀이 71쪽

07

세 종류의 상품이 3개씩 있다. 이 상품을 그림과 같은 진열장의 한 칸에 하나씩 모두 진열하고자 한다. 가로줄에는 서로 다른 세 종류의 상품을 진열하고 세로줄에는 같은 종류의 상품이 이웃하지 않게 진열하는 방법의 수는?

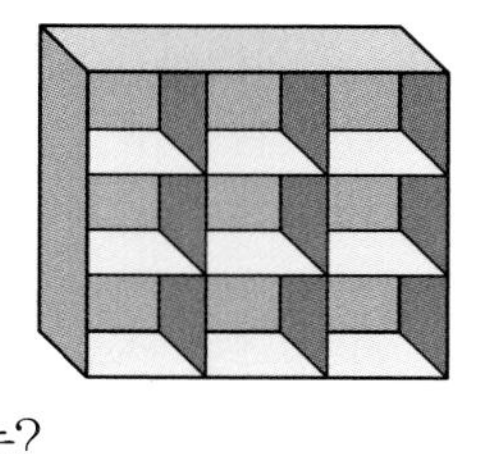

① 24 ② 30 ③ 36 ④ 42 ⑤ 48

08

어느 고등학교에서는 방학 중 방과 후 학교 강좌를 다음과 같이 개설하였다. 어떤 학생이 국어, 수학, 영어 세 과목을 한 번씩 수강하는 방법의 수를 구하시오.

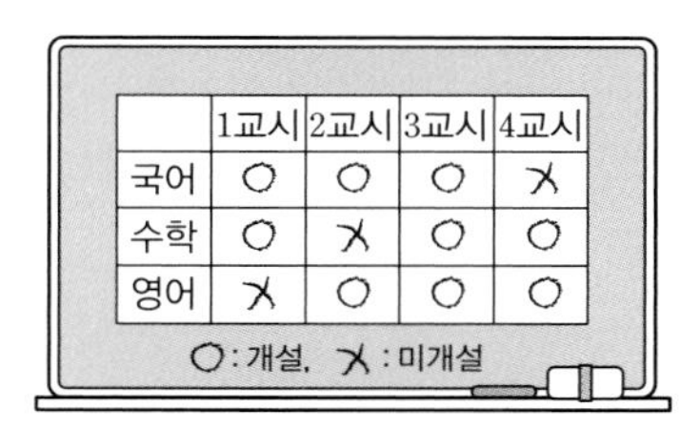

	1교시	2교시	3교시	4교시
국어	○	○	○	✕
수학	○	✕	○	○
영어	✕	○	○	○

○ : 개설, ✕ : 미개설

09

집합 $A=\{x\,|\,x$는 12의 양의 약수$\}$의 원소 중에서 서로 다른 원소 4개를 택하여 일렬로 나열할 때, 양 끝에 놓인 두 수의 곱과 나머지 두 수의 곱이 같은 경우의 수는?

① 18 ② 24 ③ 30 ④ 32 ⑤ 40

10

어느 지역에 가 볼 만한 관광명소 5곳이 있다. 진아는 각각 1, 2, 3일차에 서로 다른 관광명소에 방문하고, 준희도 1, 2, 3일차에 서로 다른 관광명소에 방문한다. 1, 2, 3일차 중 한 번만 두 사람이 같은 관광명소에 방문하고, 진아와 준희가 방문한 관광명소가 4곳인 경우의 수는?

① 230 ② 360 ③ 450 ④ 720 ⑤ 960

11

서로 다른 알파벳 8개 중에서 서로 다른 4개를 뽑아 일렬로 나열하려고 한다. 적어도 한쪽 끝에 모음이 오는 경우의 수가 1080일 때, 알파벳 8개 중에서 모음의 개수는?

① 1 ② 2 ③ 3 ④ 4 ⑤ 5

12 서술형

숫자 0, 1, 2, 3, 4에서 서로 다른 세 숫자를 뽑아 세 자리 자연수를 만들 때, 짝수의 합을 구하시오.

13

여학생 8명과 남학생 2명이 일렬로 설 때, 남학생끼리는 이웃하지 않고, 여학생끼리는 이웃한 학생 수가 짝수가 되도록 서는 경우의 수는 $A\times 8!$이다. A의 값은?

① 20　② 35　③ 42
④ 45　⑤ 56

14 서술형

A와 B를 포함한 5명이 그림과 같은 2인용 소파에 2명, 3인용 소파에 3명씩 나누어 앉으려고 한다. A와 B가 같은 소파에 이웃하여 앉는 방법의 수를 구하시오.

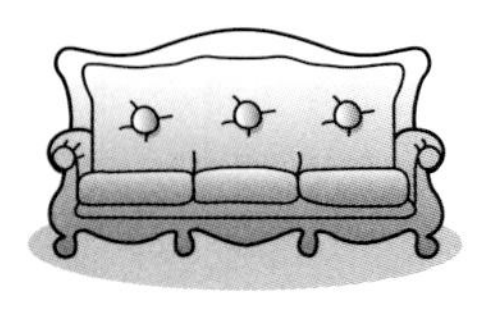

15 번뜩 아이디어

그림과 같이 의자 7개가 나란히 설치되어 있다. 여학생 3명과 남학생 3명이 의자에 앉을 때, 여학생이 이웃하지 않게 앉는 경우의 수를 구하시오. (단, 두 학생 사이에 빈 의자가 있는 경우는 이웃하지 않는 것으로 한다.)

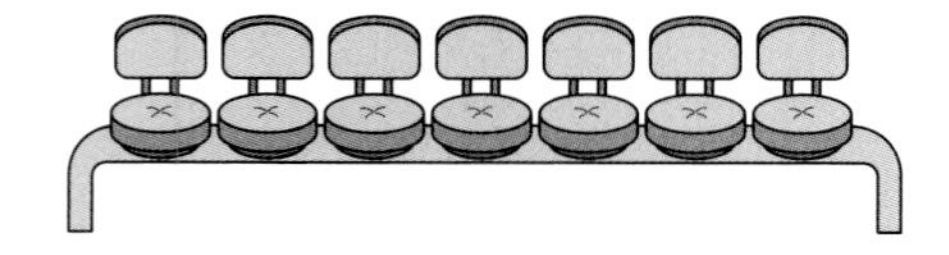

16

어느 회사에서는 숫자 1, 2, 3, 4, 5, 6, 7에서 서로 다른 5개를 뽑아 다음 규칙을 적용하여 사무실 비밀번호를 만들려고 한다.

> (가) 홀수와 짝수가 교대로 나타난다.
> (나) 5개 숫자의 합은 10의 배수이다.

만들 수 있는 비밀번호의 개수를 구하시오.

17 서술형

다음 조건을 만족시키는 다섯 자리 자연수의 개수를 구하시오.

> (가) 각 자리 숫자는 1, 2, 3, 4, 5 중 하나이다.
> (나) 5는 중복하여 나올 수 있지만 이웃하지는 않는다.
> (다) 5를 제외한 나머지 숫자는 중복되지 않는다.

18

학생 15명 중에서 3명의 대표를 뽑으려 한다. 적어도 남학생 1명과 여학생 1명이 포함되는 경우의 수가 286일 때, 남학생 수와 여학생 수의 차는?

① 1　② 3　③ 5
④ 7　⑤ 9

19

남학생 5명과 여학생 3명이 있다. 여학생을 적어도 1명 포함하여 4명을 뽑은 다음 서로 다른 4권의 책을 한 권씩 나누어 주는 경우의 수는?

① 1080 ② 1200 ③ 1320
④ 1440 ⑤ 1560

20

증권 회사 3개, 통신 회사 3개, 건설 회사 4개가 있다. 증권, 통신, 건설 각 업종별로 적어도 하나의 회사를 선택하여 4개의 회사에 입사원서를 내는 경우의 수를 구하시오.

21

A는 컴퓨터를 이용하여 2000부터 2999까지의 자연수를 B에게 전송하려고 한다. 전송 과정에서 일어날지도 모르는 오류를 B가 확인할 수 있도록 A는 각 자리의 숫자의 합이 짝수이면 0, 홀수이면 1을 전송하는 수의 끝에 덧붙여 5자리 자연수를 전송한다. 예를 들어 2026은 20260으로, 2102는 21021로 전송한다. A가 전송하기 위하여 끝에 0을 덧붙인 다섯 자리 수 중에서 가운데 세 자리의 숫자가 모두 다른 것의 개수를 구하시오.

22

주사위를 세 번 던져서 나온 눈의 수의 곱이 4의 배수가 되는 경우의 수는?

① 125 ② 130 ③ 135
④ 140 ⑤ 145

23

1부터 9까지의 서로 다른 자연수 a, b, c, d, e에 대하여

$$a\times10^4+b\times10^3+c\times10^2+d\times10+e$$

로 나타내어지는 다섯 자리 자연수 $abcde$ 중에서 5의 배수이고 $a>b>c$, $c<d<e$를 만족시키는 자연수의 개수는?

① 53 ② 62 ③ 71
④ 80 ⑤ 89

24

1부터 8까지의 자연수 중에서 서로 다른 세 수를 뽑을 때, 가장 작은 수가 나머지 두 수의 곱의 약수가 되는 경우의 수는?

① 28 ② 31 ③ 34
④ 37 ⑤ 40

25 서술형

전체집합이 $U=\{x|x$는 20 이하의 자연수$\}$일 때, 원소가 5개이고, 원소의 합은 홀수, 곱은 8의 배수인 집합의 개수를 구하시오.

26 개념 통합

전체집합이 $U=\{1, 2, 3, 4, 5, 6\}$일 때, 다음 조건을 만족시키는 집합 A, B의 순서쌍 (A, B)의 개수는?

(가) $1 \notin (A \cap B)$
(나) $A-B$의 원소는 2개이다.

① 864 ② 891 ③ 918
④ 945 ⑤ 972

27

그림은 평행사변형의 각 변을 4등분한 도형이다. 이 도형의 선들로 만들 수 있는 평행사변형의 개수와 색칠한 부분을 포함하는 평행사변형의 개수의 합은?

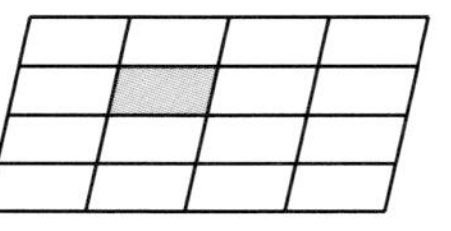

① 136 ② 140 ③ 144
④ 148 ⑤ 152

28

그림과 같이 평행한 두 선분 AB, CD 위에 각각 점이 4개, 5개 있다. 선분 AB 위의 점과 선분 CD 위의 점을 연결하여 선분을 두 개 그을 때, 두 선분이 만나는 경우의 수는? (단, 선분 AB, CD 위에서 만나는 경우는 제외한다.)

① 56 ② 60 ③ 62
④ 64 ⑤ 68

29

그림과 같이 원 위에 같은 간격으로 n개의 점이 있다. 이 점들 중에서 세 점을 꼭짓점으로 하는 삼각형이 56개일 때, 네 점을 꼭짓점으로 하는 직사각형의 개수는?

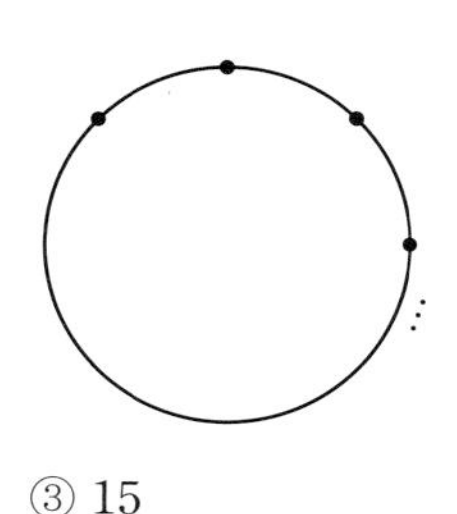

① 6 ② 10 ③ 15
④ 20 ⑤ 28

30

아시아 4개국과 아프리카 4개국이 있다. 8개국을 2개국씩 짝지어 4개의 그룹으로 나누려고 한다. 적어도 한 개의 그룹이 아시아 국가만으로 이루어지도록 나누는 경우의 수를 구하시오.

31

1층에서 올라가고 있는 엘리베이터에 5명이 타고 있다. 엘리베이터가 3층부터 7층까지 5개 층에서 설 수 있다고 할 때, 3개 층에서 모두 내리는 경우의 수는? (단, 선 층에서 적어도 1명은 내리고 중간에 타는 사람은 없다.)

① 95 ② 250 ③ 600
④ 875 ⑤ 1500

32 서술형

어느 반의 남학생 3명과 여학생 5명은 2개의 조로 나누어 봉사활동을 하기로 하였다. 각 조에 남학생 1명은 꼭 포함되고, 각 조의 인원이 3명 이상이 되도록 조를 나누는 방법의 수를 구하시오.

33

7팀이 모여 토너먼트 방식의 농구 대회를 하려고 한다. 그림과 같이 대진표를 만들 때, 대진표의 가짓수를 구하시오.

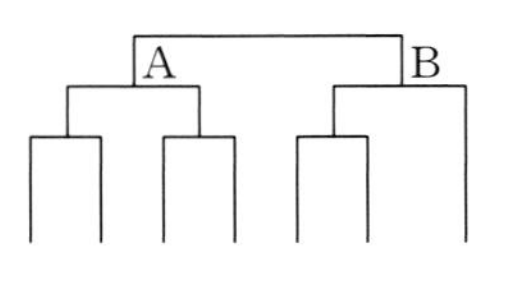

34

다음 표와 같이 3개 과목에 각각 2개의 수준으로 구성된 과제가 있다. 각 과목의 과제는 수준 Ⅰ의 과제를 제출한 후에만 수준 Ⅱ의 과제를 제출할 수 있다.

수준 \ 과목	국어	수학	영어
Ⅰ	국어 A	수학 A	영어 A
Ⅱ	국어 B	수학 B	영어 B

6개의 과제를 모두 제출할 때, 제출하는 순서를 정하는 경우의 수를 구하시오.

35

집합 $X=\{1, 2, 3, 4, 5, 6, 7\}$에서 X로 정의된 함수 f 중에서 다음 조건을 만족시키는 f의 개수를 구하시오.

> (가) $f(3)$은 짝수이다.
> (나) $x<3$이면 $f(x)<f(3)$이다.
> (다) $x>3$이면 $f(x)>f(3)$이다.

36

전체집합 $U=\{1, 2, 3, \cdots, 7\}$에 대하여

$$A\cup B=U,\ n(A\cap B)=1$$

을 만족시키는 집합 A, B를 정하고, A에서 B로의 일대일 대응 f를 생각할 때, f의 가짓수는?

① 480 ② 1440 ③ 2880
④ 3360 ⑤ 5880

01

네 종류의 모자 A, B, C, D가 각각 3개씩 있다. 12개의 모자를 그림과 같이 일정한 간격으로 배열된 모자걸이에 걸려고 한다. 모든 가로 방향과 모든 세로 방향에 서로 다른 종류의 모자가 걸리도록 하는 방법의 수를 구하시오.
(단, 같은 종류의 모자끼리는 구별하지 않는다.)

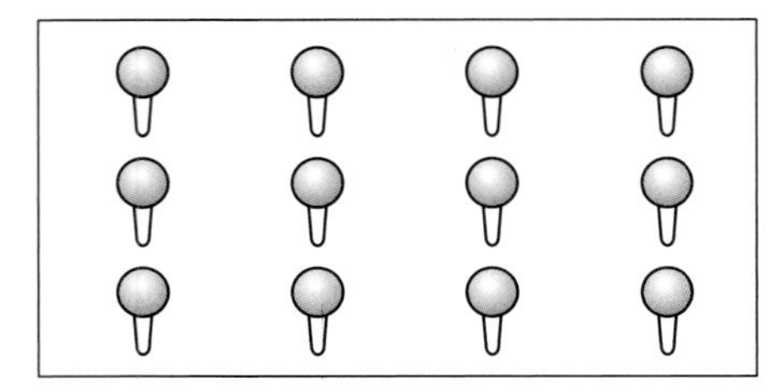

02

탁자 A에서 2명, 탁자 B에서 3명이 분임 토의를 하고 있다. 이들 5명이 전체 토의를 하기 위해 탁자 B에 모여 앉을 때, 탁자 B에서 분임 토의를 하던 3명은 모두 처음에 앉았던 자리가 아닌 자리에 앉는 경우의 수를 구하시오.

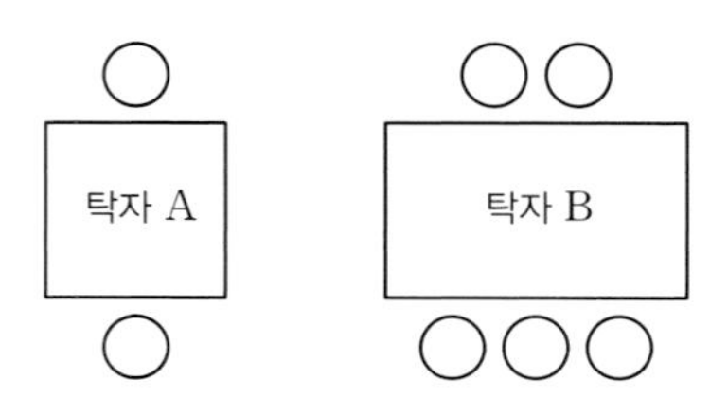

03 개념 통합

집합 $X=\{-3, -2, -1, 1, 2, 3\}$에서 X로 정의된 함수 f 중에서 다음을 만족시키는 f의 개수를 구하시오.

(가) 모든 x에 대하여 $|f(x)+f(-x)|=1$이다.
(나) $x>0$이면 $f(x)>0$이다.

04

그림과 같은 6개의 빈칸에 2, 7, 12, 17, 22, 27을 하나씩 써넣으려고 한다. 1열, 2열, 3열의 수의 합을 각각 a_1, a_2, a_3이라 할 때, $a_1<a_2<a_3$이 되도록 빈칸을 채우는 경우의 수는?

1열	2열	3열

① 80 ② 88 ③ 96 ④ 104 ⑤ 112

05

상자 A, B에는 1부터 5까지의 자연수가 하나씩 적힌 공이 5개씩 들어 있다. A, B에서 각각 공을 4개씩 뽑아 네 자리 자연수 a, b를 만든다. a와 b를 비교할 때, 같은 자리의 숫자는 같지 않은 순서쌍 (a, b)의 개수는 ${}_5\mathrm{P}_4 \times x$이다. x의 값은?

① 49 ② 51 ③ 53
④ 55 ⑤ 57

06

그림과 같은 사물함 7개 중에 5개를 남학생 3명과 여학생 2명에게 1개씩 배정하려고 한다. 같은 층에서는 남학생의 사물함과 여학생의 사물함이 이웃하지 않도록 사물함을 배정하는 경우의 수를 구하시오.

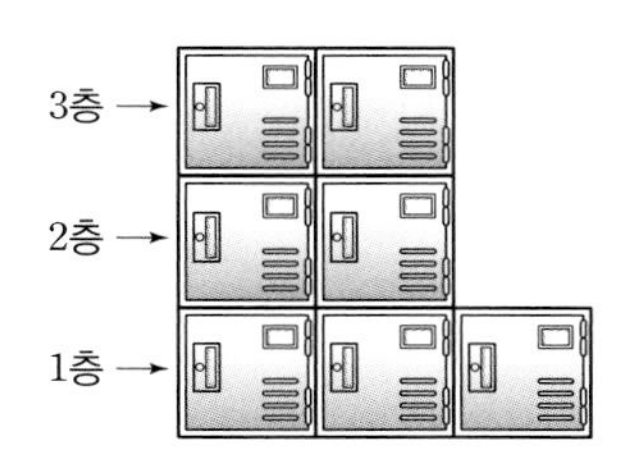

07

그림과 같이 섬이 5개 있고 두 섬은 다리로 연결되어 있다. 다리를 3개 더 건설하여 섬 5개를 모두 연결할 수 있는 방법의 수를 구하시오.

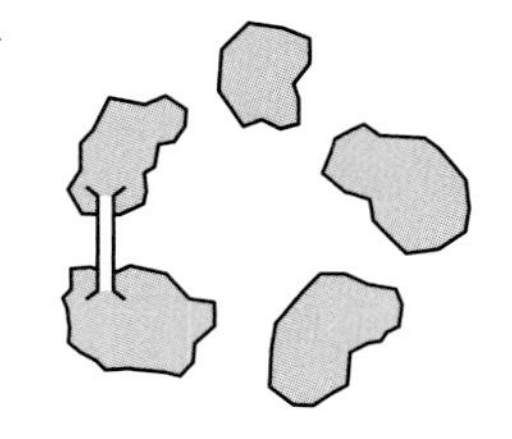

08

1부터 15까지의 자연수가 하나씩 적힌 카드 15장에서 4장을 뽑을 때, 어느 두 수의 차도 1이 아닌 경우의 수를 구하시오.

Memo

내신 1등급 문제서

절대등급

절대등급으로
수학 내신 1등급에
도전하세요.

내신 1등급 문제서

절대등급

정답 및 풀이

고등
수학(하)

동아출판

내신 1등급 문제서

절대등급 고등 **수학(하)**

모바일 빠른 정답

QR코드를 찍으면 **정답**을
쉽고 빠르게 확인할 수 있습니다.

내신 1등급
문제서

절대등급

고등 수학(하)

정답 및 풀이

I. 집합과 명제

01. 집합

step A 기본 문제 7~11쪽

01 -3 **02** ⑤ **03** ② **04** ① **05** ②
06 ④ **07** $\{1, 2, 3, 4\}$ **08** ② **09** ②
10 $\{3, 4, 5\}$ **11** ③ **12** $\{4, 6, 8, 10\}$
13 18 **14** ④ **15** ② **16** $\{1, 2, 3, 6, 8\}$
17 $\{2, 3, 4\}$ **18** $\{1, 2, 3, 4, 5\}$ **19** ⑤
20 ① **21** ① **22** ②, ⑤ **23** ④
24 $\{1, 2, 6, 7, 8, 10\}$ **25** $\{1, 2, 3, 4, 5\}$ **26** ①
27 ② **28** ③ **29** 16 **30** ① **31** ④
32 ③ **33** $\{-2, -1, 4\}$ **34** $1 \le a < 3$
35 ④ **36** ⑤ **37** ⑤ **38** ⑤
39 최댓값 : 15, 최솟값 : 6 **40** 24

step B 실력 문제 12~17쪽

01 ⑤ **02** 15 **03** ① **04** 8, 12 **05** ④
06 $\{2, 3, 5, 6, 9, 10\}$ **07** ⑤ **08** ①, ⑤ **09** 4
10 $-\frac{3}{2} < a < \frac{7}{2}$ **11** ⑤ **12** ② **13** ①
14 ⑤ **15** 24 **16** ⑤ **17** ① **18** 80
19 ④ **20** 114 **21** ④ **22** 211 **23** ⑤
24 ③ **25** 33 **26** ④ **27** ⑤ **28** 12
29 ④ **30** ④ **31** 37 **32** ② **33** ④
34 ② **35** 105 **36** 최댓값 : 34, 최솟값 : 3

step C 최상위 문제 18~19쪽

01 ④ **02** 0 **03** ② **04** 25 **05** 94
06 ⑤ **07** ③ **08** 최댓값 : 150, 최솟값 : 30

02. 명제

step A 기본 문제 21~25쪽

01 ③, ⑤ **02** ③ **03** ④ **04** ① **05** 11
06 $0 \le a \le 1$ **07** ③ **08** ②, ④ **09** ④ **10** ④
11 ③ **12** $-3 \le k \le 1$ **13** ③ **14** ②
15 $-6 < k < 7$ **16** ③ **17** ①, ④ **18** ①
19 $3 < a \le 8$ **20** ① **21** ②
22 $1 < a < 2$ **23** ④
24 $a=1$, $b=-8$, $c=-12$ 또는 $a=-4$, $b=-3$, $c=18$
25 ③ **26** ②, ③ **27** ④ **28** ② **29** ②
30 5 **31** ④ **32** 풀이 참조 **33** ②
34 풀이 참조 **35** ③ **36** ④

step B 실력 문제 26~29쪽

01 ③ **02** ③, ④ **03** ③ **04** ①
05 $-1 < k < 3$ **06** ④ **07** ③ **08** ④
09 $\begin{cases} a=1 \\ b=0 \end{cases}$ 또는 $\begin{cases} a=3 \\ b=2 \end{cases}$ **10** ①, ④ **11** A, B, C, D
12 ②, ⑤ **13** ②, ⑤ **14** ③ **15** ②
16 최솟값 : 24, $x=5$ **17** ③
18 최솟값 : 25, $a=\frac{1}{5}$, $b=\frac{1}{5}$ **19** 6 **20** ③
21 9 **22** (1) 풀이 참조 (2) 최댓값 : $5\sqrt{2}$, 최솟값 : $-5\sqrt{2}$
23 ①

step C 최상위 문제 30~31쪽

01 $m < 2$, $n > 3$ **02** ④ **03** ③ **04** ①
05 ③ **06** $-1+\frac{4\sqrt{6}}{5}$ **07** 풀이 참조
08 풀이 참조 **09** (1) 12 (2) 12

II. 함수와 그래프

03. 함수

step A 기본 문제 35~39쪽

01 ③, ④ **02** $\{2, 3, 4\}$ **03** ④
04 $a=-1$, $b=-\frac{1}{2}$ **05** $k < -1$ 또는 $k > 1$
06 ① **07** ④ **08** $f(3)=1$, $g(3)=3$ **09** ④
10 ⑤ **11** 24 **12** ⑤ **13** -10 **14** ①
15 ② **16** (1) $h(x)=\frac{3}{2}x+4$ (2) $k(x)=\frac{3}{2}x+\frac{19}{2}$
17 $(3, 3)$ **18** ③ **19** ① **20** ④
21 최댓값 : 17, 최솟값 : 13 **22** 5 **23** 18
24 ⑤ **25** ④ **26** $A=\left\{0, 1, \frac{3}{2}, 2\right\}$ **27** ②
28 ⑤ **29** ① **30** $-\frac{2}{15}$ **31** ① **32** ②
33 ③ **34** ① **35** ② **36** $a=-1$, $b=7$
37 ③ **38** ② **39** $\frac{-2+6\sqrt{2}}{15}$ **40** ③

step B 실력 문제 40~44쪽

01 ⑤ 02 ⑤ 03 -2
04 $a=2$, $b=4$ 또는 $a=-4$, $b=4$ 05 $f(3)=4$, $h(1)=2$
06 ③ 07 ③ 08 ⑤ 09 ⑤
10 $g(x)=\frac{1}{4}x$ 11 ③ 12 ①
13 $x=-3$ 또는 $x=1$ 또는 $x=\frac{5}{2}$ 14 $-3\le a\le 3$
15 ③ 16 $\frac{117}{2}$ 17 ① 18 6 19 4
20 $a=-\frac{3}{2}$, $b=4$ 21 ① 22 ②
23 a의 최솟값 : 1, $h^{-1}(-4)=3$ 24 ⑤ 25 ①
26 $\frac{17}{8}$ 27 $1+\sqrt{2}$ 28 ② 29 1970 30 16

step C 최상위 문제 45~46쪽

01 49 02 ② 03 ① 04 $-\frac{1}{8}<a<\frac{1}{8}$
05 ③ 06 ② 07 최댓값 : 7, $n=127$ 08 ⑤

04. 유리함수와 무리함수

step A 기본 문제 48~52쪽

01 ① 02 $a=12$, $b=12$ 03 ② 04 ⑤
05 ① 06 ① 07 $(1,\ 3)$ 08 ④ 09 ①
10 ④ 11 ⑤ 12 $\left(\frac{3}{2},\ 0\right)$ 13 ③
14 $x=-1$, $y=-\frac{1}{3}$ 15 $x=-1$, $y=1$ 16 ⑤
17 ③ 18 5 19 ⑤ 20 2 21 16
22 ① 23 ⑤ 24 ⑤ 25 $a=2$, $b=1$, $c=3$
26 -4 27 ② 28 ① 29 6 30 ②
31 48 32 ④ 33 ①
34 (1) 정의역 : $\{x|x\ge 5\}$, 치역 : $\{y|y\le 3\}$
(2) $y=-(x-5)^2+3\ (x\ge 5)$
35 3 36 ③ 37 ② 38 ②
39 $1\le k<\frac{3}{2}$ 40 ①

step B 실력 문제 53~58쪽

01 $\frac{17}{4}$ 02 ③ 03 4 04 ④ 05 ①
06 ① 07 ① 08 $\{y|-2<y\le 4\}$ 09 ①
10 1 11 $4\sqrt{2}$ 12 ① 13 ③ 14 36
15 ④ 16 $a=-1$, $b=-2$, $c=-1$ 17 ①
18 $\frac{12}{7}$ 19 ② 20 ⑤ 21 7 22 ⑤
23 $\frac{3}{2}$ 24 ② 25 $-\frac{1}{7}<a<-\frac{1}{9}$ 또는 $\frac{1}{9}<a<\frac{1}{7}$
26 ② 27 $-1-\sqrt{2}$ 28 $0<k<\frac{1}{2}$ 29 ④
30 ⑤ 31 ② 32 ② 33 ② 34 ①
35 10 36 23

step C 최상위 문제 59~60쪽

01 ④ 02 $\sqrt{2}$ 03 9 04 ④
05 $\frac{2}{3}<a<\frac{3}{4}$ 또는 $\frac{4}{3}<a<\frac{3}{2}$
06 (1) 2 (2) $-\frac{33}{8}<k\le -4$ 또는 $0\le k<2$
07 (1) $a=0$, $b=-\frac{1}{3}$ (2) $0\le k<\frac{1}{2}$ 08 ①

III. 순열과 조합

05. 순열과 조합

step A 기본 문제 63~67쪽

01 ① 02 ⑤ 03 ② 04 ④ 05 ③
06 ④ 07 ④ 08 ① 09 7 10 ④
11 ③ 12 15 13 9 14 ④ 15 84
16 30 17 5 18 ⑤ 19 ③ 20 48
21 144 22 96 23 ④ 24 ③ 25 ③
26 ④ 27 ② 28 168 29 ② 30 ⑤
31 ② 32 ① 33 ① 34 ④ 35 ④
36 ④ 37 200 38 ① 39 ② 40 8

step B 실력 문제 68~73쪽

01 3630 02 ⑤ 03 9 04 72 05 30
06 ⑤ 07 ① 08 11 09 ⑤ 10 ④
11 ③ 12 7834 13 ① 14 36 15 1440
16 24 17 276 18 ④ 19 ⑤ 20 126
21 360 22 ③ 23 ③ 24 ⑤ 25 6300
26 ④ 27 ① 28 ② 29 ① 30 81
31 ⑤ 32 75 33 315 34 90 35 1379
36 ④

step C 최상위 문제 74~75쪽

01 576 02 64 03 64 04 ① 05 ③
06 528 07 50 08 495

I. 집합과 명제

01. 집합

step A 기본 문제 7~11쪽

01 -3	**02** ⑤	**03** ②	**04** ①	**05** ②
06 ④	**07** $\{1, 2, 3, 4\}$		**08** ②	**09** ②
10 $\{3, 4, 5\}$		**11** ③	**12** $\{4, 6, 8, 10\}$	
13 18	**14** ④	**15** ②	**16** $\{1, 2, 3, 6, 8\}$	
17 $\{2, 3, 4\}$		**18** $\{1, 2, 3, 4, 5\}$		**19** ⑤
20 ①	**21** ①	**22** ②, ⑤	**23** ④	
24 $\{1, 2, 6, 7, 8, 10\}$		**25** $\{1, 2, 3, 4, 5\}$		**26** ①
27 ②	**28** ③	**29** 16	**30** ①	**31** ④
32 ③	**33** $\{-2, -1, 4\}$		**34** $1\le a<3$	
35 ④	**36** ⑤	**37** ⑤	**38** ⑤	
39 최댓값 : 15, 최솟값 : 6			**40** 24	

01

A, B의 원소가 같으므로 $x^2+2x=3$

$x^2+2x-3=0$ $\quad\therefore x=1$ 또는 $x=-3$

(i) $x=1$일 때

$A=\{2, 3\}$, $B=\{-2, 3, 6\}$이므로 $A\neq B$

(ii) $x=-3$일 때

$A=\{-2, 3, 6\}$, $B=\{-2, 3, 6\}$이므로 $A=B$

(i), (ii)에서 $x=-3$ 답 -3

Note

$x+1=-2$ 또는 $x^2+x=6$임을 이용해도 된다.

02

i^n을 차례로 구하면 i, -1, $-i$, 1, i, $\cdots$이다.

곧, $A=\{i, -1, -i, 1\}$이므로 z_1^2, z_2^2은 -1 또는 1이다.

(i) $z_1^2=-1$, $z_2^2=-1$일 때 $2z_1^2+5z_2^2=-7$

(ii) $z_1^2=-1$, $z_2^2=1$일 때 $2z_1^2+5z_2^2=3$

(iii) $z_1^2=1$, $z_2^2=-1$일 때 $2z_1^2+5z_2^2=-3$

(iv) $z_1^2=1$, $z_2^2=1$일 때 $2z_1^2+5z_2^2=7$

(i)~(iv)에서 $B=\{-7, -3, 3, 7\}$이고, 원소의 개수는 4이다.

답 ⑤

03

A의 원소는 0, 1, $\{\varnothing\}$이다.

따라서 ①, ③, ⑤는 참이다.

$\varnothing$은 모든 집합의 부분집합이므로 ④는 참이다.

② 0, 1이 원소이므로 $\{0, 1\}\subset A$이다.

또 $\{0, 1\}$은 A의 원소가 아니다. 따라서 거짓이다. 답 ②

04

A의 원소는 $\varnothing$, a, $\{a, b\}$이다.

ㄱ. $\varnothing\in A$ (참)

ㄴ. $a\in A$이지만 $b\notin A$이므로 $\{a, b\}\not\subset A$

그러나 $\{a, b\}\in A$이다. (거짓)

ㄷ. A의 원소는 3개이므로 부분집합의 개수는 $2^3=8$이다. (거짓)

옳은 것은 ㄱ이다. 답 ①

05

$A=\{0, 1, 2\}$이므로 $x\in A$, $y\in A$인 x, y에 대하여 $x+y$, xy의 값은 다음 표와 같다.

$+$	0	1	2
0	0	1	2
1	1	2	3
2	2	3	4

$\times$	0	1	2
0	0	0	0
1	0	1	2
2	0	2	4

$B=\{0, 1, 2, 3, 4\}$, $C=\{0, 1, 2, 4\}$이므로

$A\subset C\subset B$ 답 ②

06

$B\subset A$이므로 x가 6의 배수이면 x는 a의 배수이다.

곧, a는 6의 약수이므로 1, 2, 3, 6이다.

따라서 1보다 큰 a의 값의 합은 $2+3+6=11$ 답 ④

07

U, A, B를 벤다이어그램으로 나타내면 그림과 같다.

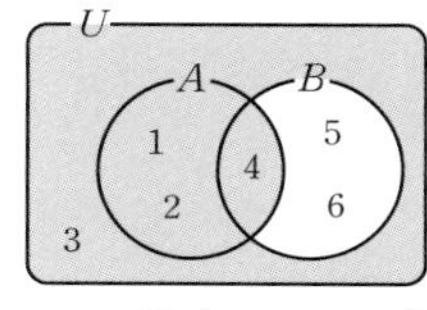

$A\cup B^C$는 그림의 색칠한 부분이므로

$A\cup B^C=\{1, 2, 3, 4\}$

답 $\{1, 2, 3, 4\}$

08

전체집합이 $U=\{x\,|\,x$는 10 이하의 자연수$\}$이므로

$A=\{1, 3, 5, 7, 9\}$, $B=\{3, 6, 9\}$

$\therefore A-B^C=A\cap(B^C)^C=A\cap B=\{3, 9\}$

$\therefore n(A-B^C)=2$ 답 ②

09

6이 $A\cap B$의 원소이므로 $a+2=6$

$\therefore a=4$

이때 $B=\{4, b, c\}$이므로

$b=3$, $c=6$ 또는 $b=6$, $c=3$

따라서 $A\cup B=\{1, 3, 4, 6\}$이고, 원소의 합은 14이다. 답 ②

10

$A=\{2, 3, 4, 5, 6\}$이고,

$A\cap B^C=A-B=\{2, 6\}$

이므로 주어진 조건을 벤다이어그램으로 나타내면 그림과 같다.

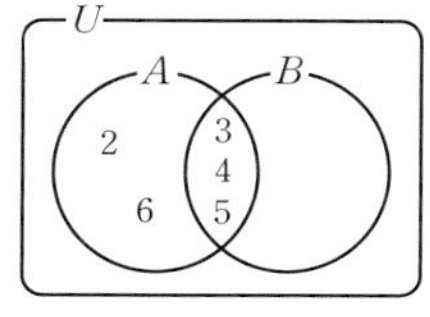

$\therefore A\cap B=\{3, 4, 5\}$ 답 $\{3, 4, 5\}$

Note

$A-(A\cap B^C)=A\cap(A\cap B^C)^C$
$=A\cap(A^C\cup B)=(A\cap A^C)\cup(A\cap B)$
$=\varnothing\cup(A\cap B)=A\cap B$

11

$A\cap(A-B)=A$에서 $A\cap B=\varnothing$ ⋯ ❶

또 $A\cup B=U$이므로 $B=A^C=\{2, 3\}$

따라서 B의 모든 원소의 합은 $2+3=5$ 답 ③

Note

❶은 벤다이어그램을 생각하거나 다음과 같이 생각할 수 있다.

$(A-B)\subset A$이므로 $A\cap(A-B)=A-B$

$A\cap(A-B)=A$이면 $A-B=A$

$\therefore A\cap B=\varnothing$

12

$(P\cap Q^C)-R$를 벤다이어그램으로 나타내면 그림의 색칠한 부분과 같다.

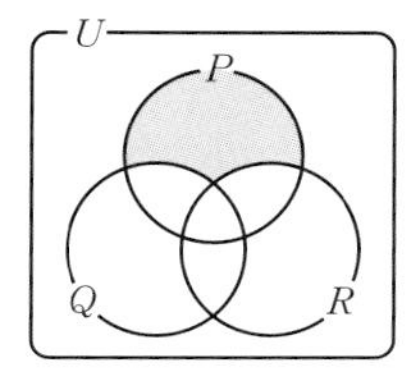

$P=\{1, 2, 3, \cdots, 10\}$,

$Q=\{2, 3, 5, 7, \cdots\}$,

$R=\{1, 3, 5, 7, 9, \cdots\}$

이므로 $(P\cap Q^C)-R=\{4, 6, 8, 10\}$ 답 $\{4, 6, 8, 10\}$

Note

$(P\cap Q^C)-R=(P\cap Q^C)\cap R^C=P\cap(Q^C\cap R^C)$
$=P\cap(Q\cup R)^C=P-(Q\cup R)$

와 같이 정리하고 풀 수도 있다.

13

$A_4\cap A_6$의 원소는 4의 배수이고 6의 배수이므로 4와 6의 공배수이다. 4와 6의 공배수는 12의 배수이므로 $A_4\cap A_6=A_{12}$이고, $a=12$이다.

$A_6\cup A_{12}$의 원소는 6의 배수이거나 12의 배수이다.

12의 배수는 6의 배수이므로 $A_6\cup A_{12}=A_6$이다.

또 $A_6\subset A_b$이면 6의 배수는 b의 배수이므로 b는 6의 약수이다.

따라서 $b=1, 2, 3, 6$이다.

$a+b$의 최댓값은 $12+6=18$ 답 18

Note

$(A_6\cup A_{12})\subset A_b$에서 $A_6\subset A_b$이고 $A_{12}\subset A_b$이므로 b는 6의 약수이고 12의 약수이다.

14

④ $(A\cup B)\cap(A\cup C)$를 벤다이어그램으로 나타내면 그림의 색칠한 부분과 같다. 답 ④

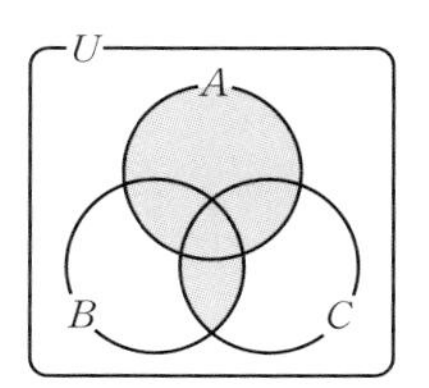

15

각 집합을 벤다이어그램으로 나타내면 그림과 같다.

①
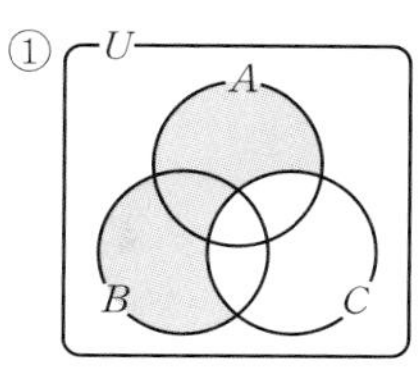

③
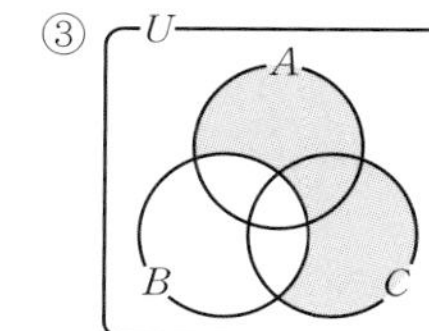

④
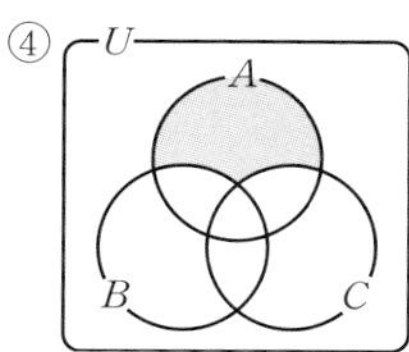

⑤
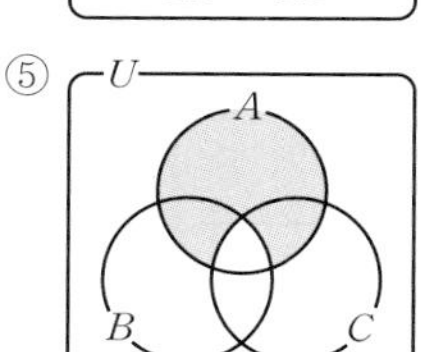

답 ②

16

$A^C\cap B^C=(A\cup B)^C=\{5, 7, 10\}$

$A\cap B^C=A-B=\{2, 6, 8\}$

$A^C\cap B=B-A=\{4, 9\}$

따라서 벤다이어그램으로 나타내면 그림과 같다.

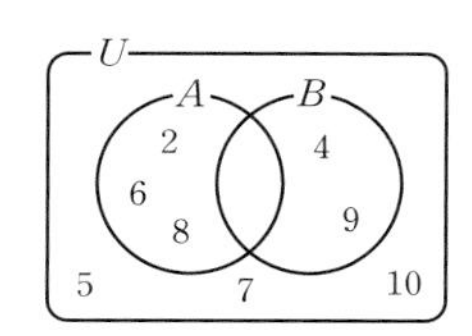

$U=\{1, 2, 3, \cdots, 10\}$이므로 $A\cap B=\{1, 3\}$

$\therefore A=\{1, 2, 3, 6, 8\}$ 답 $\{1, 2, 3, 6, 8\}$

17

$B\cap C=\{5, 7\}$이므로

$A\cap(B^C\cup C^C)=A\cap(B\cap C)^C=A-(B\cap C)$
$=\{2, 3, 4, 5\}-\{5, 7\}$
$=\{2, 3, 4\}$ 답 $\{2, 3, 4\}$

Note

$A\cap(B^C\cup C^C)$에서 B^C, C^C, $B^C\cup C^C$를 차례로 구해도 된다.

18

$A\cap(B\cup C)=(A\cap B)\cup(A\cap C)$
$=\{2, 3, 4, 5\}\cup\{1, 3, 5\}$
$=\{1, 2, 3, 4, 5\}$ 답 $\{1, 2, 3, 4, 5\}$

19

$U=\{1, 5, 7, 11, 13\}$이고,

$A^C\cup B^C=(A\cap B)^C=\{5, 7, 11\}$

이므로 $A\cap B=\{1, 13\}$

$A-B=\{5, 7\}$이므로 1, 13은 B의 원소이고 5, 7은 B의 원소가 아니다.

$B=\{1, 13, 11\}$일 때 $M=1+11+13=25$

$B=\{1, 13\}$일 때 $m=1+13=14$

$\therefore M+m=39$ 답 ⑤

20

$(B\cup A^C)^C\cup(A-B^C)=(B^C\cap A)\cup(A\cap B)$
$=A\cap(B^C\cup B)$
$=A\cap U=A$ 답 ①

21

$A-B$, $A^C\cup B$를 벤다이어그램으로 나타내면 그림과 같다.

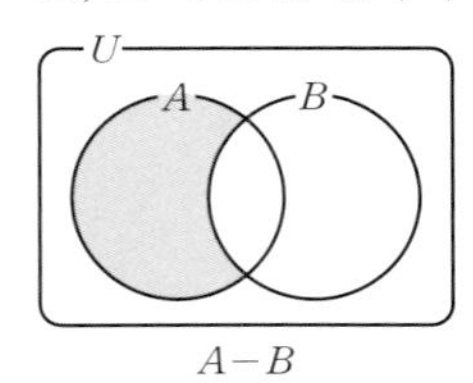

$A-B$

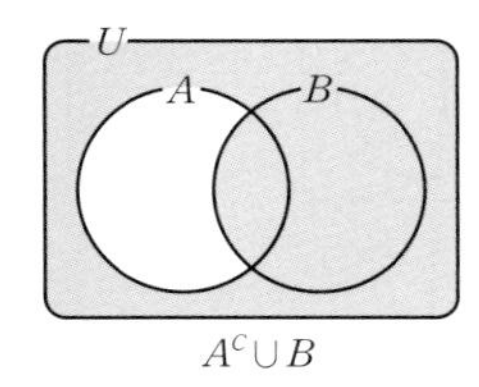

$A^C\cup B$

$\therefore (A-B)\cup(A^C\cup B)=U$ 답 ①

다른 풀이

$(A-B)\cup(A^C\cup B)=(A-B)\cup(B\cup A^C)$
$=\{(A-B)\cup B\}\cup A^C$
$=(A\cup B)\cup A^C=U$

22

$(A-B^C)\cup(B^C-A^C)=A\cap B$에서

(좌변)$=(A\cap B)\cup(B^C\cap A)$
$=A\cap(B\cup B^C)$
$=A\cap U=A$

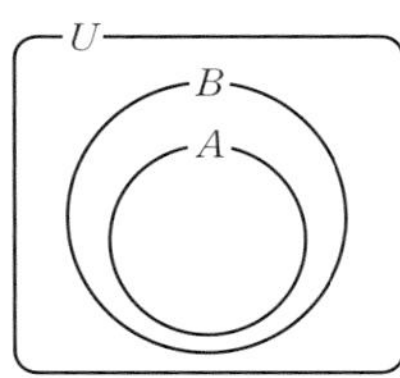

이므로

$A=A\cap B$

곧, $A\subset B$이므로 옳은 것은 ②, ⑤이다. 답 ②, ⑤

23

$(A\cup B^C)^C=B$에서

$A^C\cap B=B$, $B-A=B$

$\therefore A\cap B=\varnothing$

옳은 것은 ㄱ, ㄷ이다. 답 ④

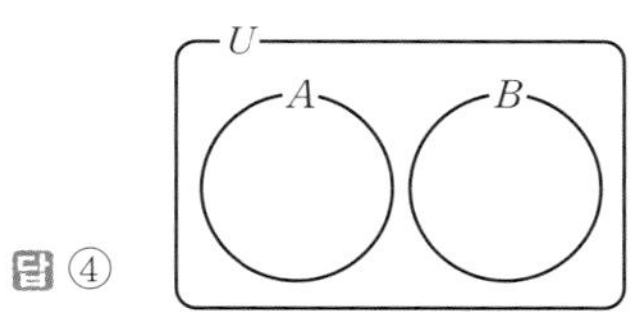

24

$B=\{2, 3, 5, 7\}$, $C=\{2, 4, 6, 8, 10\}$이므로

$B\triangle C=(B-C)\cup(C-B)$
$=\{3, 5, 7\}\cup\{4, 6, 8, 10\}$
$=\{3, 4, 5, 6, 7, 8, 10\}$

$A=\{1, 2, 3, 4, 5\}$이므로

$A\triangle(B\triangle C)=\{A-(B\triangle C)\}\cup\{(B\triangle C)-A\}$
$=\{1, 2\}\cup\{6, 7, 8, 10\}$
$=\{1, 2, 6, 7, 8, 10\}$ 답 $\{1, 2, 6, 7, 8, 10\}$

Note

$A\triangle B$, $A\triangle(B\triangle C)$를 각각 벤다이어그램으로 나타내면 그림과 같다.

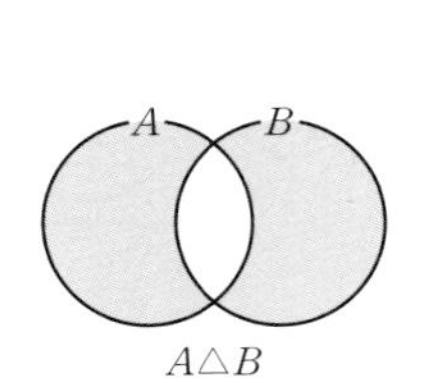

$A\triangle B$

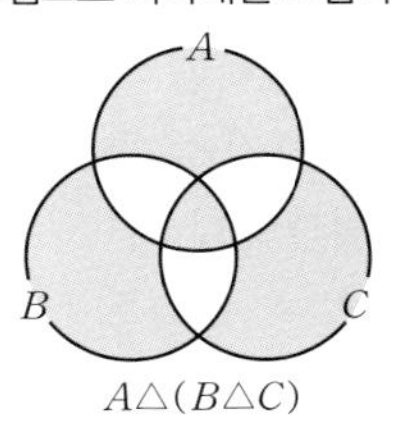

$A\triangle(B\triangle C)$

25

$A◎B=\varnothing$이므로 $(A\cup B)-(A\cap B)=\varnothing$

$\therefore (A\cup B)\subset(A\cap B)$ ⋯ ❶

따라서 $A\cup B=A\cap B$이고, $A=B$이다.

$\therefore B=\{1, 2, 3, 4, 5\}$ 답 $\{1, 2, 3, 4, 5\}$

Note

$(A\cap B)\subset(A\cup B)$이므로 ❶에서
$A\cup B=A\cap B$

26

$A^C\diamond B=(A^C-B)\cup(B-A^C)$를 벤다이어그램으로 나타내면 그림과 같으므로 $A^C\diamond B=U$이면

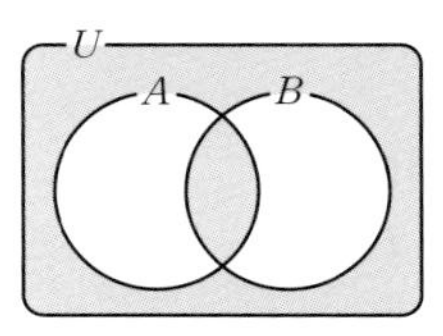

$A-B=\varnothing$, $B-A=\varnothing$

$\therefore A\diamond B=(A-B)\cup(B-A)$
$=\varnothing$ 답 ①

Note

$A^C\diamond B=(A^C-B)\cup(B-A^C)$
$=(A^C\cap B^C)\cup(B\cap A)$
$=(A\cup B)^C\cup(A\cap B)$

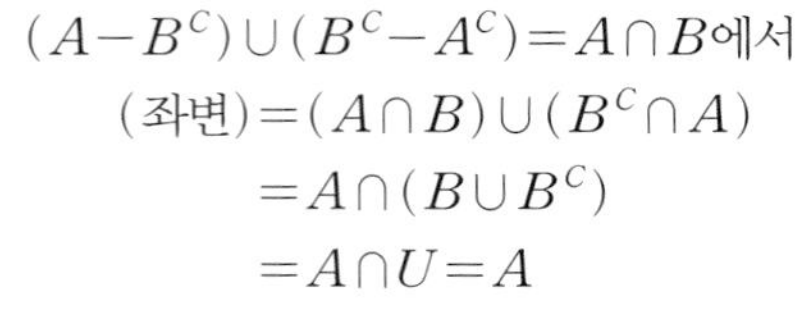
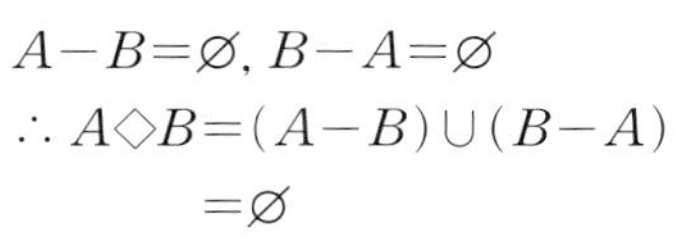

27

$B\cup X=B$이므로 X는 B의 부분집합이다.

$A\cap X=\varnothing$이므로 X는 A의 원소를 포함하지 않는다.

따라서 X는 2, 6을 포함하지 않는 B의 부분집합이므로 $\{1, 8, 9\}$의 부분집합과 같다.

$\varnothing$을 빼야 하므로 X의 개수는

$2^3-1=7$ 답 ②

28

$A\cap X=X$이므로 X는 A의 부분집합이다.

$(A-B)\cup X=X$이므로 $A-B\subset X$이고 $A-B=\{1, 3\}$이므로 X는 1, 3을 포함한다.

따라서 X는 $\{2, 4\}$의 부분집합에 원소 1, 3을 추가한 꼴이므로 X의 개수는

$2^2=4$ 답 ③

29

$B^C-A^C=B^C\cap A=A-B$이므로 $A-B=\{1\}$

따라서 B는 3, 5, 7은 포함하고 1은 포함하지 않는 U의 부분집합이다.

B는 $\{2, 4, 6, 8\}$의 부분집합에 3, 5, 7을 더한 집합이므로 B의 개수는 $2^4=16$ 답 16

Note

1을 포함하지 않는 부분집합의 개수는 $2^{8-1}=2^7$
3, 5, 7을 포함하는 부분집합의 개수는 $2^{8-3}=2^5$
1을 포함하지 않고 3, 5, 7을 포함하는 부분집합의 개수는 $2^{8-1-3}=2^4$

30

$A-B$의 원소 2, 4, 5는 $A\cup C$의 원소이므로 $B\cup C$의 원소이다. 따라서 C의 원소이다.
$B-A$의 원소 1도 같은 이유로 C의 원소이다.
곧, C는 2, 4, 5, 1을 포함해야 하므로 C의 개수는
$2^{7-4}=8$ 답 ①

31

$U=\{1, 2, 3, 4, 6, 8, 12, 24\}$이고,
$A=\{1, 2, 4\}$
$B=\{1, 2, 3, 4, 6, 12\}$
$A\cap X=A$이므로 $A\subset X$
그런데 $A\subset B$이고 $B\not\subset X$이므로 X가 A를 포함하는 경우에서 B를 포함하는 경우를 뺀다.
A를 포함하는 집합의 개수는 $2^{8-3}=32$
B를 포함하는 집합의 개수는 $2^{8-6}=4$
따라서 X의 개수는 $32-4=28$ 답 ④

32

$\{3, 4\}\cap A\neq\varnothing$이므로 A는 3 또는 4를 포함한다.
(i) 3을 포함하고 4를 포함하지 않는 A의 개수는 $2^{6-2}=16$
(ii) 4를 포함하고 3을 포함하지 않는 A의 개수는 $2^{6-2}=16$
(iii) 3과 4를 포함하는 A의 개수는 $2^{6-2}=16$
(i), (ii), (iii)에서 A의 개수는 $16+16+16=48$ 답 ③

다른 풀이

모든 부분집합의 개수에서 3, 4를 포함하지 않는 부분집합의 개수를 빼도 되므로 $2^6-2^4=48$

33

$x^3-7x^2+14x-8=0$에서
$(x-1)(x-2)(x-4)=0$
$\therefore x=1$ 또는 $x=2$ 또는 $x=4$
$\therefore A=\{1, 2, 4\}$
$x^4-5x^2+4=0$에서 $(x^2-1)(x^2-4)=0$
$\therefore x=\pm1$ 또는 $x=\pm2$
$\therefore B=\{-2, -1, 1, 2\}$
$\therefore (A-B)\cup(B-A)=\{4\}\cup\{-2, -1\}$
$=\{-2, -1, 4\}$
답 $\{-2, -1, 4\}$

Note

집합 $\{x\,|\,f(x)=0\}$을 방정식 $f(x)=0$의 해집합이라 한다.

34

$x^2-2ax+a^2-4<0$에서 $(x-a+2)(x-a-2)<0$
$\therefore B=\{x\,|\,a-2<x<a+2\}$
$A\subset B$이므로
$a-2<1$이고 $a+2\geq3$
$\therefore 1\leq a<3$

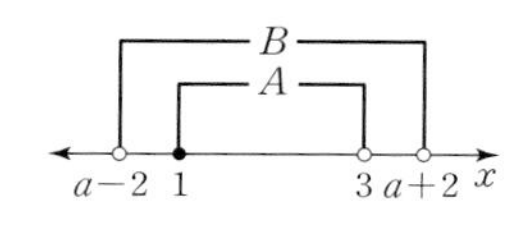

Note 답 $1\leq a<3$

집합 $\{x\,|\,f(x)<0\}$을 부등식 $f(x)<0$의 해집합이라 한다.

35

$x^2-8x+12\leq0$에서 $(x-2)(x-6)\leq0$
$\therefore A=\{x\,|\,2\leq x\leq6\}$
$A\cap B=\varnothing$이고,
$A\cup B=\{x\,|\,-1<x\leq6\}$이므로
그림과 같이 $B=\{x\,|\,-1<x<2\}$
따라서 $x^2+ax+b<0$의 해가 $-1<x<2$이다.
$(x+1)(x-2)<0$에서 $x^2-x-2<0$
$\therefore a=-1,\ b=-2,\ a+b=-3$ 답 ④

36

$n(A^C\cap B^C)=n((A\cup B)^C)=6$이므로
$n(A\cup B)=50-6=44$
$n(A\cup B)=n(A)+n(B)-n(A\cap B)$이므로
$44=26+33-n(A\cap B)$ $\quad\therefore n(A\cap B)=15$
$\therefore n(B-A)=n(B)-n(A\cap B)$
$=33-15=18$ 답 ⑤

다른 풀이

$n(A\cup B)=44$이므로
$n(B-A)=n(A\cup B)-n(A)$
$=44-26=18$

37

학생 전체의 집합을 U, 축구를 좋아하는 학생의 집합을 A, 야구를 좋아하는 학생의 집합을 B라 하면
$n(U)=40,\ n(A)=21,\ n(B)=16,\ n(A^C\cap B^C)=8$
$n(A^C\cap B^C)=n((A\cup B)^C)=n(U)-n(A\cup B)$이므로
$n(A\cup B)=40-8=32$
$n(A\cup B)=n(A)+n(B)-n(A\cap B)$이므로
$32=21+16-n(A\cap B)$ $\quad\therefore n(A\cap B)=5$
축구만 좋아하는 학생 수는
$n(A-B)=n(A)-n(A\cap B)$
$=21-5=16$ 답 ⑤

38

입장객 전체의 집합을 U, 롤러코스터를 이용한 사람의 집합을 A, 범퍼카를 이용한 사람의 집합을 B라 하면
$n(U)=100,\ n(A)=72,\ n(B)=50$
롤러코스터와 범퍼카를 모두 이용한 사람의 집합은 $A\cap B$이므로 $B\subset A$일 때 $n(A\cap B)$가 최대이다. $\quad\therefore M=50$

또 $n(A\cap B)=n(A)+n(B)-n(A\cup B)$이므로
$n(A\cup B)$가 최대일 때 $n(A\cap B)$가 최소이다.
곧, $n(A\cup B)$의 최댓값은 $n(A\cup B)=n(U)=100$이므로
$m=72+50-100=22$
$\therefore M+m=50+22=72$ 답 ⑤

39

학생 전체의 집합을 U, A 문제를 맞힌 학생의 집합을 A, B 문제를 맞힌 학생의 집합을 B라 하면
$n(U)=32$, $n(A)=17$, $n(B)=9$
한 문제도 맞히지 못한 학생 수는
$n(A^C\cap B^C)=n((A\cup B)^C)$이고,
$n((A\cup B)^C)=n(U)-n(A\cup B)$이므로
$n(A\cup B)$가 최대일 때 $n((A\cup B)^C)$가 최소이고,
$n(A\cup B)$가 최소일 때 $n((A\cup B)^C)$가 최대이다.
$n(A\cup B)$의 최댓값을 M이라 하면
$A\cap B=\varnothing$일 때 최대이므로
$M=n(A)+n(B)=26$
따라서 $n((A\cup B)^C)$의 최솟값은 $32-26=6$
또 $n(A\cup B)$의 최솟값을 m이라 하면 $B\subset A$일 때 최소이므로
$m=n(A)=17$
따라서 $n((A\cup B)^C)$의 최댓값은 $32-17=15$

Note 답 최댓값 : 15, 최솟값 : 6
$n(A)+n(B)\le n(U)$이므로 $A\cap B=\varnothing$인 경우를 생각할 수 있다.

40

바둑, 서예, 피아노 강좌를 신청한 학생의 집합을 A, B, C라 하면
$n(A\cup B\cup C)=70$, $n(A\cup B)=43$,
$n(B\cup C)=51$, $n(A\cap C)=0$

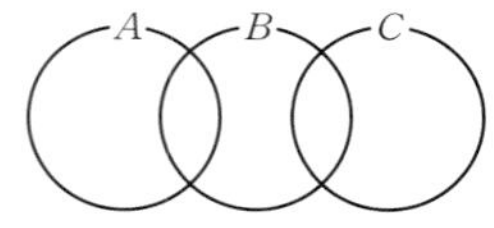

$A\cap C=\varnothing$이므로
$(A\cup B)\cap(B\cup C)=B\cup(A\cap C)=B$
그런데 $(A\cup B)\cup(B\cup C)=A\cup B\cup C$이므로
$n(A\cup B\cup C)=n(A\cup B)+n(B\cup C)-n(B)$
$70=43+51-n(B)$ $\therefore n(B)=24$ 답 24

다른 풀이
$n(A\cap C)=0$이면 $n(A\cap B\cap C)=0$이므로
$n(A\cup B\cup C)=n(A)+n(B)+n(C)$
$-n(A\cap B)-n(B\cap C)-n(A\cap C)$
$+n(A\cap B\cap C)$
$=n(A)+n(B)+n(C)$
$-n(A\cap B)-n(B\cap C)$
$=n(A)+n(B)-n(A\cap B)$
$+n(B)+n(C)-n(B\cap C)-n(B)$
$=n(A\cup B)+n(B\cup C)-n(B)$
$\therefore 70=43+51-n(B)$, $n(B)=24$

step B 실력 문제 12~17쪽

01 ⑤	**02** 15	**03** ①	**04** 8, 12	**05** ④
06 {2, 3, 5, 6, 9, 10}		**07** ⑤	**08** ①, ⑤	**09** 4
10 $-\frac{3}{2}<a<\frac{7}{2}$		**11** ⑤	**12** ②	**13** ①
14 ⑤	**15** 24	**16** ⑤	**17** ①	**18** 80
19 ④	**20** 114	**21** ④	**22** 211	**23** ⑤
24 ③	**25** 33	**26** ④	**27** ⑤	**28** 12
29 ④	**30** ④	**31** 37	**32** ②	**33** ④
34 ②	**35** 105	**36** 최댓값 : 34, 최솟값 : 3		

01

[전략] $A=\{a, b, c\}(a<b<c)$라 하고 B의 원소를 a, b, c로 나타낸 다음 조건을 활용한다.

$A=\{a, b, c\}$ $(a<b<c)$라 하면
$B=\{2a, 2b, 2c, a+b, a+c, b+c\}$
B의 가장 작은 원소가 $2a$, 가장 큰 원소가 $2c$이므로
$2a=8$, $2c=24$ $\therefore a=4$, $c=12$
$n(B)=5$이고
$2a<a+b<2b<b+c<2c$
$2a<a+b<a+c<b+c<2c$
이므로 $2b=a+c$, $2b=16$ $\therefore b=8$
$\therefore A=\{4, 8, 12\}$, $B=\{8, 12, 16, 20, 24\}$
따라서 $B-A=\{16, 20, 24\}$이고, 원소의 합은
$16+20+24=60$ 답 ⑤

02

[전략] 예를 들어 $2\in B$이므로 $\frac{2}{n}$는 기약분수이고, n은 2의 배수가 아니다.
또 $3\notin B$이므로 $\frac{3}{n}$은 기약분수가 아니다. 따라서 n은 3의 배수이다.

$B=\left\{x \,\middle|\, \frac{x}{n}\text{는 기약분수, } x\text{는 한 자리 자연수}\right\}$
에서 가능한 x는 1, 2, 3, ⋯, 9이므로 가능한 B의 원소도 1, 2, 3, ⋯, 9이다.
1, 2, 4, 8이 B의 원소이므로 $\frac{1}{n}$, $\frac{2}{n}$, $\frac{4}{n}$, $\frac{8}{n}$은 기약분수이다.
따라서 n은 2의 배수가 아니다.
7이 B의 원소이므로 $\frac{7}{n}$은 기약분수이다. 따라서 n은 7의 배수가 아니다. ⋯ ㉮
3, 6, 9는 B의 원소가 아니므로 $\frac{3}{n}$, $\frac{6}{n}$, $\frac{9}{n}$는 기약분수가 아니다. 따라서 n은 3의 배수이다.
5는 B의 원소가 아니므로 $\frac{5}{n}$는 기약분수가 아니다. 따라서 n은 5의 배수이다. ⋯ ㉯
따라서 조건을 만족시키는 n의 최솟값은 15이다. ⋯ ㉰

단계	채점 기준	배점
㉮	n이 2의 배수, 7의 배수가 아님을 알기	40%
㉯	n이 3의 배수, 5의 배수임을 알기	40%
㉰	n의 최솟값 구하기	20%

답 15

03

[전략] 예를 들어 $2\in A$이면 $\frac{16}{2}\in A$이다.

이와 같이 $x=1, 2, 3, \cdots$을 대입할 때, $\frac{16}{x}\in A$인 경우부터 찾는다.

$\frac{16}{x}$이 자연수이면 x는 16의 약수이다.

$1\in A$이면 $16\in A$, $2\in A$이면 $8\in A$, $4\in A$이면 $4\in A$

$8\in A$이면 $2\in A$, $16\in A$이면 $1\in A$

따라서 A의 원소는 16의 약수이고 1과 16, 2와 8은 쌍으로 있어야 한다.

(i) 4가 없는 경우

$\{1, 16\}$, $\{2, 8\}$, $\{1, 2, 8, 16\}$

(ii) 4가 있는 경우

$\{4\}$, $\{1, 4, 16\}$, $\{2, 4, 8\}$, $\{1, 2, 4, 8, 16\}$

(i), (ii)에서 A의 개수는 $3+4=7$

답 ①

04

[전략] 약수가 2개이면 소수이고, 약수가 3개이면 소수의 제곱수이다.

$n(A_p)=2$, $n(A_q)=2$이므로 p, q는 소수이고,

$n(A_r)=3$이므로 r는 소수의 제곱수이다.

(i) $r=k^2$ (k는 $k\neq p$, $k\neq q$인 소수)일 때

$pqr=pqk^2$의 약수의 개수는

$(1+1)(1+1)(2+1)=12$

(ii) $r=p^2$일 때

$pqr=p^3q$의 약수의 개수는

$(3+1)(1+1)=8$

(iii) $r=q^2$일 때

$pqr=pq^3$의 약수의 개수는

$(1+1)(3+1)=8$

(i), (ii), (iii)에서 $n(A_{pqr})=8$ 또는 $n(A_{pqr})=12$

답 8, 12

05

[전략] $(A\cap B^C)\cup(A^C\cap B)$를 벤다이어그램으로 나타내고 2, 11, 17과 A, B의 원소를 비교한다.

$(A\cap B^C)\cup(A^C\cap B)$를 벤다이어그램으로 나타내면 그림의 색칠한 부분이다.

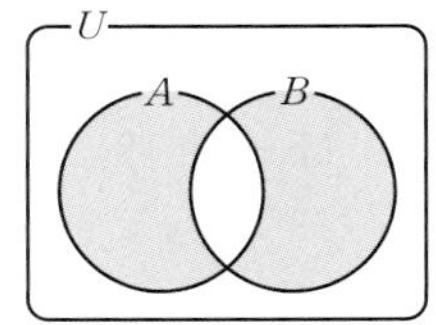

따라서 2, 11, 17은 색칠한 부분의 원소이다.

$2\in A$, $11\in A$이므로

(i) $a-7=17$일 때

$a=24$이므로 $a+5=29$는 U의 원소가 아니다.

(ii) $a+5=17$일 때

$a=12$이므로 $a-7=5$, $a^2-10a-19=5$이고 조건을 만족시킨다.

(iii) $a^2-10a-19=17$일 때

$a=5\pm\sqrt{61}$이므로 $a-7=-2\pm\sqrt{61}$은 U의 원소가 아니다.

(i), (ii), (iii)에서 $a=12$

답 ④

06

[전략] 주어진 조건들을 벤다이어그램으로 나타낸다.

$A-(B\cup C)=\{2, 5, 10\}$을 벤다이어그램으로 나타내면 오른쪽과 같다.

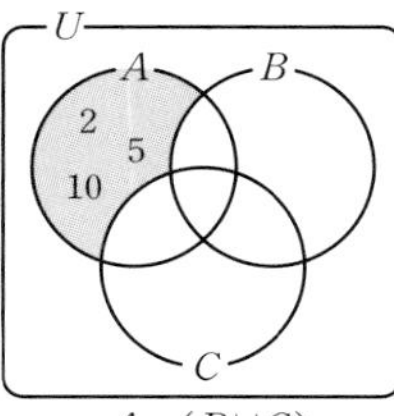

$A-(B\cup C)$

$A-(B\cap C)=\{1, 2, 5, 9, 10\}$을 벤다이어그램으로 나타내면 그림과 같으므로 빗금친 부분의 원소는 1, 9이다. … ❶

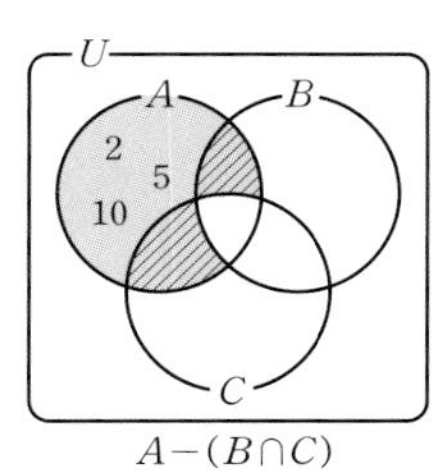

$A-(B\cap C)$

$B-C=\{3, 6, 9\}$를 벤다이어그램으로 나타내면 그림의 색칠한 부분이므로

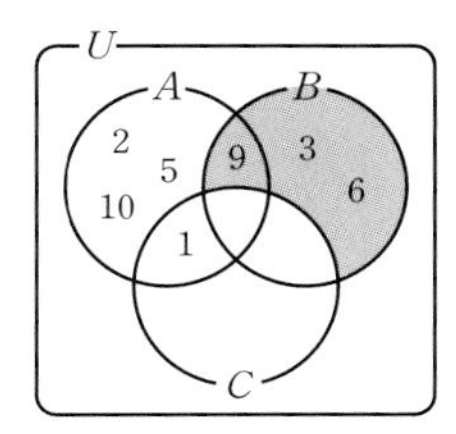

❶의 결과에서

$9\in(A\cap B)$, $1\in(A\cap C)$

$\therefore (A\cup B)-C$

$=\{2, 3, 5, 6, 9, 10\}$

답 $\{2, 3, 5, 6, 9, 10\}$

07

[전략] 공통부분이 있으면

$(A\cup B)\cap(A^C\cup B)=(A\cap A^C)\cup B$

와 같이 분배법칙을 이용하여 묶는다.

$(\text{주어진 식})=\{(A\cap A^C)\cup B\}\cup\{(A^C\cap A)\cup B^C\}$

$=(\varnothing\cup B)\cup(\varnothing\cup B^C)$

$=B\cup B^C=U$

답 ⑤

08

[전략] 집합의 연산 법칙을 이용하여 정리한다.

차집합은 교집합을 이용하여 나타낸다.

① $(A-B)\cup(A-C)=(A\cap B^C)\cup(A\cap C^C)$

$=A\cap(B^C\cup C^C)$

$=A\cap(B\cap C)^C$

$=A-(B\cap C)$

② $(A-B)-C=(A\cap B^C)\cap C^C$

$=A\cap(B^C\cap C^C)$

$=A\cap(B\cup C)^C$

$=A-(B\cup C)$

③ $\{(A-B)\cup(A^C\cup B)\}\cap B$

$=\{(A-B)\cup(A\cap B^C)^C\}\cap B$

$=\{(A-B)\cup(A-B)^C\}\cap B$

$=U\cap B=B$

④ $\{A\cap(A-B)^{C}\}\cup\{(B-A)\cap A\}$

$=\{A\cap(A\cap B^{C})^{C}\}\cup\{(B\cap A^{C})\cap A\}$

$=\{A\cap(A^{C}\cup B)\}\cup\{B\cap(A^{C}\cap A)\}$

$=\{(A\cap A^{C})\cup(A\cap B)\}\cup(B\cap\varnothing)$

$=\varnothing\cup(A\cap B)\cup\varnothing$

$=A\cap B$

⑤ $(A\cup B)\cap(A\cap B)^{C}$

$=(A\cup B)\cap(A^{C}\cup B^{C})$

$=\{(A\cup B)\cap A^{C}\}\cup\{(A\cup B)\cap B^{C}\}$

$=\{(A\cap A^{C})\cup(B\cap A^{C})\}\cup\{(A\cap B^{C})\cup(B\cap B^{C})\}$

$=\{\varnothing\cup(B\cap A^{C})\}\cup\{(A\cap B^{C})\cup\varnothing\}$

$=(A-B)\cup(B-A)$

따라서 옳은 것은 ①, ⑤이다. 답 ①, ⑤

Note

⑤ 벤다이어그램으로 나타내면 그림과 같다.

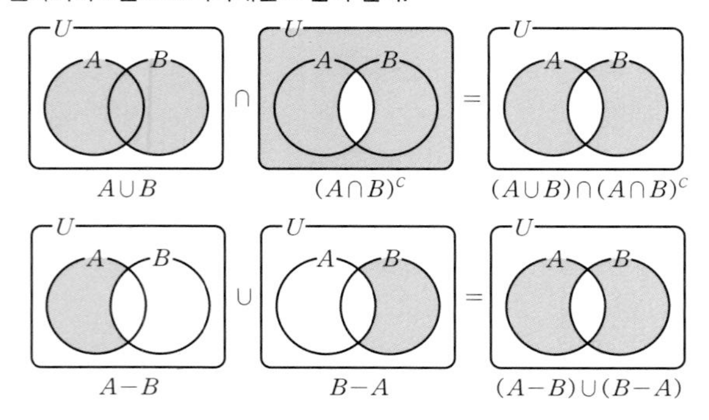

09

[전략] $(f(x)+g(x))^3=(f(x))^3+(g(x))^3$에서 좌변을 전개하여 간단히 정리한다.

$(f(x)+g(x))^3=(f(x))^3+(g(x))^3$에서

$(f(x))^3+(g(x))^3+3f(x)g(x)(f(x)+g(x))$

$=(f(x))^3+(g(x))^3$

$3f(x)g(x)(f(x)+g(x))=0$

$\therefore f(x)=0$ 또는 $g(x)=0$ 또는 $f(x)+g(x)=0$ … ㉮

따라서 $B\subset A$이고 $f(x)+g(x)=0$의 해가 없을 때 $n(C)$는 최소이고, 최솟값은 4이다. … ㉯

단계	채점 기준	배점
㉮	$(f(x)+g(x))^3=(f(x))^3+(g(x))^3$ 정리하기	50%
㉯	$n(C)$의 최솟값 구하기	50%

답 4

10

[전략] $x^2-2ax+2a+3>0$의 해를 바로 구할 수 없으므로 $y=x^2-2ax+2a+3$의 그래프를 이용한다.

$x^2-2x\le 0$에서 $0\le x\le 2$이므로 $A=\{x\,|\,0\le x\le 2\}$

$f(x)=x^2-2ax+2a+3$이라 하자.

$A-B=\varnothing$이므로 $A\subset B$이고, $0\le x\le 2$일 때 $f(x)>0$이다.

$f(x)=(x-a)^2-a^2+2a+3$이므로

(i) $a<0$일 때

$f(0)>0$에서 $2a+3>0$

$\therefore -\frac{3}{2}<a<0$

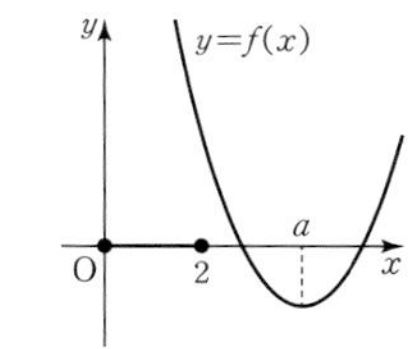

(ii) $a>2$일 때

$f(2)>0$에서 $7-2a>0$

$\therefore 2<a<\frac{7}{2}$

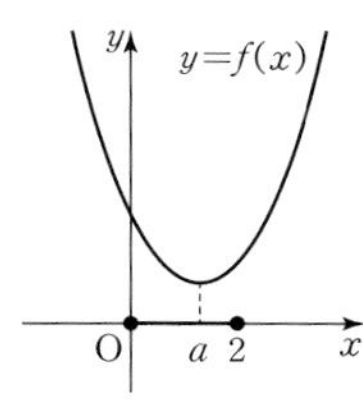

(iii) $0\le a\le 2$일 때

$-a^2+2a+3>0$이므로

$(a+1)(a-3)<0$

$\therefore -1<a<3$

$0\le a\le 2$이므로 $0\le a\le 2$

(i), (ii), (iii)에서 $-\frac{3}{2}<a<\frac{7}{2}$ 답 $-\frac{3}{2}<a<\frac{7}{2}$

11

[전략] $A\subset B$이면 A의 원소가 B의 원소이다.

ㄱ. $A_3=\{2, 3\}$, $B_5=\{1, 5\}$이므로 A_3과 B_5는 서로소이다. (참)

ㄴ. $n\le k$이면 n 이하의 소수가 k 이하의 소수이므로 $A_n\subset A_k$이다. (참)

ㄷ. $B_m\subset B_n$이면 m의 약수가 n의 약수이다.

따라서 m은 n의 약수이고, n은 m의 배수이다. (참)

옳은 것은 ㄱ, ㄴ, ㄷ이다. 답 ⑤

12

[전략] $p\in A_n$ (p는 소수)이면 p와 n은 서로소이므로 n은 p의 배수가 아니다.

$A_5=\{1, 2, 3, 4\}$, $A_8=\{1, 3, 5, 7\}$이므로

$A_5\cap A_8=\{1, 3\}$

곧, $A_4\cap A_k=\{1, 3\}$이고 $A_4=\{1, 3\}$이므로 A_k는 1과 3을 포함하면 된다. 따라서 k는 3의 배수가 아니고 $3<k$이다.

4 이상 20 이하의 자연수 중 3의 배수는 5개이므로 k의 개수는

$17-5=12$ 답 ②

13

[전략] 예를 들어 6과 서로소인 수는 2와 3의 배수가 아니다.

ㄱ. $4=2^2$이므로 4와 서로소이면 2의 배수가 아니다.

따라서 A_4의 원소는 2와 서로소인 수이므로 $A_2=A_4$ (참)

ㄴ. A_3의 원소는 3과 서로소이므로 3의 배수가 아닌 수이고, $A_3{}^{C}$는 3의 배수의 집합이다.

A_4의 원소는 2와 서로소이므로 2의 배수가 아닌 수이고, $A_4{}^{C}$는 2의 배수의 집합이다.

따라서 $A_3{}^{C}\cap A_4{}^{C}$는 6의 배수의 집합이다.

A_6은 6과 서로소이므로 2의 배수도 아니고 3의 배수도 아닌 수이다.

따라서 $A_6=\{1, 5, 7, 11, 13, \cdots\}$

$A_6^C=\{2, 3, 4, 6, 8, \cdots\}$

$\therefore A_3^C \cap A_4^C \neq A_6^C$ (거짓)

ㄷ. $A_2=A_4=A_8$이므로 $A_4 \cap A_8=A_2$

그런데 4와 8의 최소공배수가 8이다. (거짓)

옳은 것은 ㄱ이다. 답 ①

Note

ㄱ. $A_2=\{1, 3, 5, 7, \cdots\}$, $A_4=\{1, 3, 5, 7, \cdots\}$ $\therefore A_2=A_4$

ㄴ. $A_3^C=\{3, 6, 9, 12, 15, 18, \cdots\}$

$A_4^C=A_2^C=\{2, 4, 6, 8, 10, 12, \cdots\}$

ㄷ. m, n의 최소공배수가 l일 때, $A_m \cap A_n=A_l$이다.

그러나 l이 $A_m \cap A_n=A_k$를 만족시키는 최솟값은 아니다.

14

[전략] C의 원소가 $A-B$, $A\cap B$, $B-A$, $(A\cup B)^C$의 원소를 포함할 때, $(C\cap A)\subset(C\cap B)$가 성립하는지 조사한다.

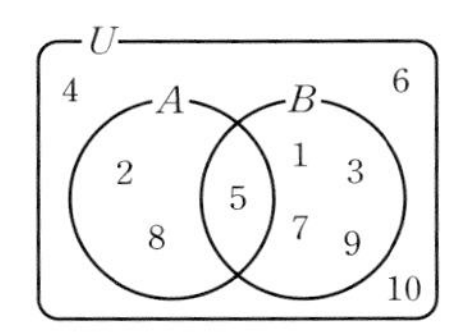

2나 8은 $A-B$의 원소이므로 2나 8이 C의 원소이면 2나 8은 $C\cap A$의 원소이지만 $C\cap B$의 원소가 아니다.

5는 $A\cap B$의 원소이므로 5가 C의 원소이면 5는 $C\cap A$와 $C\cap B$의 원소이다.

나머지 원소가 C의 원소일 때, $C\cap A$의 원소가 아니므로 $(C\cap A)\subset(C\cap B)$가 성립한다.

따라서 C는 2와 8을 포함하지 않고, 나머지 원소는 포함해도 되고 포함하지 않아도 된다.

C의 개수는 $2^{10-2}=256$ 답 ⑤

15

[전략] 짝수인 원소를 한 개는 포함한다.

전체에서 2와 4를 모두 포함하지 않는 경우를 빼거나 2와 4를 포함하는 경우를 나누어 구한다.

원소의 곱이 짝수이면 짝수를 하나라도 포함한다.

따라서 공집합이 아닌 모든 부분집합의 개수에서 원소가 모두 홀수인 집합의 개수를 빼면 되므로

$(2^5-1)-(2^3-1)=31-7=24$ 답 24

다른 풀이

2를 포함하고 4를 포함하지 않는 집합의 개수는 $2^{5-2}=8$

4를 포함하고 2를 포함하지 않는 집합의 개수는 $2^{5-2}=8$

2, 4를 모두 포함하는 집합의 개수는 $2^{5-2}=8$

$\therefore 8+8+8=24$

16

[전략] $A\cap B$를 구하고, $n(A\cap B\cap X)$가 2, 3, …일 때로 나누어 집합 X의 개수를 구한다.

$A\cap X=X$이므로 $X\subset A$

또 $A\cap B=\{1, 3, 5\}$이므로 $n(A\cap B\cap X)\geq 2$이면

$n(A\cap B\cap X)=2$ 또는 $n(A\cap B\cap X)=3$

(i) $n(A\cap B\cap X)=2$일 때

$\{1, 3\}\subset X$이고 $5\not\in X$인 X는 $2^{6-3}=8$ (개)

$\{1, 5\}\subset X$이고 $3\not\in X$인 X는 $2^{6-3}=8$ (개)

$\{3, 5\}\subset X$이고 $1\not\in X$인 X는 $2^{6-3}=8$ (개)

$\therefore 8+8+8=24$

(ii) $n(A\cap B\cap X)=3$일 때

$\{1, 3, 5\}\subset X$이므로 $2^{6-3}=8$ (개)

(i), (ii)에서 $24+8=32$ 답 ⑤

17

[전략] 가장 작은 원소가 1, 2, 3인 경우로 나누어 구할 수도 있고, $f(A)=4, 5, 6$인 경우로 나누어 구할 수도 있다.

(i) A의 가장 작은 원소가 3일 때

3, 7은 포함하고 1, 2는 포함하지 않는 A의 개수는

$2^{7-4}=8$

(ii) A의 가장 작은 원소가 2일 때

1은 포함하지 않고 2, 7을 포함하는 A의 개수는

$2^{7-3}=16$

1, 7은 포함하지 않고 2, 6은 포함하는 A의 개수는

$2^{7-4}=8$

(iii) A의 가장 작은 원소가 1일 때

1, 5는 포함하고 6, 7을 포함하지 않는 A의 개수는

$2^{7-4}=8$

1, 6은 포함하고 7을 포함하지 않는 A의 개수는

$2^{7-3}=16$

1, 7을 포함하는 A의 개수는

$2^{7-2}=32$

(i), (ii), (iii)에서 A의 개수는

$8+16+8+8+16+32=88$ 답 ①

다른 풀이

(i) $f(A)=6$일 때

A의 가장 큰 원소가 7, 가장 작은 원소가 1이므로 1, 7을 포함하면 된다.

따라서 A의 개수는 $2^{7-2}=32$

(ii) $f(A)=5$일 때

A의 가장 큰 원소가 6, 가장 작은 원소가 1이면 1, 6을 포함하고 7을 포함하지 않으므로 A의 개수는

$2^{7-3}=16$

A의 가장 큰 원소가 7, 가장 작은 원소가 2이면 2, 7을 포함하고 1을 포함하지 않으므로 A의 개수는

$2^{7-3}=16$

(iii) $f(A)=4$일 때

A의 가장 큰 원소가 5, 가장 작은 원소가 1이면 1, 5를 포함하고 6, 7을 포함하지 않으므로 A의 개수는

$2^{7-4}=8$

A의 가장 큰 원소가 6, 가장 작은 원소가 2이거나 A의 가장 큰 원소가 7, 가장 작은 원소가 3일 때도 A의 개수는 각각 8

(i), (ii), (iii)에서 A의 개수는 $32+2\times 16+3\times 8=88$

18

[전략] $A\cup X$의 원소의 합이 $B\cup X$의 원소의 합보다 크려면 그림에서 ❶ 부분의 원소의 합이 ❷ 부분의 원소의 합보다 커야 한다.
X가 2 또는 4를 포함하는지를 기준으로 경우를 나눈다.

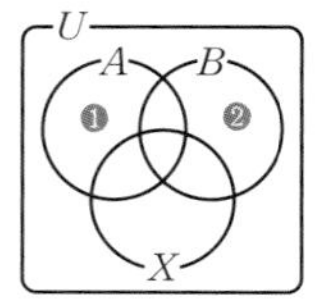

❶에는 1, 3, ❷에는 2, 4가 올 수 있다.

(i) X가 2와 4를 모두 포함할 때
❷의 원소가 없으므로 1 또는 3이 ❶의 원소이면 된다.
X가 1, 3을 포함하지 않는 경우 X의 개수는
$2^{8-4}=16$
X가 1을 포함하고 3을 포함하지 않는 경우 X의 개수는
$2^{8-4}=16$
X가 3을 포함하고 1을 포함하지 않는 경우 X의 개수는
$2^{8-4}=16$
따라서 X의 개수는 $16+16+16=48$ … ㉮

(ii) X가 4를 포함하고 2를 포함하지 않을 때
❷의 원소가 2이므로 ❶에 3이 있어야 하고 X가 3을 포함하지 않는다.
따라서 X의 개수는 $2^{8-3}=32$ … ㉯

(iii) X가 4를 포함하지 않을 때
❷는 4를 포함하므로 $A\cup X$의 원소의 합이 $B\cup X$의 원소의 합보다 클 수 없다. … ㉰

(i), (ii), (iii)에서 X의 개수는
$48+32=80$ … ㉱

단계	채점 기준	배점
㉮	X가 2와 4를 모두 포함할 때 X의 개수 구하기	30%
㉯	X가 4를 포함하고 2를 포함하지 않을 때 X의 개수 구하기	30%
㉰	X가 4를 포함하지 않는 경우 X는 없음을 알기	30%
㉱	X의 개수 구하기	10%

답 80

19

[전략] 1을 포함한 A의 개수, 3을 포함한 A의 개수, …, 6을 포함한 A의 개수를 각각 생각한다.

$1\in A$이고 $2\not\in A$인 A의 개수는 $2^{6-2}=16$
$1\in A$이고 $2\not\in A$인 A 중에서 $3\in A$인 A의 개수는
$2^{6-3}=8$
$1\in A$이고 $2\not\in A$인 A 중에서 4, 5, 6을 포함한 A의 개수도 각각 8이다.
따라서 $S(A)$의 합은 원소 1의 합, 3의 합, …, 6의 합을 모두 합한 값으로 생각할 수 있으므로
$1\times16+3\times8+4\times8+5\times8+6\times8=160$

답 ④

20

[전략] 가장 큰 원소가 2, 3, 4, 5인 집합의 개수를 구한다.

(i) 가장 큰 원소가 2일 때
가장 큰 원소가 2인 집합은 $\{1, 2\}$뿐이므로 가장 큰 원소의 합은 2이다.

(ii) 가장 큰 원소가 3일 때
가장 큰 원소가 3이면 3을 포함하고 4와 5는 포함하지 않는다.
곧, $\{1, 2\}$의 원소가 적어도 1개 있는 부분집합에 3을 더한 것이므로 $2^2-1=3$(개)
따라서 가장 큰 원소의 합은 $3\times3=9$

(iii) 가장 큰 원소가 4일 때
가장 큰 원소가 4이면 4는 포함하고 5는 포함하지 않는다.
곧, $\{1, 2, 3\}$의 원소가 적어도 1개 있는 부분집합에 4를 더한 것이므로 $2^3-1=7$(개)
따라서 가장 큰 원소의 합은 $4\times7=28$

(iv) 가장 큰 원소가 5일 때
가장 큰 원소가 5이면 5를 포함한다.
곧, $\{1, 2, 3, 4\}$의 원소가 적어도 1개 있는 부분집합에 5를 더한 것이므로 $2^4-1=15$(개)
따라서 가장 큰 원소의 합은 $5\times15=75$

(i)~(iv)에서
$2+9+28+75=114$

답 114

21

[전략] 벤다이어그램을 그리고 7, 9, 11이 어디에 속하는지 생각한다.

7, 9, 11은 $A\cap B$ 또는 $B-A$ 또는 $(A\cup B)^C$의 원소이다.
$7\in(A\cap B)$일 때 9는 $A\cap B$ 또는 $B-A$ 또는 $(A\cup B)^C$의 원소이다.
11도 $A\cap B$ 또는 $B-A$ 또는 $(A\cup B)^C$의 원소일 수 있으므로 $3\times3=9$(개)가 가능하다.
$7\in(B-A)$, $7\in(A\cup B)^C$인 경우도 9개씩 가능하므로 순서쌍 (A, B)의 개수는
$9\times3=27$

답 ④

22

[전략] X, Y의 벤다이어그램을 그리고 $X-Y$, $X\cap Y$, $Y-X$의 원소를 생각한다.

$X\cup Y=A$인 경우에서 $X\cap Y=\varnothing$인 경우를 뺀다.

(i) $X\cup Y=A$인 (X, Y)의 개수
A의 원소 1, 2, 3, 4, 5를 각각 ❶, ❷, ❸ 중 어느 한 곳에 넣으면 되므로
$3\times3\times3\times3\times3=243$

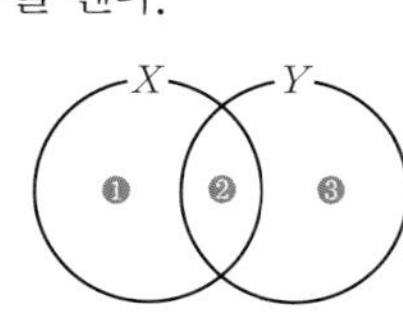

(ii) $X\cap Y=\varnothing$인 (X, Y)의 개수
A의 원소 1, 2, 3, 4, 5를 각각 ❶ 또는 ❸ 중 어느 한 곳에 넣으면 되므로
$2\times2\times2\times2\times2=32$

(i)에서 (ii)인 경우를 빼면 $243-32=211$

답 211

23

[전략] 주어진 △의 정의를 이용하여 $(A\triangle B)\triangle A$를 간단히 한다.

$$\begin{aligned}(A\triangle B)\triangle A&=(A^C\cap B^C)^C\cap A^C\\&=(A\cup B)\cap A^C\\&=(A\cap A^C)\cup(B\cap A^C)\\&=\varnothing\cup(B\cap A^C)\\&=B-A\end{aligned}$$

곧, $B-A=\varnothing$이므로 $B\subset A$

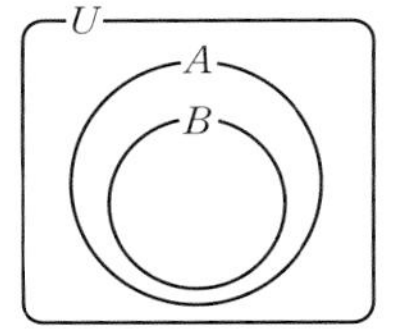

ㄱ. B는 A의 부분집합이므로

가능한 B는 $2^4=16$ (개) (참)

ㄴ. $A\cap B=B$ (거짓)

ㄷ. $B^C\cup A=U$ (참)

옳은 것은 ㄱ, ㄷ이다. 답 ⑤

24

[전략] 연산 법칙을 이용하여 정리하거나 벤다이어그램을 이용하여 조건을 찾는다.

$$\begin{aligned}A\triangle B&=(A\cap B^C)\cup(B\cap A^C)\\&=(A-B)\cup(B-A)\end{aligned}$$

ㄱ. $A\triangle\varnothing=(A\cap\varnothing^C)\cup(\varnothing\cap A^C)=(A\cap U)\cup\varnothing$

$=A\cup\varnothing=A$ (참)

ㄴ. $A\subset B$이면

$A\triangle B=(A-B)\cup(B-A)$

$=\varnothing\cup(B-A)=B-A$ (거짓)

ㄷ. $A\triangle B=A$이면 $(A-B)\cup(B-A)=A$ ⋯ ❶

$x\in(B-A)$이면 $x\notin A$이므로 ❶에 모순이다.

곧, $x\in(B-A)$인 x가 없으므로 $B-A=\varnothing$

이때 ❶은 $A-B=A$이므로 $B=\varnothing$ (참)

옳은 것은 ㄱ, ㄷ이다. 답 ③

Note

ㄷ. $A\triangle B$는 그림에서 색칠한 부분이다.

곧, $A\triangle B=A$이므로

$A\cap B=\varnothing$, $B-A=\varnothing$

$\therefore B=\varnothing$

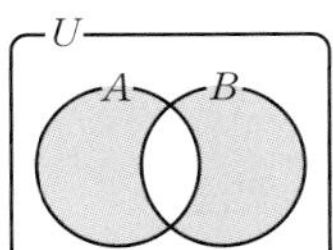

25

[전략] $(A_2\cap A_3)\cup(A_2\cap A_4)$로 정리한 다음 $A_l\cap A_m$은 l과 m의 최소공배수의 배수의 집합임을 이용한다.

$A_l\cap A_m$의 원소는 l의 배수이고 m의 배수이므로 l과 m의 최소공배수의 배수이다.

$$\begin{aligned}\therefore A_2\cap(A_3\cup A_4)&=(A_2\cap A_3)\cup(A_2\cap A_4)\\&=A_6\cup A_4\end{aligned}$$

$A_6\cap A_4=A_{12}$이고

$n(A_6)=16$, $n(A_4)=25$, $n(A_6\cap A_4)=8$

이므로

$$\begin{aligned}n(A_6\cup A_4)&=n(A_6)+n(A_4)-n(A_{12})\\&=16+25-8=33\end{aligned}$$

답 33

26

[전략] 원소의 개수를 알면 부분집합의 개수를 알 수 있으므로 원소의 개수를 미지수로 나타낸다.

$n(A)=6$이므로 $P(A)=2^6$

$n(B)=b$, $n(A\cup B)=c$라 하면

$P(B)=2^b$, $P(A\cup B)=2^c$

$P(A)+P(B)=P(A\cup B)$이므로

$2^6+2^b=2^c$

(i) $b<6$일 때 $2^b(2^{6-b}+1)=2^c$

$2^{6-b}+1$이 2의 거듭제곱이 아니므로 모순이다.

(ii) $b=6$일 때 $2^6+2^6=2^7$이므로 $c=7$

(iii) $b>6$일 때 $2^6(1+2^{b-6})=2^c$

$1+2^{b-6}$이 2의 거듭제곱이 아니므로 모순이다.

(i), (ii), (iii)에서 $n(A)=6$, $n(B)=6$, $n(A\cup B)=7$이므로

$n(A\cap B)=6+6-7=5$ 답 ④

27

[전략] $A\cap B\neq\varnothing$이면 $f(A\cup B)=\dfrac{f(A)f(B)}{f(A\cap B)}$

ㄱ. U의 모든 원소들은 1보다 크므로 $A\subset B$이면

$f(A)\le f(B)$ (참)

ㄴ. $A\cap B=\varnothing$이면 $f(A\cup B)$는 A와 B의 원소를 모두 곱한 값이므로 $f(A\cup B)=f(A)f(B)$ (참)

ㄷ. $A\cup A^C=U$, $A\cap A^C=\varnothing$이므로 ㄴ에 의해

$f(U)=f(A\cup A^C)=f(A)f(A^C)$

$\therefore f(A^C)=\dfrac{f(U)}{f(A)}$ (참)

옳은 것은 ㄱ, ㄴ, ㄷ이다. 답 ⑤

28

[전략] A의 원소 10, 13을 제외한 나머지 원소를 문자로 놓는다.

(다)에서 $A\cap B=\{10, 13\}$이므로 $A=\{x_1, x_2, x_3, 10, 13\}$이라 하면 ⋯ ㉮

$$B=\left\{\frac{x_1+a}{2}, \frac{x_2+a}{2}, \frac{x_3+a}{2}, \frac{10+a}{2}, \frac{13+a}{2}\right\}$$

(가)에서 A의 원소의 합이 28이므로

$x_1+x_2+x_3+10+13=28$

$\therefore x_1+x_2+x_3=5$

따라서 B의 원소의 합은

$$\frac{x_1+x_2+x_3+5a+23}{2}=14+\frac{5}{2}a$$ ⋯ ㉯

그런데

($A\cup B$의 원소의 합)=(A의 원소의 합)+(B의 원소의 합)−($A\cap B$의 원소의 합)

이고, (나)에서 $A\cup B$의 원소의 합은 49이므로

$$49=28+\left(14+\frac{5}{2}a\right)-(10+13)\qquad\therefore a=12$$ ⋯ ㉰

단계	채점 기준	배점
㉮	$A=\{x_1, x_2, x_3, 10, 13\}$으로 놓기	20%
㉯	B의 원소의 합 구하기	40%
㉰	$A\cup B$, $A\cap B$의 원소의 합을 이용하여 a의 값 구하기	40%

답 12

29

[전략] $S(X_1), S(X_2), \cdots, S(X_n)$을 모두 구해서 합을 구하는 문제는 아니다. $X_1, X_2, \cdots, X_n$에 포함된 원소의 규칙을 찾는다.

$A=\{1, 2, 3, 4, 5, 6\}$, $B=\{1, 2, 4, 8\}$이므로 B와 서로소인 A의 부분집합은 1, 2, 4를 포함하지 않는다.
곧, $X_1, X_2, \cdots, X_n$은 $\{3, 5, 6\}$의 부분집합이다.
이때 원소 3을 포함하는 부분집합은 $\{3\}$, $\{3, 5\}$, $\{3, 6\}$, $\{3, 5, 6\}$이므로 4개이고, 마찬가지로 5, 6을 포함하는 집합도 각각 4개씩이다.

$\therefore S(X_1)+S(X_2)+S(X_3)+\cdots+S(X_n)$
$=(3+5+6)\times 4=56$

답 ④

Note
원소 3을 포함하는 부분집합의 개수는 $\{5, 6\}$의 부분집합의 개수와 같으므로 $2^2=4$라 해도 된다.

30

[전략] 예를 들어 5로 나눈 나머지가 1인 수와 5로 나눈 나머지가 4인 수를 더하면 5로 나눈 나머지가 0이다.
이와 같이 5로 나눈 나머지가 같은 수로 구분하여 합을 생각한다.

5로 나누어 나머지가 0, 1, 2, 3, 4인 수의 집합을 각각 R_0, R_1, R_2, R_3, R_4라 하자.
R_1과 R_4의 원소, R_2와 R_3의 원소를 더하면 5의 배수이다.
또 R_0의 두 원소를 더하면 5의 배수이다.
따라서 R_1과 R_4의 원소가 동시에 S의 원소일 수 없고, R_2와 R_3의 원소가 동시에 S의 원소일 수 없다.
또 R_0의 원소는 2개가 S의 원소일 수 없다.
U가 202 이하의 자연수의 집합이므로

$n(R_1)=n(R_2)=41$, $n(R_3)=n(R_4)=40$

따라서 S가 R_1, R_2의 원소를 모두 포함하고 R_0의 원소를 하나만 포함할 때 $n(S)$가 최대이고, 최댓값은 83이다.

답 ④

31

[전략] 비율이 주어진 경우 학급 전체의 학생 수를 x라 하고 주어진 조건을 x로 나타낸다.

학급 전체의 학생 수를 x라 하고, 수학을 신청한 학생의 집합을 A, 영어를 신청한 학생의 집합을 B라 하면

$n(U)=x$, $n(A)=\frac{5}{8}x$, $n(B)=\frac{7}{10}x$

$n(A\cap B)=\frac{2}{5}x$, $n(A^C\cap B^C)=3$ … ㉮

$n(A^C\cap B^C)=n((A\cup B)^C)=n(U)-n(A\cup B)$이므로

$n(A\cup B)=x-3$ … ㉯

$n(A\cup B)=n(A)+n(B)-n(A\cap B)$이므로

$x-3=\frac{5}{8}x+\frac{7}{10}x-\frac{2}{5}x$

$40x-120=25x+28x-16x$

$\therefore x=40$ … ㉰

따라서 방과 후 보충 수업을 신청한 학생 수는

$n(A\cup B)=x-3=37$ … ㉱

단계	채점 기준	배점
㉮	학급 전체의 학생 수를 x라 하고, 수학과 영어를 신청한 학생의 집합을 A, B라 할 때, $n(A)$, $n(B)$를 각각 x로 나타내기	30%
㉯	$A^C\cap B^C$ 또는 $(A\cup B)^C$를 이용하여 $n(A\cup B)$를 x로 나타내기	20%
㉰	$n(A\cup B)=n(A)+n(B)-n(A\cap B)$를 이용하여 x의 값 구하기	30%
㉱	$n(A\cup B)$를 이용하여 보충 수업을 신청한 학생 수 구하기	20%

답 37

32

[전략] $A\triangle B$, $B\triangle C$, $C\triangle A$를 벤다이어그램으로 나타내고 $A\cup B\cup C$, $A\cap B\cap C$와의 관계를 생각한다.

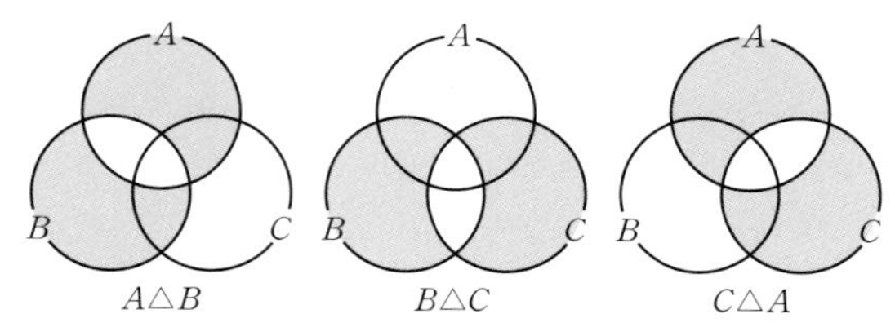

$A\triangle B$, $B\triangle C$, $C\triangle A$를 각각 벤다이어그램으로 나타내면 그림의 색칠한 부분이므로

$n(A\triangle B)+n(B\triangle C)+n(C\triangle A)$
$=2\{n(A\cup B\cup C)-n(A\cap B\cap C)\}$
$20+20+22=2\{40-n(A\cap B\cap C)\}$
$\therefore n(A\cap B\cap C)=40-31=9$

답 ②

33

[전략] 주어진 조건을 벤다이어그램으로 나타낸 후 $n(C-(A\cup B))$가 최소가 되는 경우를 생각한다.

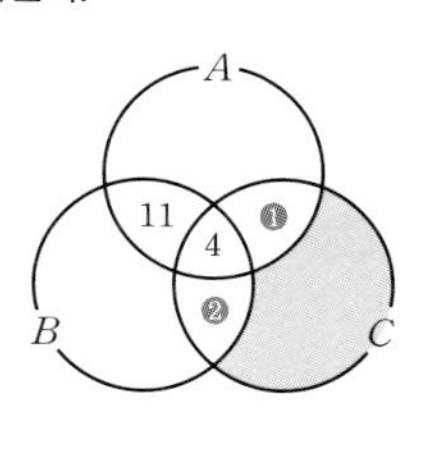

$C-(A\cup B)$를 벤다이어그램으로 나타내면 그림의 색칠한 부분이고, $n(C)=40$이므로 ❶과 ❷의 원소의 개수가 최대일 때 $n(C-(A\cup B))$가 최소이다.
$n(A)=32$이므로 ❶의 원소의 개수의 최댓값은

$32-(11+4)=17$

$n(B)=18$이므로 ❷의 원소의 개수의 최댓값은

$18-(11+4)=3$

$n(C)=40$이므로 $n(C-(A\cup B))$의 최솟값은

$40-(17+4+3)=16$

답 ④

34

[전략] 그림에서 $x+y+z$의 값을 구하는 문제이다. 주어진 조건을 a, b, c, x, y, z로 나타낸다.

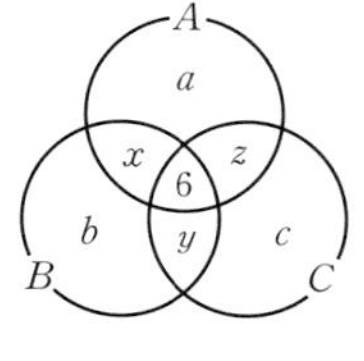

탁구, 배드민턴, 테니스를 좋아하는 학생의 집합을 각각 A, B, C라 하자.
$n(A\cap B\cap C)=6$이므로 그림과 같이 6을 쓰고 나머지 영역의 원소의 개수를 a, b, c, x, y, z라 하자.
이때 $x+y+z$의 값을 구하면 된다.

$n(A\cup B\cup C)=40$이므로

$x+y+z+a+b+c+6=40$ ⋯ ❶

또 $n(A)=21$, $n(B)=29$, $n(C)=16$이므로

$a+x+z+6=21$, $b+x+y+6=29$, $c+y+z+6=16$

변변 더하면

$a+b+c+2(x+y+z)+18=66$ ⋯ ❷

❷$-$❶을 하면 $x+y+z+12=26$

$\therefore x+y+z=14$ 답 ②

다른 풀이

$A\cup B\cup C=U$이므로 $n(A\cup B\cup C)=40$

또 조건에서

$n(A\cap B\cap C)=6$, $n(A)=21$, $n(B)=29$, $n(C)=16$

2종목만 좋아하는 학생 수를 t라 하면

$$t=\{n(A\cap B)-n(A\cap B\cap C)\}+\{n(B\cap C)-n(A\cap B\cap C)\}+\{n(C\cap A)-n(A\cap B\cap C)\}$$
$$=n(A\cap B)+n(B\cap C)+n(C\cap A)-3\times 6$$

그런데

$$n(A\cup B\cup C)=n(A)+n(B)+n(C)-n(A\cap B)-n(B\cap C)-n(C\cap A)+n(A\cap B\cap C)$$

이므로

$40=21+29+16-(t+18)+6$ $\therefore t=14$

35

[전략] 전체 학생 수를 u라 하면 A, B, C 모두 좋아하는 학생 수는 $\frac{16}{100}u$이다.
그림과 같이 쓰고 $x+y+z$의 값을 구한다.

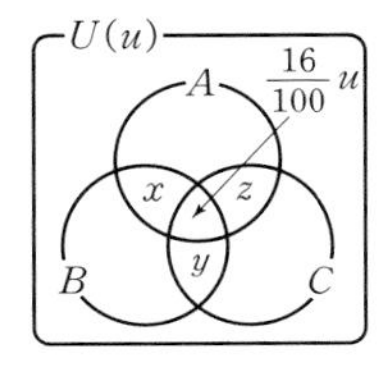

A, B, C를 좋아하는 학생의 집합을 각각 A, B, C라 하자.

전체 학생 수를 u라 하면

$n(A\cap B\cap C)=\frac{16}{100}u$

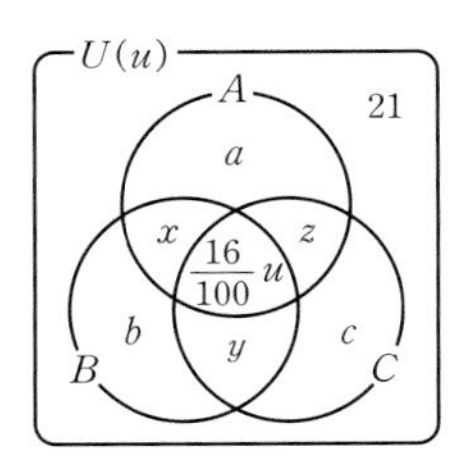

그림과 같이 $\frac{16}{100}u$를 쓰고 나머지 부분의 영역의 개수를 a, b, c, x, y, z라 하자.

한 가지 안만 좋아하는 학생이 전체의 48 %이므로

$a+b+c=\frac{48}{100}u$ ⋯ ❶

$n(A)=\frac{62}{100}u$, $n(B)=\frac{42}{100}u$, $n(C)=\frac{52}{100}u$이므로

$a+x+z+\frac{16}{100}u=\frac{62}{100}u$, $b+x+y+\frac{16}{100}u=\frac{42}{100}u$

$c+y+z+\frac{16}{100}u=\frac{52}{100}u$

변변 더하면 $a+b+c+2(x+y+z)+\frac{48}{100}u=\frac{156}{100}u$

❶을 대입하고 정리하면 $x+y+z=\frac{30}{100}u$

또 $n(A\cup B\cup C)=a+b+c+x+y+z+\frac{16}{100}u$

$=\frac{48}{100}u+\frac{30}{100}u+\frac{16}{100}u=\frac{94}{100}u$

$n((A\cup B\cup C)^C)=21$이므로

$u-\frac{94}{100}u=21$ $\therefore u=350$

따라서 두 가지 안만 좋아하는 학생 수는

$x+y+z=\frac{30}{100}u=105$ 답 105

36

[전략] U의 원소가 양수이므로 $A\cap B$의 원소의 개수가 최대, 최소인 경우로 나누어 생각한다.

(i) U의 원소가 양수이므로 $n(A\cap B)$가 최대일 때만 $A\cap B$의 원소의 합의 최댓값을 생각하면 된다.
$n(A)<n(B)$이므로 $A\cap B=A$일 때 $n(A\cap B)$는 최대이고, 최댓값은 $n(A\cap B)=4$이다.
따라서 $A\cap B=\{7, 8, 9, 10\}$일 때 $A\cap B$의 원소의 합이 최대이고 최댓값은 $7+8+9+10=34$

(ii) U의 원소가 양수이므로 $n(A\cap B)$가 최소일 때만 $A\cap B$의 원소의 합의 최솟값을 생각하면 된다.
$n(A\cap B)=n(A)+n(B)-n(A\cup B)$에서
$n(A)=4$, $n(B)=8$, $n(U)=10$이므로 $n(A\cup B)$의 최댓값은 10이고 $n(A\cap B)$의 최솟값은 $4+8-10=2$이다.
따라서 $A\cap B=\{1, 2\}$일 때 $A\cap B$의 원소의 합은 최소이고, 최솟값은 $1+2=3$

(i), (ii)에서 $A\cap B$의 모든 원소의 합의 최댓값은 34이고, 최솟값은 3이다. 답 최댓값 : 34, 최솟값 : 3

step C 최상위 문제 18~19쪽

01 ④ **02** 0 **03** ② **04** 25 **05** 94
06 ⑤ **07** ③ **08** 최댓값 : 150, 최솟값 : 30

01

[전략] 가능한 $x+y$의 값을 모두 구하고 중복에 대해서 생각한다.

$A=\{1, 2, 3, 4, a\}$, $B=\{1, 3, 5\}$이므로

$X=\{2, 3, 4, 5, 6, 7, 8, 9, a+1, a+3, a+5\}$

이때 $n(X)=10$이므로 $a+1$, $a+3$, $a+5$ 중 하나만 2에서 9까지의 값이다.

$a+3<2$, $2\le a+5\le 9$ 또는 $2\le a+1\le 9$, $a+3>9$

$\therefore -3\le a<-1$ 또는 $6<a\le 8$

a는 정수이므로 $a=-3, -2, 7, 8$이고, 합은 10이다. 답 ④

다른 풀이

$a+1$, $a+3$, $a+5$ 중 하나가 2에서 9까지의 값이므로

$a+1=9$ 또는 $a+1=8$ 또는 $a+5=2$ 또는 $a+5=3$

$\therefore a=8, 7, -3, -2$

02

[전략] $x^3-1=0$의 한 허근을 ω라 하고 A, B, C의 원소를 ω로 나타낸다. 그리고 ω가 $x^2+x+1=0$의 근임을 이용하여 ω와 $\overline{\omega}$의 관계를 구한다.

$x^3-1=0$에서 $(x-1)(x^2+x+1)=0$

$x^2+x+1=0$의 한 근을 ω라 하면 나머지 한 근은 $\overline{\omega}$이다.

근과 계수의 관계에서

$\omega+\overline{\omega}=-1$ … ❶

ω는 $x^2+x+1=0$의 근이므로

$\omega^2+\omega+1=0$ … ❷ … ㉮

❶, ❷에서 $\overline{\omega}=\omega^2$

$\therefore A=\{1, \omega, \omega^2\}$

$\omega\times\omega^2=\omega^3=1$, $\omega^2\times\omega^2=\omega^3\omega=\omega$이므로

$B=\{1, \omega, \omega^2\}$

$1+\omega=-\omega^2$, $1+\omega^2=-\omega$, $\omega+\omega^2=-1$이므로

$C=\{2, 2\omega, 2\omega^2, -1, -\omega, -\omega^2\}$ … ㉯

$B\cap C=\varnothing$이고

B의 원소의 합은 $1+\omega+\omega^2=0$

C의 원소의 합은 $1+\omega+\omega^2=0$

$\therefore$ ($B\cup C$의 원소의 합)$=$(B의 원소의 합)$+$(C의 원소의 합)$=0$ … ㉰

단계	채점 기준	배점
㉮	$x^2+x+1=0$의 한 근이 ω일 때 $\omega+\overline{\omega}=-1$, $\omega^2+\omega+1=0$임을 알기	30%
㉯	ω를 이용하여 A, B, C 구하기	50%
㉰	$B\cup C$의 원소의 합 구하기	20%

답 0

03

[전략] $1\in A$이면 $2\notin A$이고 $4\in A$일 수 있고, $4\in A$이면 $8\notin A$이고 $16\in A$일 수 있다.

$a\in A$이면 $2a\notin A$이다.

A의 원소의 개수가 최대일 때 $4a\in A$이고 $8a\notin A$이다.

또 $16a\in A$이고 $32a\notin A$, $64a\in A$이다.

따라서 U의 원소에서 2의 배수를 빼고,

4의 배수를 넣고 8의 배수를 빼고,

16의 배수를 넣고 32의 배수를 빼고,

64의 배수를 넣으면 A의 원소의 개수가 최대이다.

$\therefore 100-50+25-12+6-3+1=67$

답 ②

04

[전략] x가 양수일 때 $x\in A_5$이면 $x-[x]=\frac{1}{5}$이므로 x의 소수 부분은 $\frac{1}{5}$이다.

$x\in B_5$이면 $x-\langle x\rangle=5$이므로 x의 정수 부분은 5이다.

$B_5\cap(A_5\cup A_6\cup A_7\cup A_8\cup A_9)$

$=(B_5\cap A_5)\cup(B_5\cap A_6)\cup\cdots\cup(B_5\cap A_9)$

이므로

(i) $x\in(B_5\cap A_5)$일 때

$x\in B_5$에서 $x-\langle x\rangle=5$이므로 x의 정수 부분은 5이다.

$x\in A_5$에서 $x-[x]=\frac{1}{5}$이므로 x의 소수 부분은 $\frac{1}{5}$이다.

$\therefore x=5+\frac{1}{5}$

(ii) $x\in(B_5\cap A_6)$일 때

$x\in B_5$이므로 x의 정수 부분은 5이다.

$x\in A_6$에서 $x-[x]=\frac{1}{6}$이므로 x의 소수 부분은 $\frac{1}{6}$이다.

$\therefore x=5+\frac{1}{6}$

(iii) 같은 이유로 $x\in(B_5\cap A_7)$이면 $x=5+\frac{1}{7}$

$x\in(B_5\cap A_8)$이면 $x=5+\frac{1}{8}$

$x\in(B_5\cap A_9)$이면 $x=5+\frac{1}{9}$

(i), (ii), (iii)에서

$B_5\cap(A_5\cup A_6\cup A_7\cup A_8\cup A_9)$

$=\left\{5+\frac{1}{5}, 5+\frac{1}{6}, 5+\frac{1}{7}, 5+\frac{1}{8}, 5+\frac{1}{9}\right\}$

$\therefore a=25+\frac{1}{5}+\frac{1}{6}+\frac{1}{7}+\frac{1}{8}+\frac{1}{9}$

$\frac{1}{5}+\frac{1}{6}+\frac{1}{7}+\frac{1}{8}+\frac{1}{9}<\frac{1}{5}+\frac{1}{5}+\frac{1}{5}+\frac{1}{5}+\frac{1}{5}=1$이므로

$[a]=25$

답 25

05

[전략] S의 원소 중 서로소가 아닌 수는 2, 4, 6, 8과 3, 6, 9이다. 이를 이용하여 분류한다.

2, 4, 6, 8 중 두 개 이상은 동시에 X의 원소가 될 수 없다.

또 3, 6, 9 중 두 개 이상은 동시에 X의 원소가 될 수 없다.

(i) $2\in X$일 때

X의 나머지 원소는 1, 3, 5, 7, 9 중 하나 이상이고 3, 9는 동시에 포함하지 않으므로 X는 $(2^5-1)-2^3=23$ (개)

마찬가지로 $4\in X$, $8\in X$일 때 각각 23개씩이다.

(ii) $6\in X$일 때

X의 나머지 원소는 1, 5, 7 중 하나 이상이므로 X는

$2^3-1=7$ (개)

(iii) $3\in X$일 때

짝수가 원소인 경우는 (i)에 속하므로 나머지 원소는 1, 5, 7 중 하나 이상이다. 곧, X는 $2^3-1=7$ (개)

마찬가지로 $9\in X$일 때 7개이다.

(iv) $3\notin X$이고 $9\notin X$일 때

짝수가 원소인 경우는 (i)에 속하므로 X의 원소는 1, 5, 7 중 2개 이상이다. 따라서 X는

$2^3-(1+3)=4$ (개)

(i)~(iv)에서 $3\times23+7+2\times7+4=94$

답 94

Note
(iii), (iv) 홀수로만 이루어져 있을 때 3, 9를 동시에 포함하는 경우, 원소가 1개 이하인 경우를 제외해야 하므로 X의 개수는
$2^5-(2^3+5+1)=18$

06

[전략] $A-B$의 원소 1, 2와 $B-A$의 원소 4에 주의하면서 $X-A$와 $X-B$의 원소의 합을 생각한다.

ㄱ. $X=S$일 때
$X-A=\{4, 5, 6, \cdots, 10\}$이므로
$f_A(X)=49$
$X-B=\{1, 2, 5, 6, \cdots, 10\}$이므로
$f_B(X)=48$
따라서 $f_A(X)>f_B(X)$이므로 $S\in T$ (참)

ㄴ. $X\in T$이면 $f_A(X)>f_B(X)$
x가 X의 원소일 때 $x\geq 5$이면 $x\in(X-A)$이고 $x\in(X-B)$이다.
또 $X-A$와 $X-B$가 3을 포함할 수 없다.
$x=1$ 또는 $x=2$이면 $x\in(X-B)$이지만 $x\notin(X-A)$이다.
따라서 $f_A(X)>f_B(X)$이려면 $4\in X$이고 $X\cap B\neq\varnothing$이다. (참)

ㄷ. ㄴ에서 $X\in T$이면 $4\in X$이다.
3 또는 5 이상의 수는 X의 원소이어도 되고 아니어도 된다.
1과 2가 X의 원소이면 $X-A$의 원소가 아니고 $X-B$의 원소이지만 $1+2<4$이므로 1과 2는 X의 원소이어도 된다.
따라서 X는 4를 포함하는 S의 부분집합이므로 개수는 $2^9=512$이다. (참)

옳은 것은 ㄱ, ㄴ, ㄷ이다.

답 ⑤

07

[전략] $S(B)+S(C)$에서 B의 원소는 두 번씩 더해진다. 따라서 $C-B$의 원소를 생각한다.

$B\subset C$이므로 $S(B)+S(C)=2S(B)+S(C-B)$
$S(B)+S(C)$와 $2S(B)$는 짝수이므로 $S(C-B)$가 짝수이다.
(i) $C-B=\{1, 2, 3, 4\}$일 때 $B=\varnothing$이므로 0개
(ii) $C-B=\{1, 3, 2\}$일 때 $B=\{4\}$이므로 1개
$C-B=\{1, 3, 4\}$일 때 $B=\{2\}$이므로 1개
(iii) $C-B=\{1, 3\}$일 때 B는 $\{2, 4\}$의 공집합이 아닌 부분집합이므로 $2^2-1=3$
$C-B=\{2, 4\}$일 때 B는 $\{1, 3\}$의 공집합이 아닌 부분집합이므로 $2^2-1=3$
(iv) $C-B=\{2\}$일 때 B는 $\{1, 3, 4\}$의 공집합이 아닌 부분집합이므로 $2^3-1=7$
$C-B=\{4\}$일 때 B는 $\{1, 2, 3\}$의 공집합이 아닌 부분집합이므로 $2^3-1=7$
(v) $C-B=\varnothing$일 때 B는 $\{1, 2, 3, 4\}$의 공집합이 아닌 부분집합이므로 $2^4-1=15$
(i)~(v)에서 순서쌍 (B, C)의 개수는
$2+2\times3+2\times7+15=37$

답 ③

08

[전략] 그림에서 색칠한 부분의 원소의 개수가 최대 또는 최소인 경우를 생각한다.

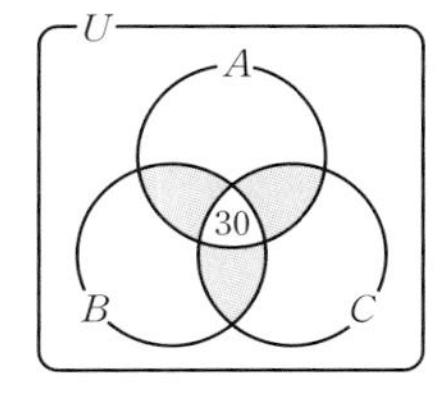

학생 전체의 집합을 U, 봉사 활동 A, B, C를 신청한 학생의 집합을 각각 A, B, C라 하면
$n(U)=300$, $n(A)=110$,
$n(B)=110$, $n(C)=110$,
$n(A\cap B\cap C)=30$
A, B, C를 모두 신청하지 않은 학생 수를 x라 하면
$n((A\cup B\cup C)^C)=x$
또 그림과 같이

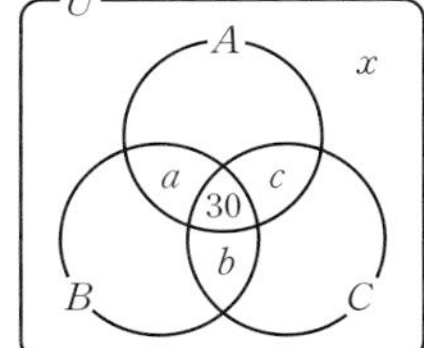

$n((A\cap B)-(A\cap B\cap C))=a$,
$n((B\cap C)-(A\cap B\cap C))=b$,
$n((C\cap A)-(A\cap B\cap C))=c$
라 하면
$n(A\cup B\cup C)$
$=110+110+110-(a+30)-(b+30)-(c+30)+30$
$=270-(a+b+c)$
$\therefore x=300-\{270-(a+b+c)\}$
$=30+(a+b+c)$ ⋯ ❶
(i) $a+b+c$가 최대이면 x가 최대이다.
$a+b+30\leq 110$, $b+c+30\leq 110$, $c+a+30\leq 110$
곧, $a+b\leq 80$, $b+c\leq 80$, $c+a\leq 80$이므로
$2(a+b+c)\leq 240$, $a+b+c\leq 120$
$a+b+c$의 최댓값은 120이고, ❶에서 $x=150$
(ii) $a+b+c$가 최소이면 x가 최소이다.
$a=b=c=0$일 때 $a+b+c$는 최소이고, ❶에서 $x=30$
(i), (ii)에서 x의 최댓값은 150, 최솟값은 30이다.

답 최댓값 : 150, 최솟값 : 30

02. 명제

step A 기본 문제 21~25쪽

01 ③, ⑤	**02** ③	**03** ④	**04** ①	**05** 11
06 $0 \le a \le 1$	**07** ③	**08** ②, ④	**09** ④	**10** ④
11 ③	**12** $-3 \le k \le 1$		**13** ③	**14** ②
15 $-6 < k < 7$		**16** ③	**17** ①, ④	**18** ①
19 $3 < a \le 8$		**20** ①	**21** ②	
22 $1 < a < 2$		**23** ④		
24 $a=1$, $b=-8$, $c=-12$ 또는 $a=-4$, $b=-3$, $c=18$				
25 ③	**26** ②, ③	**27** ④	**28** ②	**29** ②
30 5	**31** ④	**32** 풀이 참조		**33** ②
34 풀이 참조		**35** ③	**36** ④	

01

① [반례] 6은 12의 약수이지만 4의 약수가 아니다. (거짓)
② [반례] 세 변의 길이가 3, 3, 2이면 이등변삼각형이지만 정삼각형이 아니다. (거짓)
③ (참)
④ [반례] $x=-1$이면 $x^2-1=0$이지만 $x^3-1 \ne 0$이다. (거짓)
⑤ a, b가 실수일 때, $a^2+b^2=0$이면
$a=0$이고 $b=0$이므로 $a+b=0$이다. (참)
따라서 참인 명제는 ③, ⑤이다. 답 ③, ⑤

02

① [반례] $x=-\sqrt{2}$이면 $y=0$으로 유리수이다. (거짓)
② [반례] $x=\sqrt{2}$이면 $y=2\sqrt{2}$로 무리수이다. (거짓)
③ $\sqrt{2}$가 무리수이고, 유리수와 무리수의 합은 무리수이다. (참)
④ [반례] $x=0$이면 $y=\sqrt{2}$이므로 $x+y=\sqrt{2}$는 무리수이다. (거짓)
⑤ [반례] $x=-\sqrt{2}$이면 $y=0$이므로 $x+y=-\sqrt{2}$는 무리수이다. (거짓)
따라서 참인 명제는 ③이다. 답 ③

Note
(유리수)+(유리수)=(유리수), (유리수)+(무리수)=(무리수)

03

$x^2+y^2+z^2=0$은 $x=0$이고 $y=0$이고 $z=0$이므로
부정은 $x \ne 0$ 또는 $y \ne 0$ 또는 $z \ne 0$이다.
곧, x, y, z 중 적어도 하나는 0이 아니다. 답 ④

04

조건 p, q, r의 진리집합 P, Q, R를 수직선 위에 나타내면 다음과 같다.

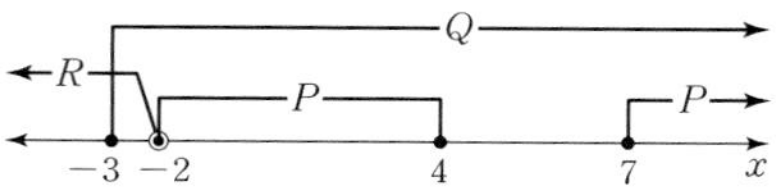

그림에서 $P \subset Q$이므로 $p \longrightarrow q$는 참이다.
$P \not\subset R$, $Q \not\subset P$, $Q \not\subset R$, $R \not\subset P$이므로 나머지는 거짓이다. 답 ①

05

$p : (x-2)^2+(y-2)^2=1$에서 $x-2$, $y-2$가 정수이므로

$$\begin{cases}(x-2)^2=1\\(y-2)^2=0\end{cases} \text{ 또는 } \begin{cases}(x-2)^2=0\\(y-2)^2=1\end{cases}$$

$$\begin{cases}x-2=\pm1\\y-2=0\end{cases} \text{ 또는 } \begin{cases}x-2=0\\y-2=\pm1\end{cases}$$

$0 \le x \le 3$, $0 \le y \le 3$이므로

$(x, y)=(3, 2), (1, 2), (2, 3), (2, 1)$

$q : y=x-1$에서 $0 \le x \le 3$, $0 \le y \le 3$인 정수이므로

$(x, y)=(1, 0), (2, 1), (3, 2)$

$\sim p$이고 $\sim q$의 진리집합은 $P^C \cap Q^C=(P \cup Q)^C$

$n(P)=4$, $n(Q)=3$, $n(P \cap Q)=2$

이므로

$n(P \cup Q)=n(P)+n(Q)-n(P \cap Q)$
$=4+3-2=5$

전체집합을 U라 하면 $n(U)=4 \times 4=16$이므로

$n((P \cup Q)^C)=n(U)-n(P \cup Q)=11$ 답 11

06

p, q의 진리집합을 P, Q라 하면

$P=\{x \mid x \le 0 \text{ 또는 } x \ge 1\}$
$Q=\{x \mid a-1 < x < a+1\}$

$\sim p \longrightarrow q$가 참이면 $P^C \subset Q$이고 $P^C=\{x \mid 0 < x < 1\}$이므로 아래 그림에서

$a-1 \le 0$이고 $a+1 \ge 1$ $\therefore 0 \le a \le 1$

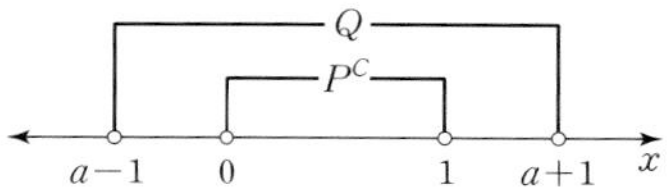

답 $0 \le a \le 1$

07

$p \longrightarrow \sim q$가 참이므로

$P \subset Q^C$ $\therefore P \cap Q=\varnothing$

따라서 옳은 것은 ③이다. 답 ③

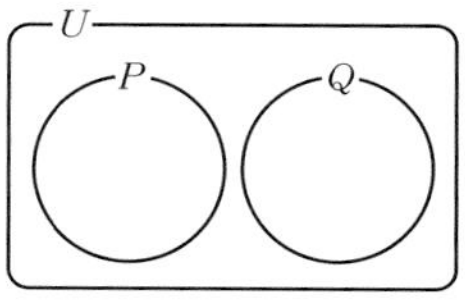

08

① $P^C \not\subset Q$이므로 거짓
② $R^C \subset Q^C$이므로 참
③ $P \not\subset R^C$이므로 거짓
④ $(P \cap R) \subset Q^C$이므로 참
⑤ $(P \cup Q) \not\subset R$이므로 거짓
따라서 참인 명제는 ②, ④이다. 답 ②, ④

09

$\sim p \longrightarrow \sim q$가 거짓이면 $P^C \not\subset Q^C$이므로 P^C의 원소 중 Q^C의 원소가 아닌 것이 있다.
따라서 $\sim p \longrightarrow \sim q$가 거짓임을 보일 수 있는 원소가 속하는 집합은

$P^C \cap (Q^C)^C=P^C \cap Q=Q-P$ 답 ④

Note

$p \longrightarrow q$가 거짓임을 보이는 반례는 $P-Q=P\cap Q^C$의 원소이다.

10

① [반례] $x=0$이면 $x^2=0$이다. (거짓)
② $x^2>11$인 원소 x가 없다. (거짓)
③ [반례] $x=3$이면 $|x+1|>3$이다. (거짓)
④ $x=0$, $y=1$이면 $x^2+y^2=1$이다. (참)
⑤ [반례] $x=0$, $y=0$이면 $x^2+y^2=0$이다. (거짓)
따라서 참인 명제는 ④이다. 답 ④

11

부정은
'어떤 여학생은 아이스크림을 좋아하지 않는다.'
이므로 옳은 것은 ③이다. 답 ③

12

부정은 '모든 실수 x에 대하여 $x^2-2kx-2k+3\geq 0$이다.'
이 명제가 참이면

$$\frac{D}{4}=k^2+2k-3\leq 0$$

$\therefore -3\leq k\leq 1$ 답 $-3\leq k\leq 1$

13

주어진 명제의 참, 거짓을 조사하면 다음과 같다.
ㄱ. [반례] $x=3$이면 $x+1>3$이다. (거짓)
ㄴ. (참)
ㄷ. $x^2+2=0$인 실수는 없다. (거짓)
원래 명제가 거짓이면 부정이 참이다.
따라서 부정이 참인 명제는 ㄱ, ㄷ이다. 답 ③

Note

참, 거짓을 판단하기 쉽지 않은 경우에는 부정의 참, 거짓을 조사해도 된다.

14

(i) '$x>0$인 어떤 실수 x에 대하여 $x+a<0$'에서
$x<-a$인 양수 x가 하나라도 있으므로
$-a>0$ $\quad\therefore a<0$
(ii) '$x<1$인 모든 실수 x에 대하여 $x-a-2\leq 0$'에서
모든 $x<1$인 x에 대하여 $x\leq a+2$이므로
$a+2\geq 1$ $\quad\therefore a\geq -1$
(i), (ii)에서 $-1\leq a<0$ 답 ②

15

p : $(x+3)(x-5)<0$에서 $P=\{x\mid -3<x<5\}$
또 $Q=\{x\mid k-2<x\leq k+3\}$
'어떤 x에 대하여 p이고 q이다.'가 참이려면
p이고 q를 만족시키는 x가 있으므로 $P\cap Q\neq\varnothing$

(i) $k-2<-3$일 때,
$k+3>-3$이므로
$-6<k<-1$

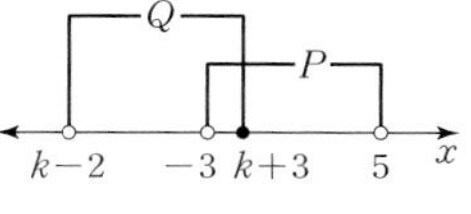

(ii) $k-2\geq -3$일 때,
$k-2<5$이므로
$-1\leq k<7$
(i), (ii)에서 $-6<k<7$ 답 $-6<k<7$

16

P의 원소 중 적어도 하나는 3의 배수이다.
U의 원소 중 3의 배수는 3, 6이므로
(i) $3\in P$, $6\notin P$인 P의 개수는 2^2
(ii) $3\notin P$, $6\in P$인 P의 개수는 2^2
(iii) $3\in P$, $6\in P$인 P의 개수는 2^2
(i), (ii), (iii)에서 P의 개수는 $2^2\times 3=12$ 답 ③

다른 풀이

U의 모든 부분집합의 개수에서 3, 6을 원소로 갖지 않는 부분집합의 개수를 빼면

$$2^4-2^{4-2}=12$$

17

주어진 명제의 참, 거짓을 조사하면 다음과 같다.
① [반례] $x=8$이면 4의 배수이지만 16의 배수가 아니다. (거짓)
② (참)
③ (참)
④ [반례] $x=-1$이면 $x^2>3x$이지만 $x<3$이다. (거짓)
⑤ (참)
원 명제가 거짓이면 대우도 거짓이다.
따라서 대우가 거짓인 명제는 ①, ④이다. 답 ①, ④

Note

③ $xy\neq 0$이면 $x\neq 0$이고 $y\neq 0$이다.
④ $x^2>3x$이면 $x<0$ 또는 $x>3$이다.

18

ㄱ. 역 : n이 자연수일 때, n^2이 홀수이면 n은 홀수이다. (참)
ㄴ. 역 : m, n이 자연수일 때, mn이 짝수이면 $m+n$은 짝수이다.
m이 짝수, n이 홀수이면 mn은 짝수이지만 $m+n$은 홀수이다. (거짓)
ㄷ. 역 : x, y가 실수일 때, $x^2+y^2>0$이면 $xy<0$이다.
$x=1$, $y=1$이면 $x^2+y^2>0$이지만 $xy>0$이다. (거짓)
따라서 역이 참인 명제는 ㄱ이다. 답 ①

19

$p \longrightarrow \sim q$가 참이므로 $P\subset Q^C$
$Q^C=\{x\mid -a<x\leq 4\}$이므로
그림과 같이

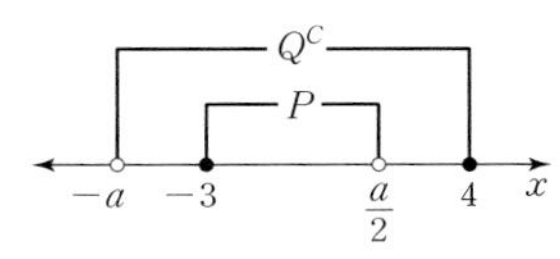

$-a<-3$이고 $\frac{a}{2}\leq 4$ $\quad\therefore 3<a\leq 8$ 답 $3<a\leq 8$

20

대우 '$x-a=0$이면 $x^2-6x+4=0$이다.'가 참이므로

$a^2-6a+4=0$

근과 계수의 관계에서 a의 값의 합은 6이다. 답 ①

21

① $x^2+x-2=0$이면 $x=-2$ 또는 $x=1$

곧, $p \Longrightarrow q$, $p \not\Longleftarrow q$이므로 충분조건

② $xy=0$이면 $x=0$ 또는 $y=0$

$x^2+y^2=0$이면 $x=0$이고 $y=0$

곧, $p \not\Longrightarrow q$, $p \Longleftarrow q$이므로 필요조건

③ $p \Longrightarrow q$, $p \Longleftarrow q$이므로 필요충분조건

④ $xy<0$이면 $\begin{cases} x>0 \\ y<0 \end{cases}$ 또는 $\begin{cases} x<0 \\ y>0 \end{cases}$

곧, $p \Longrightarrow q$, $p \not\Longleftarrow q$이므로 충분조건

[반례] $x=-2$, $y=-3$이면 $x<0$ 또는 $y<0$이지만 $xy>0$이다. 곧, $q \longrightarrow p$는 거짓이다.

⑤ 4는 2의 배수이지만 8의 배수는 아니다.

곧, $p \Longrightarrow q$, $p \not\Longleftarrow q$이므로 충분조건 답 ②

다른 풀이

① $P=\{1\}$, $Q=\{-2, 1\}$

곧, $P \subset Q$이므로 충분조건

⑤ $P=\{8, 16, 24, 32, \cdots\}$, $Q=\{2, 4, 6, 8, \cdots\}$

곧, $P \subset Q$이므로 충분조건

22

$p:(x+5)(x-8)<0$에서 $P=\{x|-5<x<8\}$

$q:(x+4)(x-2)\le 0$에서 $Q=\{x|-4\le x\le 2\}$

$r:-6\le x-a\le 6$에서 $R=\{x|a-6\le x\le a+6\}$

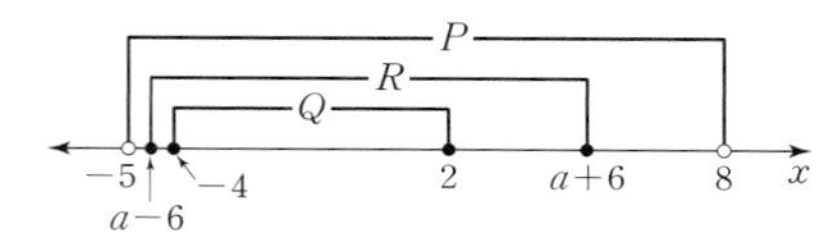

(i) r는 p이기 위한 충분조건이므로 $R\subset P$

$a-6>-5$이고 $a+6<8$ $\quad\therefore 1<a<2$

(ii) r는 q이기 위한 필요조건이므로 $Q\subset R$

$a-6\le -4$이고 $a+6\ge 2$ $\quad\therefore -4\le a\le 2$

(i), (ii)에서 $1<a<2$ 답 $1<a<2$

23

$p: a=0$이고 $b=0$

$q:(a-b)^2=0$에서 $a=b$

$r: a+b=a-b$ 또는 $a+b=-(a-b)$에서

$a=0$ 또는 $b=0$

ㄱ. $R\not\subset Q$, $Q\not\subset R$이므로 아무 조건도 아니다. (거짓)

ㄴ. $P\subset Q$이므로 p는 q이기 위한 충분조건이다. (참)

ㄷ. $Q\cap R=P$이므로 q이고 r는 p이기 위한 필요충분조건이다. (참)

따라서 옳은 것은 ㄴ, ㄷ이다. 답 ④

24

p는 q이기 위한 필요충분조건이므로 $P=Q$

$p:(x+2)(x-3)=0$에서 $P=\{-2, 3\}$

따라서 삼차방정식 $x^3+ax^2+bx+c=0$의 해가 -2, 3이다.

a, b, c가 실수이므로 -2 또는 3 중 하나가 중근이다.

(i) -2가 중근일 때

$$x^3+ax^2+bx+c=(x+2)^2(x-3)=(x^2+4x+4)(x-3)=x^3+x^2-8x-12$$

$\therefore a=1$, $b=-8$, $c=-12$

(ii) 3이 중근일 때

$$x^3+ax^2+bx+c=(x+2)(x-3)^2=(x+2)(x^2-6x+9)=x^3-4x^2-3x+18$$

$\therefore a=-4$, $b=-3$, $c=18$

답 $a=1$, $b=-8$, $c=-12$ 또는 $a=-4$, $b=-3$, $c=18$

25

$\sim q \Longrightarrow p$이므로 $\sim p \Longrightarrow q$

$\sim r \Longrightarrow \sim q$이므로 $q \Longrightarrow r$

$\sim p \Longrightarrow q$이고 $q \Longrightarrow r$이므로 $\sim p \Longrightarrow r$

$\sim p \Longrightarrow r$이므로 $\sim r \Longrightarrow p$ 답 ③

Note

원 명제가 참이면 대우도 참이라는 것과 삼단논법을 이용한다.

(삼단논법) $p \Longrightarrow q$, $q \Longrightarrow r$이면 $p \Longrightarrow r$

26

① $a^2-ab+b^2=\left(a-\frac{b}{2}\right)^2+\frac{3}{4}b^2\ge 0$ (참)

Note

등호는 $a=b=0$일 때 성립한다.

② [반례] $a=-1$, $b=-4$이면 성립하지 않는다.

Note

$a>0$, $b>0$이면 $a+b\ge 2\sqrt{ab}$

③ $a^2+b^2+c^2-ab-bc-ca$

$=\frac{1}{2}\{(a-b)^2+(b-c)^2+(c-a)^2\}\ge 0$

곧, $a=b=c$일 때는 등호가 성립한다. (거짓)

④ (참)

⑤ (참)

따라서 참이 아닌 부등식은 ②, ③이다. 답 ②, ③

절대등급 Note

절댓값 기호가 있는 경우 제곱하여 차를 비교한다.

④ $(|a|+|b|)^2-|a+b|^2$
$=(|a|^2+2|a||b|+|b|^2)-(a+b)^2$
$=(a^2+2|ab|+b^2)-(a^2+2ab+b^2)$
$=2(|ab|-ab)\geq 0$
$\therefore (|a|+|b|)^2\geq|a+b|^2$
$|a|+|b|\geq 0$, $|a+b|\geq 0$이므로
$|a|+|b|\geq|a+b|$
(단, 등호는 $|ab|=ab$, 즉 $ab\geq 0$일 때 성립)

⑤ (i) $|a|<|b|$일 때
좌변은 양수, 우변은 음수이므로 성립한다.
(ii) $|a|\geq|b|$일 때
$|a-b|^2-(|a|-|b|)^2$
$=(a-b)^2-(|a|^2-2|a||b|+|b|^2)$
$=a^2-2ab+b^2-(a^2-2|ab|+b^2)$
$=2(|ab|-ab)\geq 0$
$\therefore |a-b|^2\geq(|a|-|b|)^2$
$|a-b|\geq 0$, $|a|-|b|\geq 0$이므로
$|a-b|\geq|a|-|b|$
(i), (ii)에서
$|a-b|\geq|a|-|b|$
(단, 등호는 $|ab|=ab$, $|a|\geq|b|$일 때 성립)

27

$A>0$, $B>0$, $C>0$이므로 제곱하여 크기를 비교한다.

(i) $A^2-B^2=\dfrac{a^2+b^2}{2}-ab=\dfrac{a^2-2ab+b^2}{2}$
$=\dfrac{(a-b)^2}{2}\geq 0$
$\therefore A\geq B$ (단, 등호는 $a=b$일 때 성립)

(ii) $C^2-A^2=\dfrac{(a^2+b^2)^2}{(a+b)^2}-\dfrac{a^2+b^2}{2}$
$=\dfrac{2(a^2+b^2)^2-(a+b)^2(a^2+b^2)}{2(a+b)^2}$
$=\dfrac{(a^2+b^2)\{2(a^2+b^2)-(a+b)^2\}}{2(a+b)^2}$
$=\dfrac{(a^2+b^2)(a-b)^2}{2(a+b)^2}\geq 0$
$\therefore C\geq A$ (단, 등호는 $a=b$일 때 성립)

(i), (ii)에서 $B\leq A\leq C$ 답 ④

28

$xy>0$이므로

$$\left(4x+\frac{1}{y}\right)\left(\frac{1}{x}+16y\right)=4+16+64xy+\frac{1}{xy}$$
$$\geq 20+2\sqrt{64xy\times\frac{1}{xy}}$$
$$=20+2\times 8=36$$

$\left(\text{단, 등호는 } 64xy=\dfrac{1}{xy}\text{, 곧 } xy=\dfrac{1}{8}\text{일 때 성립}\right)$

따라서 최솟값은 36이다. 답 ②

29

x, y는 실수이므로 $x^2\geq 0$, $y^2\geq 0$이다.
$x^2+3y^2\geq 2\sqrt{3x^2y^2}$
$6\geq 2\sqrt{3}|xy|$, $|xy|\leq\sqrt{3}$
$\therefore -\sqrt{3}\leq xy\leq\sqrt{3}$
등호는 $x^2=3y^2$일 때 성립하고, xy의 최솟값은 $-\sqrt{3}$ 답 ②

30

$a+b=4$이므로

$$\frac{a^2+1}{a}+\frac{b^2+1}{b}=\frac{b(a^2+1)+a(b^2+1)}{ab}$$
$$=\frac{ab(a+b)+a+b}{ab}$$
$$=4+\frac{4}{ab}\quad\cdots ❶$$

$a>0$, $b>0$이므로 $a+b\geq 2\sqrt{ab}$에서 $4\geq 2\sqrt{ab}$
$\sqrt{ab}\leq 2$, $ab\leq 4$
$\dfrac{1}{ab}\geq\dfrac{1}{4}$, $\dfrac{4}{ab}\geq 1$ (단, 등호는 $a=b$일 때 성립)
따라서 ❶의 최솟값은 $4+1=5$ 답 5

다른 풀이

$$\frac{a^2+1}{a}+\frac{b^2+1}{b}=a+b+\frac{1}{a}+\frac{1}{b}$$
$$=4+\frac{1}{a}+\frac{1}{b}\quad\cdots ❷$$

$a+b=4$이고 $\dfrac{b}{a}>0$, $\dfrac{a}{b}>0$이므로

$$4\left(\frac{1}{a}+\frac{1}{b}\right)=(a+b)\left(\frac{1}{a}+\frac{1}{b}\right)$$
$$=2+\frac{b}{a}+\frac{a}{b}$$
$$\geq 2+2\sqrt{\frac{b}{a}\times\frac{a}{b}}=4$$

❷에 대입하면
$$\frac{a^2+1}{a}+\frac{b^2+1}{b}\geq 4+1=5$$
$\left(\text{단, 등호는 }\dfrac{b}{a}=\dfrac{a}{b}\text{, 곧 } a=b\text{일 때 성립}\right)$
따라서 최솟값은 5이다.

31

그림과 같이 직사각형의 가로의 길이를 x m, 세로의 길이를 y m라 하면 넓이는 xy m^2이다.

x m
y m

철망의 길이가 60 m이므로
$2x+5y=60$
$2x>0$, $5y>0$이므로
$2x+5y\geq 2\sqrt{2x\times 5y}$
$60\geq 2\sqrt{10xy}$, $10xy\leq 30^2$
$\therefore xy\leq 90$ (단, 등호는 $2x=5y$일 때 성립)
따라서 넓이의 최댓값은 90 m^2이다. 답 ④

Note

$2x=5y$, $2x+5y=60$이면 $x=15$, $y=6$이다.
곧, 직사각형의 가로의 길이가 15 m, 세로의 길이가 6 m일 때 우리의 넓이는 최대이다.

32

주어진 명제의 대우가 참임을 증명한다.

'[n이 3의 배수가 아니면 n^2은 3의 배수가 아니다.]'

n이 자연수이고 3의 배수가 아니면
$n=3k-1$ 또는 $n=3k-2$(k는 자연수)이다.

(i) $n=3k-1$인 경우

$n^2=9k^2-6k+1=3(\boxed{3k^2-2k})+1$이고

$\boxed{3k^2-2k}$는 자연수이므로 n^2은 3의 배수가 아니다.

(ii) $n=3k-2$인 경우

$n^2=9k^2-12k+4=3(\boxed{3k^2-4k+1})+1$이고

$\boxed{3k^2-4k+1}$은 음이 아닌 정수이므로 n^2은 3의 배수가 아니다.

따라서 주어진 명제는 참이다.

답 대우: n이 3의 배수가 아니면 n^2은 3의 배수가 아니다.
(가): $3k^2-2k$, (나): $3k^2-4k+1$

33

주어진 명제의 결론 'a, b 중 적어도 하나는 짝수이다.'를 부정할 때 모순이 생김을 보인다.

a, b가 모두 [홀수]라 가정하자.

방정식 $x^2+ax-b=0$의 자연수인 근을 m이라 하면

$m^2+am=b$

(i) m이 홀수일 때

m^2은 홀수, am은 두 홀수의 곱이므로 홀수이다.

$b=m^2+am$은 두 홀수의 합이므로 [짝수]이다.

따라서 가정에 모순이다.

(ii) m이 짝수일 때

m^2은 짝수, am은 홀수와 짝수의 곱이므로 [짝수]이다.

$b=m^2+am$은 두 짝수의 합이므로 [짝수]이다.

따라서 가정에 모순이다.

(i), (ii)에서 a, b 중 적어도 하나는 짝수이다. 답 ②

34

$\sqrt{2}$가 유리수라고 가정하면

$\sqrt{2}=\dfrac{n}{m}$ (m, n은 서로소인 자연수) ⋯ ❶

로 놓을 수 있다.

❶의 양변을 제곱하여 정리하면 $2m^2=n^2$ ⋯ ❷

n^2이 짝수이므로 n은 짝수이다.

n이 짝수이므로 $n=2k$(k는 자연수)를 ❷에 대입하면

$2m^2=4k^2$, $m^2=2k^2$

곧, m^2이 짝수이므로 m은 짝수이다.

그러면 m, n이 서로소인 자연수라는 가정에 모순이다.

따라서 $\sqrt{2}$는 무리수이다. 답 풀이 참조

35

(i) 한쪽 면에 홀수가 적혀 있으면 다른 쪽 면에는 자음이 적혀 있어야 하므로 1과 7이 적힌 카드를 확인해야 한다.

(ii) 대우는 '한쪽 면에 알파벳 모음이 적혀 있으면 다른 쪽 면에는 짝수가 적혀 있다.'이므로 a와 i가 적힌 카드를 확인해야 한다.

(i), (ii)에서 1, 7, a, i 답 ③

36

휴대폰을 가지고 있는 사람이 다음과 같은 경우 네 사람이 말한 내용의 참, 거짓을 확인한다.

(i) A인 경우 : A, C의 말이 거짓
(ii) B인 경우 : C의 말이 거짓
(iii) C인 경우 : A, B, D의 말이 거짓
(iv) D인 경우 : A, C의 말이 거짓

이 중 한 사람의 말만 거짓인 경우는 (ii)이므로 거짓말을 한 사람은 C이고, 휴대폰을 가지고 있는 사람은 B이다. 답 ④

다른 풀이

거짓말을 한 사람이 다음과 같은 경우 누가 휴대폰을 가지고 있는지 확인한다.

(i) A 또는 B가 거짓 : 거짓인 사람이 C 말고도 있으므로 D에 모순
(ii) C가 거짓 : A, B, D의 말이 참이고 B가 휴대폰을 가지고 있다.
(iii) D가 거짓 : B와 C의 말이 모순

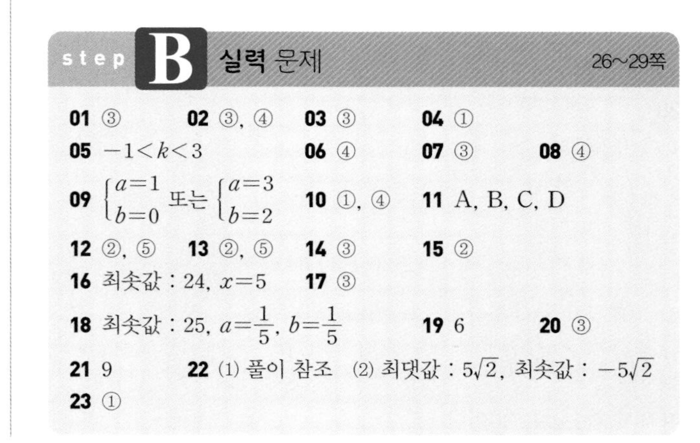

step B 실력 문제 26~29쪽

01 ③	**02** ③, ④	**03** ③	**04** ①	
05 $-1<k<3$		**06** ④	**07** ③	**08** ④
09 $\begin{cases}a=1\\b=0\end{cases}$ 또는 $\begin{cases}a=3\\b=2\end{cases}$		**10** ①, ④	**11** A, B, C, D	
12 ②, ⑤	**13** ②, ⑤	**14** ③	**15** ②	
16 최솟값 : 24, $x=5$		**17** ③		
18 최솟값 : 25, $a=\frac{1}{5}$, $b=\frac{1}{5}$			**19** 6	**20** ③
21 9	**22** (1) 풀이 참조 (2) 최댓값 : $5\sqrt{2}$, 최솟값 : $-5\sqrt{2}$			
23 ①				

01

[전략] 벤다이어그램을 그리고 진리집합의 포함 관계를 조사한다.

$(P\cup Q)\cap R=\varnothing$이므로 전체집합을 U라 하면 벤다이어그램은 그림과 같다.

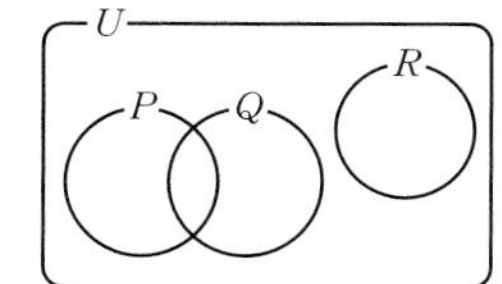

① $P\not\subset Q$ (거짓)

② $Q\not\subset R$ (거짓)

③ $P\subset R^C$ (참)

④ $Q^C\not\subset R$ (거짓)

⑤ $R^C\not\subset P$ (거짓)

답 ③

02

[전략] p 또는 $\sim q$의 진리집합은 $P\cup Q^C$
$\sim p$이고 r의 진리집합은 $P^C\cap R$

$P-Q=\varnothing$에서 $P\subset Q$

$Q^C\cup R=U$에서

$Q\cap R^C=\varnothing,\ Q-R=\varnothing \qquad \therefore Q\subset R$

곧, $P\subset Q\subset R$이므로 $P\cup R=U$에서 $R=U$

따라서 벤다이어그램은 그림과 같다.

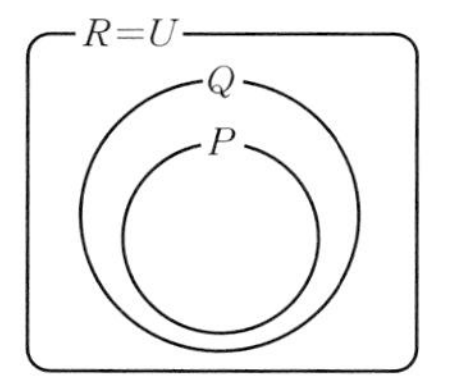

① $R\not\subset P$ (거짓)

② $P^C\not\subset Q$ (거짓)

③ $Q^C\subset R$ (참)

④ $(P\cup Q^C)\subset R$ (참)

⑤ $(P^C\cap R)\not\subset Q$ (거짓)

답 ③, ④

03

[전략] 진리집합의 포함 관계를 이용하여 $P,\ Q,\ R$ 사이의 관계를 구한다.

$\sim p \longrightarrow r$가 참이므로

$P^C\subset R$ … ❶

$r \longrightarrow \sim q$가 참이므로 $R\subset Q^C$ … ❷

$\sim r \longrightarrow q$가 참이므로 $R^C\subset Q \qquad \therefore Q^C\subset R$ … ❸

❷, ❸에서 $R=Q^C$

이때 ❶은 $P^C\subset Q^C \qquad \therefore Q\subset P$

또 $R^C=Q$이고 $Q\subset P$이므로 $P\cap Q=R^C$

답 ③

다른 풀이

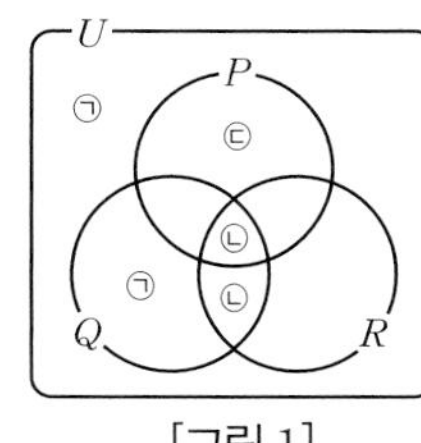

[그림 1]

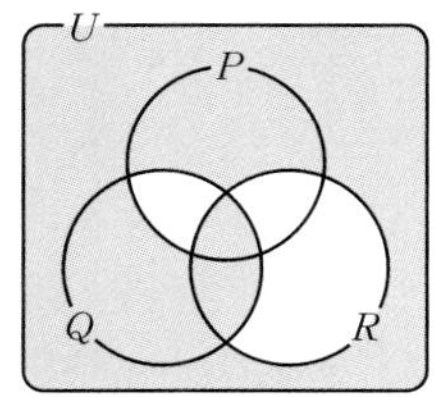

[그림 2]

$\sim p \longrightarrow r$가 참이므로 $P^C\subset R$

곧, [그림 1]에서 ㉠ 부분의 원소가 없다.

$r \longrightarrow \sim q$가 참이므로 $R\subset Q^C$

곧, [그림 1]에서 ㉡ 부분의 원소가 없다.

$\sim r \longrightarrow q$가 참이므로 $R^C\subset Q$

곧, [그림 1]에서 ㉢ 부분의 원소가 없다.

따라서 오른쪽 [그림 2]에서 색칠한 부분의 원소가 없으므로 옳은 것은 ㄱ, ㄷ이다.

04

[전략] 조건 p의 진리집합부터 구한다.

$p:(x^2+3x)(x^2+3x+2)-24=0$에서

$x^2+3x=X$로 놓으면

$X(X+2)-24=0$

$(X+6)(X-4)=0$

$(x^2+3x+6)(x^2+3x-4)=0$

$x^2+3x+6=0$은 허근을 갖는다.

$x^2+3x-4=0$에서 $x=-4$ 또는 $x=1$

$P=\{-4,\ 1\}$이고 $P\subset Q$이므로

$x^2-kx+1\ge 0$에 $x=-4,\ x=1$을 대입하면 성립한다.

$x=-4$일 때, $(-4)^2+4k+1\ge 0$

$\therefore k\ge -\dfrac{17}{4}$ … ❶

$x=1$일 때, $1^2-k+1\ge 0$

$\therefore k\le 2$ … ❷

❶, ❷에서 $-\dfrac{17}{4}\le k\le 2$이므로 k의 최댓값과 최솟값의 합은

$-\dfrac{17}{4}+2=-\dfrac{9}{4}$

답 ①

05

[전략] 부정을 구한 다음 참일 조건을 찾아도 되고,
이 명제가 거짓인 조건을 찾아도 된다.
'어떤 x에 대하여 p'의 부정 ➡ '모든 x에 대하여 $\sim p$'

주어진 명제의 부정

'모든 실수 x에 대하여 $x^2-2kx+k^2-9<0$'

이 참이므로 $0\le x\le 2$에서 $x^2-2kx+k^2-9<0$이다. … ㉮

$f(x)=x^2-2kx+k^2-9$로 놓으면

$y=f(x)$의 그래프는 그림과 같다.

(i) $f(0)<0$이므로

$k^2-9<0 \qquad \therefore -3<k<3$

(ii) $f(2)<0$이므로

$k^2-4k-5<0 \qquad \therefore -1<k<5$

(i), (ii)에서 $-1<k<3$ … ㉯

단계	채점 기준	배점
㉮	주어진 명제의 부정 구하기	40%
㉯	부정이 참일 때 실수 k의 값의 범위 구하기	60%

답 $-1<k<3$

06

[전략] 어떤 x에 대하여 $x\in X$이면 $X\neq\varnothing$
U의 모든 x에 대하여 $x\in X$이면 $X=U$
$x\in X$인 모든 x에 대하여 $x\in Y$이면 $X\subset Y$

(가)에서 $A\cap B\neq\varnothing$

(나)에서 $C\subset B^C \qquad \therefore B\cap C=\varnothing$

(다)에서 $A^C\subset C^C \qquad \therefore C\subset A$

따라서 A, B, C를 벤다이어그램으로 나타내면 그림과 같다.

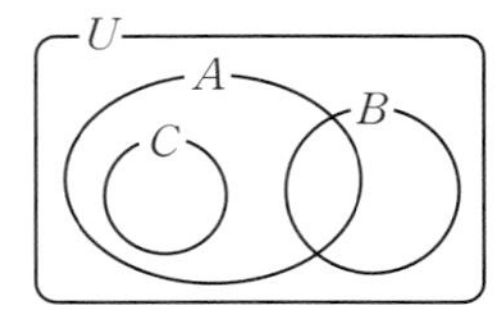

① $A\cap C=C$, $C\subset B^C$이므로 $(A\cap C)\subset B^C$

② $B\cap C=\varnothing$이므로 $A\cap B\cap C=\varnothing$

③ $(B\cap C)^C=\varnothing^C=U$이므로 $B\cap(B\cap C)^C=B$

④ $A^C\cup B\cup C\neq U$

⑤ $A\cup C=A$, $A\cap C=C$이므로
$(A\cup C)-(A\cap C)=A-C=A\cap C^C$

따라서 옳지 않은 것은 ④이다. 답 ④

07

[전략] $|x|+|y|=k$와 $x^2+y^2=4$를 동시에 만족하는 (x, y)가 있다.
➡ 두 도형의 그래프가 만난다.

주어진 명제가 참이므로 좌표평면에서 도형 $|x|+|y|=k$와 원 $x^2+y^2=4$가 만난다.

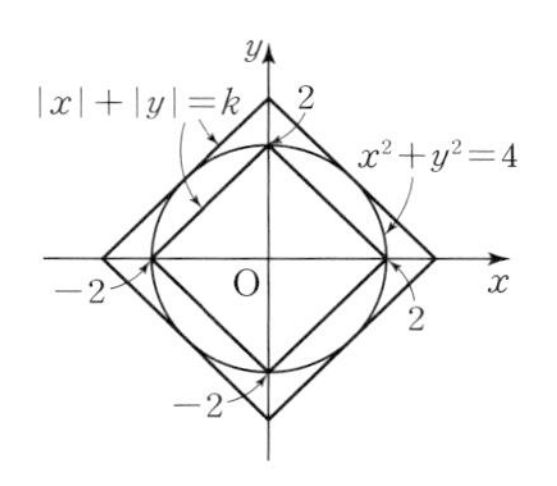

$|x|\ge 0$, $|y|\ge 0$이므로 $k\ge 0$이다.

(i) 도형 $|x|+|y|=k$가 점 $(2, 0)$을 지날 때 k는 최소이고
$k=2$이다. $\therefore m=2$

(ii) 직선 $x+y=k$가 원 $x^2+y^2=4$와 접할 때 k는 최대이다.
원의 중심 $(0, 0)$과 직선 $x+y=k$ 사이의 거리가 2이므로

$$\frac{|k|}{\sqrt{1^2+1^2}}=2,\ |k|=2\sqrt{2}$$

$k>0$이므로 $k=2\sqrt{2}$ $\therefore M=2\sqrt{2}$

(i), (ii)에서 $m^2+M^2=2^2+(2\sqrt{2})^2=12$ 답 ③

Note

$|x|+|y|=k\ (k>0)$에서
$x\ge 0$, $y\ge 0$일 때 $x+y=k$
$x\ge 0$, $y<0$일 때 $x-y=k$
$x<0$, $y\ge 0$일 때 $x-y=-k$
$x<0$, $y<0$일 때 $x+y=-k$
따라서 그래프는 오른쪽과 같다.

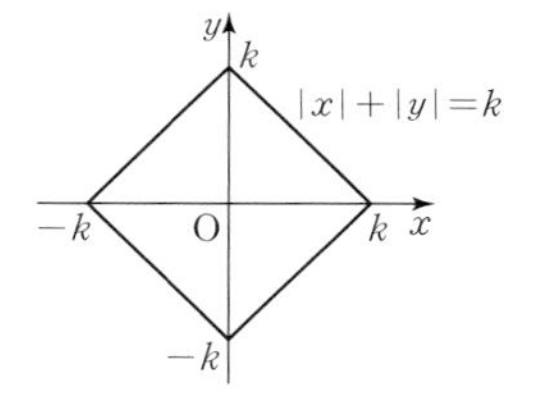

08

[전략] 대우를 구해 참, 거짓을 조사해도 되고,
대우의 참, 거짓은 원 명제의 참, 거짓과 같음을 이용해도 된다.

원 명제와 역이 모두 참인 명제를 찾으면 된다.

① 역 : 이등변삼각형이면 정삼각형이다. (거짓)
대우 : 원 명제가 참이므로 참이다. (참)

② 역 : $a+b>2$이면 $a>1$이고 $b>1$이다.
[반례] $a=3$, $b=0$이면 $a+b>2$이지만 $b<1$이다. (거짓)
대우 : 원 명제가 참이므로 참이다. (참)

③ 역 : $a>0$이고 $b>0$이면 $ab>0$이다. (참)
대우 : $a\le 0$ 또는 $b\le 0$이면 $ab\le 0$이다.
[반례] $a=-1$, $b=-2$이면 $a\le 0$ 또는 $b\le 0$이지만 $ab>0$이다. (거짓)

④ 역 : $a=0$이고 $b=0$이면 $|a|+|b|=0$이다. (참)
대우 : 원 명제가 참이므로 참이다. (참)

⑤ 역 : $a\neq 2$ 또는 $b\neq 4$이면 $ab\neq 8$이다.
[반례] $a=4$, $b=2$이면 $a\neq 2$ 또는 $b\neq 4$이지만 $ab=8$이다. (거짓)
대우 : $a=2$이고 $b=4$이면 $ab=8$이다. (참)

따라서 역과 대우가 모두 참인 명제는 ④이다. 답 ④

Note

④ $|a|\ge 0$, $|b|\ge 0$이므로
$|a|+|b|=0$이면 $|a|=0$이고 $|b|=0$
곧, $a=0$이고 $b=0$이다.

09

[전략] $p \longrightarrow q$의 역과 대우가 모두 참이면 $P\subset Q$이고 $Q\subset P$

역 $q \longrightarrow p$가 참이므로 $Q\subset P$
대우가 참이면 $p \longrightarrow q$도 참이다. 곧, $P\subset Q$
$\therefore P=Q$ … ㉮

따라서 $a<x<a+4b+1$, $b+1<x<ab+2a$에서
$a=b+1$이고 $a+4b+1=ab+2a$이다.
두 식에서 a를 소거하면

$b+1+4b+1=(b+1)b+2(b+1)$

$b^2-2b=0$ $\therefore b=0$ 또는 $b=2$

$\therefore \begin{cases} a=1 \\ b=0 \end{cases}$ 또는 $\begin{cases} a=3 \\ b=2 \end{cases}$ … ㉯

단계	채점 기준	배점
㉮	명제 $p \longrightarrow q$의 역과 대우가 모두 참이면 $P=Q$임을 알기	40%
㉯	$P=Q$를 만족시키는 a, b의 값 모두 구하기	60%

답 $\begin{cases} a=1 \\ b=0 \end{cases}$ 또는 $\begin{cases} a=3 \\ b=2 \end{cases}$

10

[전략] p, $\sim q$, s, $\sim r$를 오른쪽과 같이 쓴다.
그리고 $\Longrightarrow$를 이용하여 주어진 조건을 나타내고
대우의 성질과 삼단논법을 이용한다.

$p \Longrightarrow \sim q$
$s \quad \sim r$

조건에서 $p\Longrightarrow \sim q$, $\sim s\Longrightarrow r$이므로 대우를 생각하면
$q\Longrightarrow \sim p$, $\sim r\Longrightarrow s$
$\sim r\Longrightarrow \sim q$일 조건을 찾아야 하므로
p, $\sim q$, $\sim r$, s와 참인 명제를 오른쪽과 같이 나타내자.

$p \Longrightarrow \sim q$
$s \Longleftarrow \sim r$

따라서 $s\Longrightarrow p$ 또는 $\sim r\Longrightarrow p$ 또는 $s\Longrightarrow \sim q$이면 삼단논법에 의해 $\sim r\Longrightarrow \sim q$이다.
또 대우 $\sim p\Longrightarrow \sim s$ 또는 $\sim p\Longrightarrow r$ 또는 $q\Longrightarrow \sim s$도 가능하다. 답 ①, ④

11

[전략] A, B, C, D가 문제를 푼 경우를 a, b, c, d라 하고 조건을 정리한다.

A, B, C, D가 문제를 푼 경우를 a, b, c, d라 하자.

(가) $a \Longrightarrow c$

(나) $\sim b \Longrightarrow \sim c$

(다) $d \Longrightarrow a$

(라) ($\sim a$ 또는 b) $\Longrightarrow d$

(나)에서 $c \Longrightarrow b$이므로 (가), (나), (다)를 정리하면 오른쪽과 같다.

$$\begin{array}{ccc} a & \Longrightarrow & c \\ \Uparrow & & \Downarrow \\ d & & b \end{array}$$

(라)에서 $\sim a$이면 d이고 (다)에서 a이므로 모순이다.

b이면 d이고 a, c이다.

따라서 네 학생 모두 문제를 풀었다. 답 A, B, C, D

12

[전략] p는 q이기 위한 충분조건이면 $P \subset Q$
필요조건이면 $P \supset Q$

q는 $\sim p$이기 위한 충분조건이므로 $Q \subset P^C$

곧, $x \in Q$이면 $x \not\in P$이므로

$P \cap Q = \varnothing$

q는 $\sim p$이기 위한 필요조건이 아니므로 $Q \not\supset P^C$

곧, $x \not\in P$이고 $x \not\in Q$인 x가 있으므로

$P^C \cap Q^C \neq \varnothing$, $P \cup Q \neq U$

따라서 옳은 것은 ②, ⑤이다. 답 ②, ⑤

13

[전략] 모든 집합 C에 대하여 $A \cap C = A$이면 $A = \varnothing$
모든 집합 C에 대하여 $A \cup C = A$이면 $A = U$

① 명제도 참이고 역도 참이므로 필요충분조건이다. (참)

② 그림과 같을 때

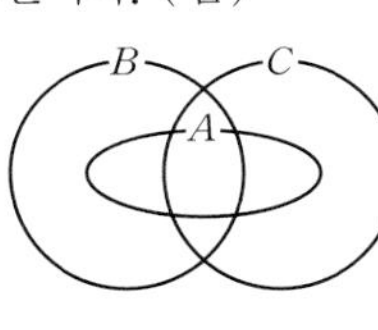

$A \subset (B \cup C)$이지만

$A \subset B$도 아니고 $A \subset C$도 아니다.

역은 성립하므로 필요조건이다. (거짓)

③ $C = \varnothing$일 때도 $A \cup C = C$이므로 $A = \varnothing$이다. (참)

④ $x \in (A-B)$일 때 $C = \{x\}$이면 $x \in (A \cap C)$이지만 $x \not\in (B \cap C)$이다.

따라서 $A - B = \varnothing$이다.

같은 이유로 $B - A = \varnothing$이므로 $A = B$이다. (참)

⑤ $A = \{1, 2, 3\}$, $B = \{2, 3\}$, $C = \{2, 3, 4\}$ 이면 $(A \cap C) \subset (B \cap C)$이지만 $A \not\subset B$이다. (거짓)

따라서 옳지 않은 것은 ②, ⑤이다. 답 ②, ⑤

14

[전략] $q \longrightarrow \sim p$가 참이므로 $Q \subset P^C$이다.
Q, P^C를 구하고 수직선 위에서 비교한다.

$q \longrightarrow \sim p$가 참이므로 $Q \subset P^C$이다.

$\sim p : (x+3)(x-5) \le 0$에서 $P^C = \{x \mid -3 \le x \le 5\}$

$q : (x-a)(x-2) \le 0$

이때 다음 세 경우를 생각할 수 있다.

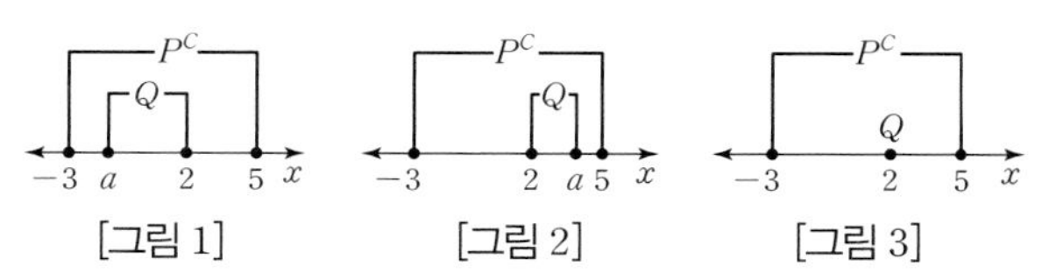

[그림 1] [그림 2] [그림 3]

(i) $a < 2$일 때

$Q = \{x \mid a \le x \le 2\}$이고 [그림 1]에서 $-3 \le a < 2$

(ii) $a > 2$일 때

$Q = \{x \mid 2 \le x \le a\}$이고 [그림 2]에서 $2 < a \le 5$

(iii) $a = 2$일 때 $Q = \{2\}$이므로 $Q \subset P^C$

(i), (ii), (iii)에서 $-3 \le a \le 5$

따라서 정수 a는 9개이다. 답 ③

15

[전략] A, B의 대소 관계는 $A-B$의 부호를 조사한다.
근호가 있는 경우 양변을 제곱하여 비교한다.

ㄱ. $\left(\frac{1}{a}+\frac{1}{b}\right)-\frac{4}{a+b}=\frac{a+b}{ab}-\frac{4}{a+b}$

$=\frac{(a+b)^2-4ab}{ab(a+b)}$

$=\frac{(a-b)^2}{ab(a+b)} \ge 0$

$\therefore \frac{1}{a}+\frac{1}{b} \ge \frac{4}{a+b}$ (단, 등호는 $a=b$일 때 성립) (참)

ㄴ. $(\sqrt{a}+\sqrt{b})^2-(\sqrt{a+b})^2=a+2\sqrt{ab}+b-(a+b)$

$=2\sqrt{ab}>0$

$\sqrt{a}+\sqrt{b}>0$, $\sqrt{a+b}>0$이므로 $\sqrt{a}+\sqrt{b}>\sqrt{a+b}$ (참)

ㄷ. $x^2+y^2+z^2 \ge xy+yz+zx$에서

$x=\sqrt{a}$, $y=\sqrt{b}$, $z=\sqrt{c}$를 대입하면

$a+b+c \ge \sqrt{ab}+\sqrt{bc}+\sqrt{ca}$

(단, 등호는 $a=b=c$일 때 성립)

등호가 성립하므로 거짓이다.

따라서 옳은 것은 ㄱ, ㄴ이다. 답 ②

16

[전략] $x-2>0$이므로 $a(x-2)+\frac{b}{x-2}$를 포함하는 꼴로 고쳐
산술평균과 기하평균의 관계를 이용한다.

$\frac{3x^2-6x+27}{x-2}=\frac{3x(x-2)+27}{x-2}=3x+\frac{27}{x-2}$

$=3(x-2)+\frac{27}{x-2}+6$ ··· ㉮

$x-2>0$이므로

$3(x-2)+\frac{27}{x-2}+6 \ge 2\sqrt{3(x-2)\times\frac{27}{x-2}}+6$

$=2\times 9+6=24$ ··· ㉯

등호가 성립하려면 $3(x-2)=\frac{27}{x-2}$, $(x-2)^2=9$

$x>2$이므로 $x-2=3$ $\quad \therefore x=5$ ··· ㉰

따라서 $x=5$일 때 최소이고, 최솟값은 24이다.

단계	채점 기준	배점
㉮	산술평균과 기하평균의 관계를 이용할 수 있는 꼴로 고치기	30%
㉯	최솟값 구하기	40%
㉰	최솟값을 가질 때의 x의 값 구하기	30%

답 최솟값 : 24, $x=5$

17

[전략] $x+y$를 한 문자로 보고 정리하면 쉽다.

$x+y$를 한 문자로 보고 전개하면

$$\left(\frac{1}{x+y}+\frac{1}{z}\right)(x+y+9z)=1+\frac{9z}{x+y}+\frac{x+y}{z}+9$$
$$=10+\frac{9z}{x+y}+\frac{x+y}{z}$$

$x+y>0$, $z>0$이므로

$$10+\frac{9z}{x+y}+\frac{x+y}{z}\ge 10+2\sqrt{\frac{9z}{x+y}\times\frac{x+y}{z}}$$
$$=10+2\times 3=16$$

$\left(\text{단, 등호는 }\frac{9z}{x+y}=\frac{x+y}{z}\text{, 곧 }9z^2=(x+y)^2\text{일 때 성립}\right)$

따라서 최솟값은 16이다. 답 ③

18 빈출

[전략] $(3a+2b)\left(\frac{3}{a}+\frac{2}{b}\right)$를 이용한다.

$3a+2b=1$이고 $\frac{b}{a}>0$, $\frac{a}{b}>0$이므로

$$\frac{3}{a}+\frac{2}{b}=(3a+2b)\left(\frac{3}{a}+\frac{2}{b}\right)=9+\frac{6a}{b}+\frac{6b}{a}+4$$
$$\ge 13+2\sqrt{\frac{6a}{b}\times\frac{6b}{a}}=13+2\times 6=25$$

등호가 성립하려면 $\frac{6a}{b}=\frac{6b}{a}$, $a^2=b^2$

$a>0$, $b>0$이므로 $a=b$

$3a+2b=1$에 대입하면 $a=\frac{1}{5}$, $b=\frac{1}{5}$

따라서 $a=\frac{1}{5}$, $b=\frac{1}{5}$일 때 최소이고, 최솟값은 25이다.

답 최솟값 : 25, $a=\frac{1}{5}$, $b=\frac{1}{5}$

다른 풀이

코시-슈바르츠 부등식에서

$$(3a+2b)\left(\frac{3}{a}+\frac{2}{b}\right)\ge\left(\sqrt{3a}\times\sqrt{\frac{3}{a}}+\sqrt{2b}\times\sqrt{\frac{2}{b}}\right)^2$$
$$=(3+2)^2=25$$

$\left(\text{단, 등호는 }\frac{3a}{\frac{3}{a}}=\frac{2b}{\frac{2}{b}}\text{, 곧 }a^2=b^2\text{일 때 성립}\right)$

$3a+2b=1$이므로 $\frac{3}{a}+\frac{2}{b}\ge 25$

따라서 최솟값은 25이다.

19

[전략] a, b의 합이 주어진 꼴은 아니지만, 산술평균과 기하평균을 이용하면 $2a+3b+ab-18=0$에서 ab나 $\sqrt{ab}$에 대한 부등식을 얻을 수 있다.

$2a+3b=18-ab$이고

$2a+3b\ge 2\sqrt{2a\times 3b}$ (단, 등호는 $2a=3b$일 때 성립)

이므로 $18-ab\ge 2\sqrt{6ab}$

$\sqrt{ab}=t$ $(t>0)$라 하면

$18-t^2\ge 2\sqrt{6}t$, $t^2+2\sqrt{6}t-18\le 0$

$(t+3\sqrt{6})(t-\sqrt{6})\le 0$

$\therefore -3\sqrt{6}\le t\le\sqrt{6}$

$t>0$이므로 $0<t\le\sqrt{6}$

곧, $0<\sqrt{ab}\le\sqrt{6}$이므로 $0<ab\le 6$

따라서 ab의 최댓값은 6이다. 답 6

다른 풀이

$(a+3)(b+2)=24$에서 $a=\frac{24}{b+2}-3$이므로

$$ab=\frac{24b}{b+2}-3b=24+6-\left\{\frac{48}{b+2}+3(b+2)\right\}$$

$$\frac{48}{b+2}+3(b+2)\ge 2\sqrt{\frac{48}{b+2}\times 3(b+2)}=24\text{이므로}$$

$ab\le 30-24=6$

$\left(\text{단, 등호는 }\frac{48}{b+2}=3(b+2)\text{, 곧 }a=3,\ b=2\text{일 때 성립}\right)$

따라서 ab의 최댓값은 6이다.

20

[전략] 점 $(2, 8)$을 지나는 직선의 방정식을 $y-8=m(x-2)$로 놓고 A, B의 좌표를 m으로 나타낸다.
또는 $\frac{x}{a}+\frac{y}{b}=1$에서 A, B의 좌표를 a, b로 나타낸 다음 a, b의 관계를 이용한다.

직선 $\frac{x}{a}+\frac{y}{b}=1$에서

x절편은 a, y절편은 b이므로

A$(a, 0)$, B$(0, b)$

직선이 점 $(2, 8)$을 지나므로 직선의 방정식을

$y-8=m(x-2)$ $\cdots$ ❶

로 놓자.

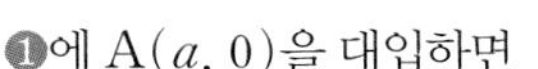

❶에 A$(a, 0)$을 대입하면

$-8=m(a-2)$ $\therefore a=-\frac{8}{m}+2$

❶에 B$(0, b)$를 대입하면

$b-8=-2m$ $\therefore b=-2m+8$

$\therefore \overline{OA}+\overline{OB}=a+b=10-\frac{8}{m}-2m$

$a>0$, $b>0$이므로 $m<0$, $-\frac{8}{m}>0$, $-2m>0$

$$\therefore \overline{OA}+\overline{OB}\ge 10+2\sqrt{\left(-\frac{8}{m}\right)\times(-2m)}$$
$$=10+2\times 4=18$$

$\left(\text{단, 등호는 }-\frac{8}{m}=-2m\text{, 곧 }m=-2\text{일 때 성립}\right)$

따라서 최솟값은 18이다. 답 ③

다른풀이

점 $(2,\ 8)$을 지나므로 $\dfrac{2}{a}+\dfrac{8}{b}=1$ $\quad\cdots$ ❷

$$\therefore\ \overline{\mathrm{OA}}+\overline{\mathrm{OB}}=a+b=(a+b)\left(\frac{2}{a}+\frac{8}{b}\right)\ (\because ❷)$$

$$=10+\frac{8a}{b}+\frac{2b}{a}$$

$$\geq 10+2\sqrt{\frac{8a}{b}\times\frac{2b}{a}}=18$$

$\left(\text{단, 등호는 } \dfrac{8a}{b}=\dfrac{2b}{a}\text{일 때 성립}\right)$

21

[전략] $\overline{\mathrm{PM}}=x$, $\overline{\mathrm{PN}}=y$로 놓고 x, y의 관계부터 구한다.

$\overline{\mathrm{PM}}=x$, $\overline{\mathrm{PN}}=y$라 하자.

$\triangle\mathrm{ABC}=\triangle\mathrm{PAB}+\triangle\mathrm{PAC}$이므로

$$\frac{1}{2}\times 6\times 3\times\sin 30^\circ$$

$$=\frac{1}{2}\times 3\times x+\frac{1}{2}\times 6\times y$$

$$\therefore\ x+2y=3$$

$x>0$, $y>0$이므로

$$\frac{3}{\overline{\mathrm{PM}}}+\frac{6}{\overline{\mathrm{PN}}}=\frac{3}{x}+\frac{6}{y}$$

$$=3\left(\frac{1}{x}+\frac{2}{y}\right)$$

$$=(x+2y)\left(\frac{1}{x}+\frac{2}{y}\right)$$

$$=1+\frac{2x}{y}+\frac{2y}{x}+4$$

$$\geq 5+2\sqrt{\frac{2x}{y}\times\frac{2y}{x}}=9$$

$\left(\text{단, 등호는 } \dfrac{2x}{y}=\dfrac{2y}{x}\text{, 곧 } x=y\text{일 때 성립}\right)$

따라서 최솟값은 9이다. 답 9

Note

삼각형 ABC의 넓이

$$\triangle\mathrm{ABC}=\frac{1}{2}bc\sin A$$

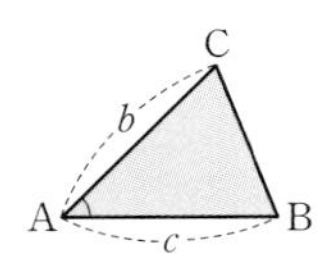

22

[전략] (1) $A\geq B$의 증명은 $A-B\geq 0$을 이용한다.
(2) (1)의 결과를 이용한다.

(1) $(a^2+b^2)(x^2+y^2)-(ax+by)^2$

$$=(a^2x^2+a^2y^2+b^2x^2+b^2y^2)-(a^2x^2+2abxy+b^2y^2)$$

$$=a^2y^2-2abxy+b^2x^2$$

$$=(ay-bx)^2\geq 0$$

$$\therefore\ (a^2+b^2)(x^2+y^2)\geq(ax+by)^2$$

$\left(\text{단, 등호는 } ay-bx=0\text{, 곧 } \dfrac{a}{x}=\dfrac{b}{y}\text{일 때 성립}\right)$

(2) $(a^2+4b^2)(3^2+1^2)\geq(3a+2b)^2$

$\left(\text{단, 등호는 } \dfrac{a}{3}=\dfrac{2b}{1}\text{일 때 성립}\right)$

에서 $5\times 10\geq(3a+2b)^2$

$$\therefore\ -5\sqrt{2}\leq 3a+2b\leq 5\sqrt{2}$$

$\dfrac{a}{3}=\dfrac{2b}{1}$에서 $a=6b$를 $a^2+4b^2=5$에 대입하면

$$b^2=\frac{1}{8},\ b=\pm\frac{\sqrt{2}}{4}$$

따라서 $a=6b=\dfrac{3\sqrt{2}}{2}$일 때 최댓값은 $5\sqrt{2}$,

$a=6b=-\dfrac{3\sqrt{2}}{2}$일 때 최솟값은 $-5\sqrt{2}$

답 (1) 풀이 참조 (2) 최댓값 : $5\sqrt{2}$, 최솟값 : $-5\sqrt{2}$

Note

다음을 코시-슈바르츠 부등식이라 한다.

$(a^2+b^2)(x^2+y^2)\geq(ax+by)^2$ $\left(\text{단, 등호는 } \dfrac{a}{x}=\dfrac{b}{y}\text{일 때 성립}\right)$

$(a^2+b^2+c^2)(x^2+y^2+z^2)\geq(ax+by+cz)^2$

$\left(\text{단, 등호는 } \dfrac{a}{x}=\dfrac{b}{y}=\dfrac{c}{z}\text{일 때 성립}\right)$

23

[전략] m이 짝수이거나 n이 홀수라 가정했으므로 귀류법을 이용하는 증명이다. 따라서 가정 'm^4+4^n이 소수이고 $m\neq 1$ 또는 $n\neq 1$'에 모순이라는 것을 보인다.

(i) m이 짝수이면 $m=2j$ (j는 자연수)라 할 수 있다.

$$m^4+4^n=2^4j^4+4^n=4\times(4j^4+4^{n-1})$$

$4j^4+4^{n-1}$은 자연수이므로 m^4+4^n은 4의 배수이다.

곧, m^4+4^n은 소수가 아니다.

따라서 가정에 모순이므로 m은 홀수이다.

(ii) n이 홀수이면 $n=2k-1$ (k는 자연수)라 할 수 있다.

$$m^4+4^n=m^4+4^{2k-1}=m^4+4\times 4^{2(k-1)}$$

$$=m^4+4m^2\times 4^{k-1}+4\times(4^{k-1})^2-4m^2\times 4^{k-1}$$

$$=(m^2+2\times 4^{k-1})^2-(2m\times 2^{k-1})^2$$

$$=(m^2-m\times 2^k+2\times 4^{k-1})$$

$$\times(m^2+m\times 2^k+2\times 4^{k-1})$$

m^4+4^n은 소수이므로

$m^2-m\times 2^k+2\times 4^{k-1}=1$ 또는

$m^2+m\times 2^k+2\times 4^{k-1}=1$

그런데 $m^2+m\times 2^k+2\times 4^{k-1}>1$이므로

$m^2-m\times 2^k+2\times 4^{k-1}=1$

또 $m^2-m\times 2^k+2\times 4^{k-1}$

$$=m^2-2m\times 2^{k-1}+4^{k-1}+4^{k-1}$$

$$=(m-2^{k-1})^2+4^{k-1}=1$$

이고 $4^{k-1}\geq 1$이므로

$$m-2^{k-1}=0,\ 4^{k-1}=1$$

$$\therefore\ k=1,\ m=1$$

따라서 $m=n=1$이고, 가정에 모순이므로 n은 짝수이다.

(i), (ii)에서 주어진 명제는 참이다. 답 ①

step C 최상위 문제 30~31쪽

01 $m<2$, $n>3$ **02** ④ **03** ③ **04** ①
05 ③ **06** $-1+\frac{4\sqrt{6}}{5}$ **07** 풀이 참조
08 풀이 참조 **09** (1) 12 (2) 12

01

[전략] $y=x^2+2$와 $y=m(2x-1)$, $y=n(2x-1)$의 그래프를 그리고 부등식이 성립할 조건을 찾는다.

$f(x)=x^2+2$, $g(x)=m(2x-1)$, $h(x)=n(2x-1)$이라 하자.

$U=\{x\,|\,1\leq x\leq 3\}$이므로 $1\leq x\leq 3$에서 $y=f(x)$의 그래프가 $y=g(x)$의 그래프보다 위쪽에 있고 $y=h(x)$의 그래프보다 아래쪽에 있다.

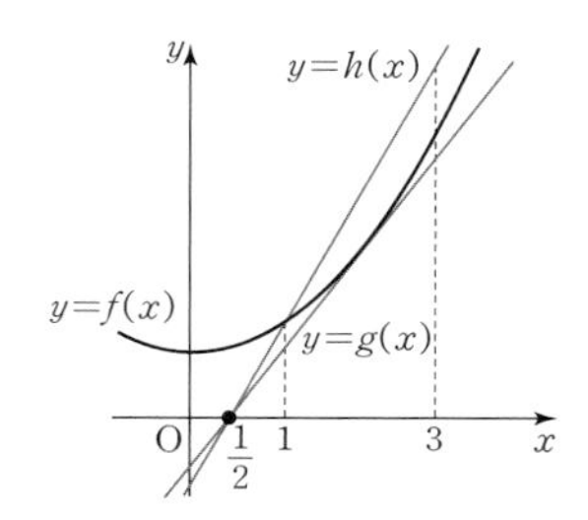

$y=m(2x-1)$, $y=n(2x-1)$은 점 $\left(\frac{1}{2}, 0\right)$을 지나는 직선이다.

(i) $f(1)=3$이므로 직선 $y=h(x)$가 점 $(1, 3)$을 지날 때

$3=n$

(ii) $f(3)=11$이므로 직선 $y=h(x)$가 점 $(3, 11)$을 지날 때

$11=5n \qquad \therefore n=\frac{11}{5}$

(iii) 직선 $y=g(x)$가 $y=f(x)$의 그래프에 접할 때

$x^2+2=m(2x-1)$, $x^2-2mx+m+2=0$

에서 $\frac{D}{4}=m^2-m-2=0$

$\therefore m=-1$ 또는 $m=2$

(i), (ii)에서 $f(x)<h(x)$이면 $n>3$

(iii)에서 $g(x)<f(x)$이면 $m<2$

답 $m<2$, $n>3$

02

[전략] $\angle\mathrm{APB}=90°$인 점 P가 그리는 도형과 직선 l의 교점이 있으면 된다.

$\angle\mathrm{APB}=90°$이므로 P는 선분 AB가 지름인 원 위의 점이다.

선분 AB의 중점을 C라 하면 $\mathrm{C}(2, 0)$이고 $\overline{\mathrm{CA}}=\sqrt{5}$이므로 P는 원 $C : (x-2)^2+y^2=5$ 위를 움직인다.

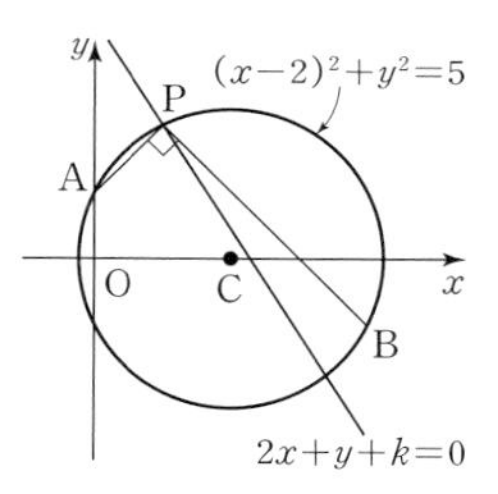

따라서 원 C와 직선 l의 교점이 있으면 주어진 명제가 참이다.

중심 $\mathrm{C}(2, 0)$과 직선 $2x+y+k=0$ 사이의 거리를 생각하면

$\frac{|4+k|}{\sqrt{2^2+1}}\leq\sqrt{5}$, $|4+k|\leq 5$

$\therefore -9\leq k\leq 1$

따라서 k의 최댓값과 최솟값의 합은

$1+(-9)=-8$

답 ④

03

[전략] $ax^2-bx+c=0$의 해를 α, β라 하면 $cx^2-bx+a=0$의 해는 $\frac{1}{\alpha}$, $\frac{1}{\beta}$이다.

a, b, c가 모두 양수이므로 $ax^2-bx+c=0$에서

(두 근의 합)$=\frac{b}{a}>0$, (두 근의 곱)$=\frac{c}{a}>0$

따라서 실수 t가 방정식 $ax^2-bx+c=0$의 근이면 $t>0$이다.

$at^2-bt+c=0$에서 양변을 t^2으로 나누면

$a-b\left(\frac{1}{t}\right)+c\left(\frac{1}{t}\right)^2=0$

이므로 $\frac{1}{t}$은 $cx^2-bx+a=0$의 근이다.

따라서 P가 공집합이 아닐 때

$P=\{x\,|\,\alpha<x<\beta\}$ $(0<\alpha<\beta)$라 하면 $Q=\left\{x\,\middle|\,\frac{1}{\beta}<x<\frac{1}{\alpha}\right\}$

또 $R=\{1\}$이다.

ㄱ. $R\subset P$이면 $\alpha<1<\beta$이므로 $\frac{1}{\beta}<1<\frac{1}{\alpha}$이다.

$\therefore R\subset Q$ (참)

ㄴ. $P=\varnothing$이면 $Q=\varnothing$이므로 $P\cap Q=\varnothing$이고 $P\cup Q\neq\varnothing$이면 $P\neq\varnothing$, $Q\neq\varnothing$이다.

이때 $P\cap Q=\varnothing$이면 $\beta<\frac{1}{\beta}$ 또는 $\frac{1}{\alpha}<\alpha$

$\beta<\frac{1}{\beta}$이면 $\beta>0$이므로 $\beta<1$, $\frac{1}{\beta}>1$

$\therefore 1\notin P$이고 $1\notin Q$

$\frac{1}{\alpha}<\alpha$이면 $\alpha>0$이므로 $\alpha>1$, $\frac{1}{\alpha}<1$

$\therefore 1\notin P$이고 $1\notin Q$

어느 경우도 $R\subset P$ 또는 $R\subset Q$가 아니다. (거짓)

ㄷ. $\alpha\geq 1$ 또는 $\beta\leq 1$이면 $P\cap Q=\varnothing$이다.

따라서 $P\cap Q\neq\varnothing$이면 $\alpha<1<\beta$이다.

이때 $\frac{1}{\beta}<1<\frac{1}{\alpha}$이므로 $1\in(P\cap Q)$

$\therefore R\subset(P\cap Q)$ (참)

따라서 옳은 것은 ㄱ, ㄷ이다.

답 ③

04

[전략] 분모 x^2+y^2+1이 소거되는 꼴로 고쳐 산술평균과 기하평균의 관계를 이용한다.

$2x^2+y^2-2x+\frac{25}{x^2+y^2+1}$

$=x^2+y^2+1+\frac{25}{x^2+y^2+1}+(x-1)^2-2 \qquad \cdots$ ❶

에서 $x^2+y^2+1>0$이므로

$x^2+y^2+1+\frac{25}{x^2+y^2+1}\geq 2\sqrt{25}=10$

등호가 성립할 때

$x^2+y^2+1=\frac{25}{x^2+y^2+1}$, $(x^2+y^2+1)^2=25$

$x^2+y^2+1>0$이므로 $x^2+y^2=4 \qquad \cdots$ ❷

x는 실수이므로 $(x-1)^2 \ge 0$이고 등호는 $x=1$일 때 성립한다.

따라서 $x^2+y^2+1+\dfrac{25}{x^2+y^2+1}$는 $-2 \le x \le 2$일 때 최소이고 $(x-1)^2$은 $x=1$일 때 최소이므로 ❶은 $x=1$일 때 최소이다.

$x=1$을 ❷에 대입하면 $y=\pm\sqrt{3}$

따라서 ❶의 최솟값은 $x=1$, $y=\pm\sqrt{3}$일 때 $10-2=8$이므로

$a=1$, $b^2=3$, $m=8$ $\quad \therefore ab^2m=24$

답 ①

05

[전략] 직사각형 A의 가로의 길이를 x, 세로의 길이를 y라 하고 A, B, C, D를 구한다.

ㄱ. (거짓) 그림과 같이 정사각형을 나누면

$A=\dfrac{3}{4}\times\dfrac{1}{2}=\dfrac{3}{8}>\dfrac{1}{4}$

$C=\dfrac{3}{4}\times\dfrac{1}{2}=\dfrac{3}{8}>\dfrac{1}{4}$

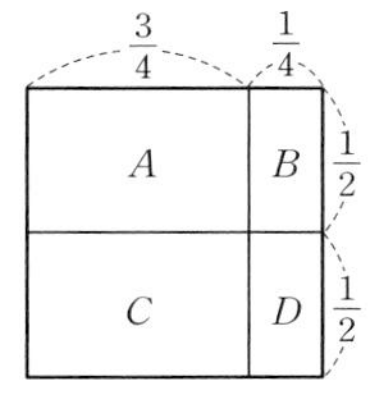

ㄴ. (거짓) 그림과 같이 정사각형을 나누면

$A=\dfrac{2}{3}\times\dfrac{1}{3}=\dfrac{2}{9}<\dfrac{1}{4}$

$D=\dfrac{1}{3}\times\dfrac{2}{3}=\dfrac{2}{9}<\dfrac{1}{4}$

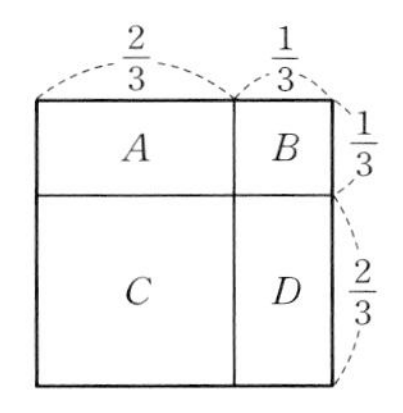

ㄷ. (참) 그림과 같이 정사각형을 나누면

$A=xy$

$D=(1-x)(1-y)$

$=1-(x+y)+xy$

$x>0$, $y>0$에서 $x+y \ge 2\sqrt{xy}$이므로

$D \le 1-2\sqrt{xy}+xy$

$=(1-\sqrt{xy})^2$ (단, 등호는 $x=y$일 때 성립)

곧, $A>\dfrac{1}{4}$이면 $xy>\dfrac{1}{4}$이므로 $D<\left(1-\sqrt{\dfrac{1}{4}}\right)^2=\dfrac{1}{4}$

따라서 옳은 것은 ㄷ이다.

답 ③

06

[전략] $\triangle$PBQ, $\triangle$APR, $\triangle$QCR의 넓이의 합을 생각한다.

$\overline{\text{BP}}=x$, $\overline{\text{BQ}}=y$라 하면

$\triangle\text{PBQ}=\dfrac{1}{2}xy$,

$\triangle\text{ABC}=\dfrac{1}{2}\times3\times4=6$

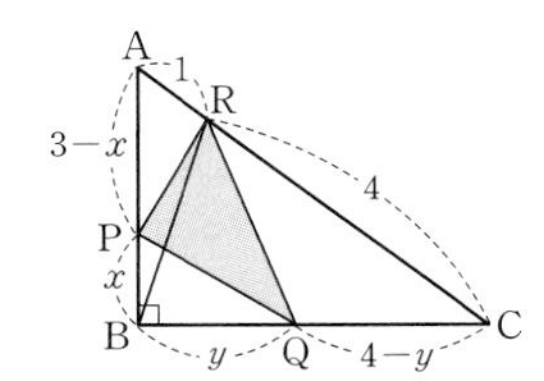

이므로 조건에서 $\dfrac{1}{2}xy=6\times\dfrac{1}{6}$

$\therefore xy=2 \quad \cdots$ ❶

선분 BR는 삼각형 ABC의 넓이를 $1:4$로 나누므로

$\triangle\text{ABR}=6\times\dfrac{1}{5}$, $\triangle\text{BCR}=6\times\dfrac{4}{5}$

선분 PR는 삼각형 ABR의 넓이를 $(3-x):x$로 나누므로

$\triangle\text{APR}=6\times\dfrac{1}{5}\times\dfrac{3-x}{3}=\dfrac{6-2x}{5}$

선분 QR는 $\triangle$BCR의 넓이를 $y:(4-y)$로 나누므로

$\triangle\text{QCR}=6\times\dfrac{4}{5}\times\dfrac{4-y}{4}=\dfrac{24-6y}{5}$

$\therefore \triangle\text{PQR}=\triangle\text{ABC}-(\triangle\text{PBQ}+\triangle\text{APR}+\triangle\text{QCR})$

$=6-\left(1+\dfrac{6-2x}{5}+\dfrac{24-6y}{5}\right)$

$=-1+\dfrac{2}{5}(x+3y)$

$\ge -1+\dfrac{2}{5}\times2\sqrt{3xy}=-1+\dfrac{4\sqrt{6}}{5}$ ($\because$ ❶)

(단, 등호는 $x=3y$일 때 성립)

따라서 삼각형 PQR의 넓이의 최솟값은 $-1+\dfrac{4\sqrt{6}}{5}$

답 $-1+\dfrac{4\sqrt{6}}{5}$

07

[전략] 귀류법을 이용한다.

무리수가 아니면 $\dfrac{q}{p}$ (p, q는 서로소인 자연수)로 놓을 수 있다.

$\sqrt{n^2-1}$이 무리수가 아니라고 가정하자.

$n \ge 2$이므로

$\sqrt{n^2-1}=\dfrac{q}{p}$ (p, q는 서로소인 자연수)

로 놓을 수 있다.

양변을 제곱하여 정리하면

$p^2(n^2-1)=q^2 \quad \cdots$ ❶

그런데 p, q가 서로소이면 p^2, q^2도 서로소이고 ❶에서 n^2-1이 자연수이므로 $p=1$이다.

❶에 $p=1$을 대입하면

$n^2-1=q^2$, $n^2=q^2+1$

q가 자연수일 때 $q^2<q^2+1<(q+1)^2$이므로

$q^2<n^2<(q+1)^2 \quad \therefore q<n<q+1$

이 부등식을 만족하는 자연수 q, n은 없다.

따라서 $\sqrt{n^2-1}=\dfrac{q}{p}$ (p, q는 서로소인 자연수)로 나타낼 수 없으므로 $\sqrt{n^2-1}$은 무리수이다.

답 풀이 참조

08

[전략] 정수 x, y가 있다고 가정하고 모순이 생김을 보인다.
그리고 1004가 짝수이므로 x, y는 모두 짝수이거나 모두 홀수임을 이용한다.

$x^2+y^2=1004$인 정수 x, y가 있다고 가정하자.

(i) $x=2k+1$, $y=2l$ (k, l은 정수)일 때

$x^2+y^2=1004$에 대입하면

$4k^2+4k+1+4l^2=1004$

좌변은 홀수, 우변은 짝수이므로 모순이다.

(ii) $x=2k$, $y=2l+1$ (k, l은 정수)일 때도

좌변은 홀수, 우변은 짝수이므로 모순이다.

(iii) $x=2k+1$, $y=2l+1$ (k, l은 정수)일 때

$x^2+y^2=1004$에 대입하면

$$4k^2+4k+1+4l^2+4l+1=1004$$

$$\therefore 2(k^2+l^2+k+l)=501$$

좌변은 짝수, 우변은 홀수이므로 모순이다.

(iv) $x=2k$, $y=2l$ (k, l은 정수)일 때

$x^2+y^2=1004$에 대입하면

$$4k^2+4l^2=1004,\ k^2+l^2=251$$

이 식에서 우변은 홀수이므로 k^2과 l^2 중 하나는 홀수이고 하나는 짝수이다.

$k=2k'+1$, $l=2l'$ (k', l'은 정수)라 하고 $k^2+l^2=251$에 대입하면

$$4k'^2+4k'+1+4l'^2=251$$

$$2(k'^2+k'+l'^2)=125$$

좌변은 짝수, 우변은 홀수이므로 모순이다.

$k=2k'$, $l=2l'+1$ (k', l'은 정수)인 경우도 모순이 생긴다.

(i), (ii), (iii), (iv)에서 $x^2+y^2=1004$인 정수 x, y는 없다.

답 풀이 참조

09

[전략] 삼각형 ABC의 넓이는 삼각형 PAB, PBC, PCA의 넓이의 합임을 이용하여 x, y, z의 관계를 구한다.

정삼각형의 한 변의 길이를 a라 하면

$\triangle ABC = \triangle PAB + \triangle PBC + \triangle PCA$이므로

$$\frac{1}{2}a\times 6=\frac{1}{2}ax+\frac{1}{2}ay+\frac{1}{2}az$$

$$\therefore x+y+z=6 \quad \cdots ❶$$

(1) $(x^2+y^2+z^2)(1^2+1^2+1^2)\ge(x+y+z)^2$

(단, 등호는 $x=y=z$일 때 성립)

❶을 대입하면

$$3(x^2+y^2+z^2)\ge 36$$

따라서 $x^2+y^2+z^2$의 최솟값은 12

(2) $(x+y+z)^2-3(xy+yz+zx)$

$=x^2+y^2+z^2-xy-yz-zx\ge 0$

이므로 $(x+y+z)^2\ge 3(xy+yz+zx)$

(단, 등호는 $x=y=z$일 때 성립)

❶을 대입하면

$$36\ge 3(xy+yz+zx)$$

따라서 $xy+yz+zx$의 최댓값은 12

답 (1) 12 (2) 12

Ⅱ. 함수와 그래프

03. 함수

step A 기본 문제 35~39쪽

01 ③, ④	**02** $\{2, 3, 4\}$		**03** ④	
04 $a=-1$, $b=-\frac{1}{2}$		**05** $k<-1$ 또는 $k>1$		
06 ①	**07** ④	**08** $f(3)=1$, $g(3)=3$		**09** ④
10 ⑤	**11** 24	**12** ⑤	**13** -10	**14** ①
15 ②	**16** (1) $h(x)=\frac{3}{2}x+4$ (2) $k(x)=\frac{3}{2}x+\frac{19}{2}$			
17 $(3, 3)$	**18** ③	**19** ①	**20** ④	
21 최댓값 : 17, 최솟값 : 13			**22** 5	**23** 18
24 ⑤	**25** ④	**26** $A=\left\{0, 1, \frac{3}{2}, 2\right\}$		**27** ②
28 ⑤	**29** ①	**30** $-\frac{2}{15}$	**31** ①	**32** ②
33 ③	**34** ①	**35** ②	**36** $a=-1$, $b=7$	
37 ③	**38** ②	**39** $\frac{-2+6\sqrt{2}}{15}$		**40** ③

01

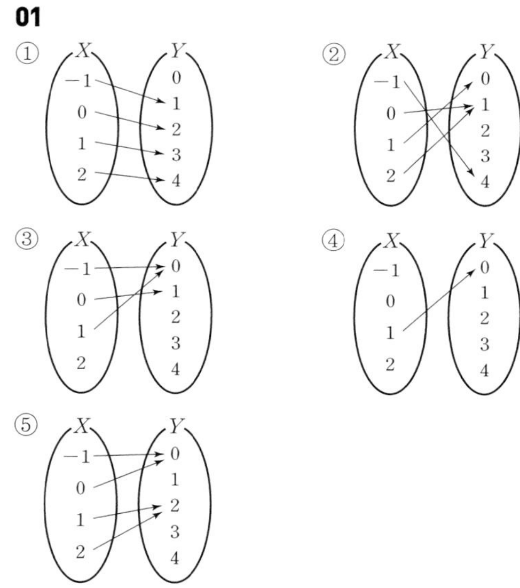

③ X의 원소 2에 대응하는 Y의 원소가 없다.

④ X의 원소 -1, 0, 2에 대응하는 Y의 원소가 없다.

따라서 함수가 아닌 것은 ③, ④이다.

답 ③, ④

02

1, 2는 유리수이므로 $f(x)=2x$에서

$$f(1)=2\times 1=2,\ f(2)=2\times 2=4$$

$\sqrt{2}$, $\sqrt{3}$은 무리수이므로 $f(x)=x^2$에서

$$f(\sqrt{2})=(\sqrt{2})^2=2,\ f(\sqrt{3})=(\sqrt{3})^2=3$$

따라서 치역은 $\{2, 3, 4\}$이다.

답 $\{2, 3, 4\}$

03

$f(x)=(x-1)^2+3$이고,

ㄱ. $a=0$이면 $x\ge0$일 때 $f(x)\ge3$이므로

$b=3$ (거짓)

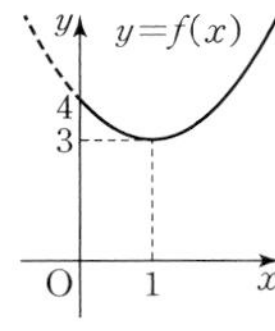

ㄴ. $a>1$이면 $x\ge a$일 때 $y\ge f(a)$이므로

$b=f(a)$ (참)

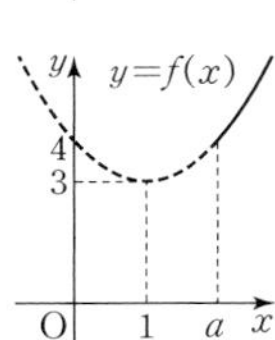

ㄷ. $b=3$이면 치역이 $\{y\,|\,y\ge3\}$이므로

$a\le1$ (참)

따라서 옳은 것은 ㄴ, ㄷ이다. 답 ④

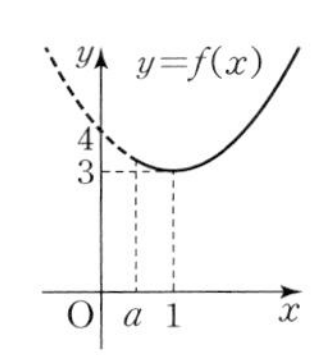

04

$f\left(-\frac{1}{2}\right)=g\left(-\frac{1}{2}\right)$에서 $(-1)^2-1=-\frac{1}{2}a+b$

$\therefore a-2b=0$ $\cdots$ ❶

$f\left(\frac{1}{2}\right)=g\left(\frac{1}{2}\right)$에서 $0^2-1=\frac{1}{2}a+b$

$\therefore a+2b=-2$ $\cdots$ ❷

❶, ❷를 연립하여 풀면

$a=-1,\ b=-\frac{1}{2}$ 답 $a=-1,\ b=-\frac{1}{2}$

05

$x\ge2$일 때

$f(x)=x-2+kx-6=(k+1)x-8$

$x<2$일 때

$f(x)=-(x-2)+kx-6=(k-1)x-4$

$\therefore f(x)=\begin{cases}(k+1)x-8 & (x\ge2)\\(k-1)x-4 & (x<2)\end{cases}$

$f(x)$가 일대일대응이면 그림과 같이 직선의 기울기가 모두 양수이거나 음수이다.

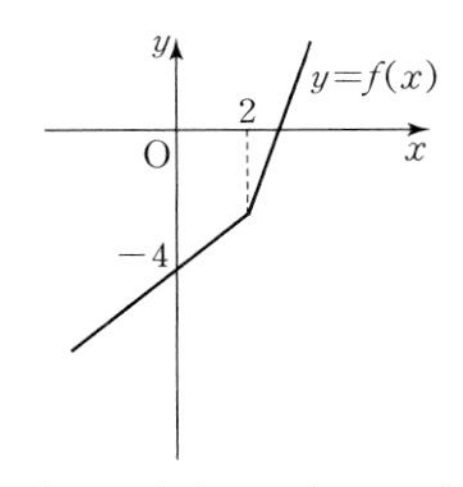

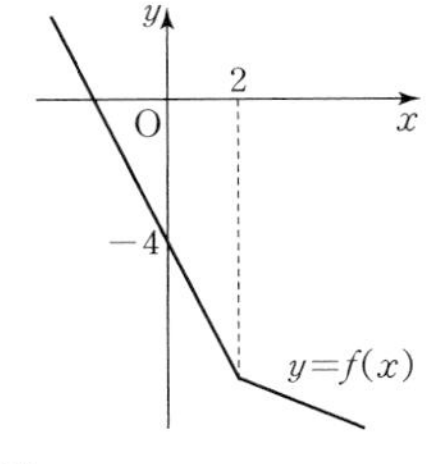

곧, $(k+1)(k-1)>0$이므로

$k<-1$ 또는 $k>1$ 답 $k<-1$ 또는 $k>1$

Note

$\begin{cases}k+1>0\\k-1>0\end{cases}$ 또는 $\begin{cases}k+1<0\\k-1<0\end{cases}$을 풀어도 된다.

06

$f(x)=\left(x-\frac{1}{2}\right)^2-\frac{1}{4}$이므로

$X=\{x\,|\,x\le k\}$에서

$Y=\{y\,|\,y\ge k+3\}$으로의

함수 f가 일대일대응이면

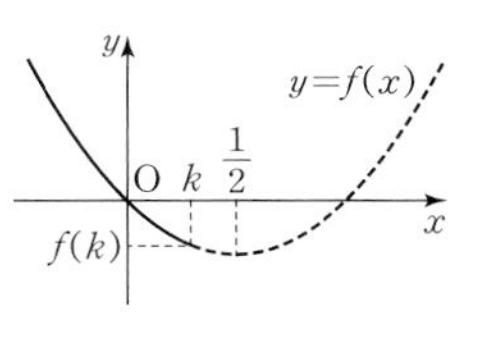

$k\le\frac{1}{2}$이고 $f(k)=k+3$이다.

$k^2-k=k+3,\ k^2-2k-3=0$

$\therefore k=-1$ 또는 $k=3$

$k\le\frac{1}{2}$이므로 $k=-1$ 답 ①

07

$f_1(x)=x^2+8x+9=(x+4)^2-7$

$f_2(x)=(-a+7)x+b$

라 하자.

$f_1(-1)=2$이므로 $f(x)$가 일대일대응이면

$y=f(x)$의 그래프가 그림과 같다.

$f_2(-1)=2$이므로 $a-7+b=2$

또 $-a+7>0$이므로 $a<7$

따라서 자연수의 순서쌍 (a, b)는

$(1, 8), (2, 7), (3, 6), \cdots, (6, 3)$

이고 6개이다. 답 ④

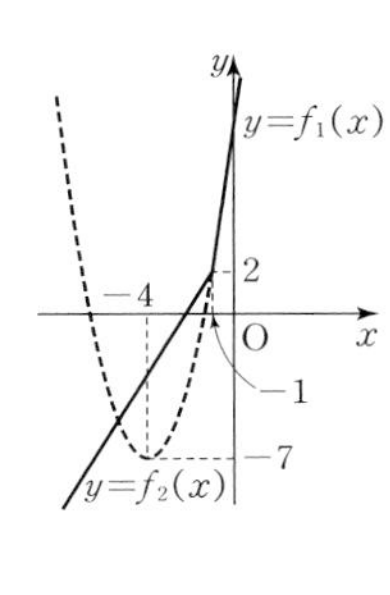

08

g는 항등함수이므로

$g(1)=1,\ g(2)=2,\ g(3)=3$

(나)에서 $f(1)=h(3)=g(2)=2$

h는 상수함수이므로

$h(1)=h(2)=h(3)=2$

(다)에서 $f(2)+g(1)+h(1)=6$이므로

$f(2)+1+2=6$

$\therefore f(2)=3$

f는 일대일대응이므로 $f(3)=1$ 답 $f(3)=1,\ g(3)=3$

09

f가 항등함수이므로 X의 모든 x에 대하여 $f(x)=x$이다.

$x^4-3x^3+x^2+4x-2=x$에서

$x^4-3x^3+x^2+3x-2=0$

$x=1,\ x=-1$을 대입하면 성립하므로

$(x+1)(x-1)(x^2-3x+2)=0$

$(x+1)(x-1)^2(x-2)=0$

$\therefore x=-1$ 또는 $x=1$ 또는 $x=2$

따라서 X는 $\{-1, 1, 2\}$의 공집합이 아닌 부분집합이므로 X의 개수는 $2^3-1=7$ 답 ④

10
$f(x)=f(-x)$에 $x=-1$을 대입하면 $f(-1)=f(1)$
$x=0$을 대입하면 $f(0)=f(-0)$
$f(1)$과 $f(-1)$의 값은 같고 -1, 0, 1이 가능하다.
또 $f(0)$도 -1, 0, 1이 가능하다.
따라서 f의 개수는 $3\times3=9$ 답 ⑤

11
(가)에서 f는 일대일함수이다.
(나)에서 $f(1)=1$이면 $f(3)=5$이다.
이때 $f(2)$는 2, 3, 4 중 하나이고, $f(4)$는 남은 두 값 중 하나이다.
따라서 f는 3×2개이다.
$f(1)=2$, 4, 5인 경우도 각각 f는 3×2개이다.
$f(1)=3$이면 $f(3)=3$이므로 가능하지 않다.
따라서 f의 개수는 $4\times(3\times2)=24$ 답 24

12
$(f\circ g)(3)=f(g(3))=f(11)=-2\times11+5=-17$
$(g\circ f)(0)=g(f(0))=g(1)=1$
$\therefore (f\circ g)(3)+(g\circ f)(0)=-16$ 답 ⑤

13
$h(3)=k$라 하자.
$f(h(3))=g(3)$이므로 $f(k)=-4$
$\frac{1}{2}k+1=-4$, $k=-10$
$\therefore h(3)=-10$ 답 -10

Note
$f(h(x))=g(x)$이므로
$\frac{1}{2}h(x)+1=-x^2+5$
$\therefore h(x)=-2x^2+8$

14
$g(f(k))=4$에서
(i) $f(k)\ge0$이면 $\{f(k)\}^2+3=4$, $f(k)=\pm1$
$f(k)\ge0$이므로 $f(k)=1$
$|k|-3=1$ $\therefore k=\pm4$
(ii) $f(k)<0$이면 $-\{f(k)\}^2+3=4$, $\{f(k)\}^2=-1$
$f(k)$는 실수이므로 성립하지 않는다.
(i), (ii)에서 k의 값의 곱은 -16이다. 답 ①

15
ㄱ. $(f\circ g\circ h)(3)=f(g(h(3)))=f\left(g\left(\frac{5}{2}\right)\right)$
$=f(2)=3$ (참)
ㄴ. $(h\circ f)(3)=h(f(3))=h(8)=5$
$(g\circ h)(9)=g(h(9))=g\left(\frac{11}{2}\right)=5$ (참)
ㄷ. $(g\circ h)(x)=g(h(x))=g\left(\frac{1}{2}x+1\right)=\left[\frac{1}{2}x+1\right]$
$(h\circ g)(x)=h(g(x))=h([x])=\frac{1}{2}[x]+1$
예를 들어 $(g\circ h)(1)=1$, $(h\circ g)(1)=\frac{3}{2}$이므로
$(g\circ h)(x)\ne(h\circ g)(x)$ (거짓)
따라서 옳은 것은 ㄱ, ㄴ이다. 답 ②

16
(1) $g(h(x))=f(x)$이므로 $2h(x)-3=3x+5$
$\therefore h(x)=\frac{3}{2}x+4$
(2) $k(g(x))=f(x)$이므로 $k(2x-3)=3x+5$
$2x-3=t$라 하면 $x=\frac{t+3}{2}$
$k(t)=3\times\frac{t+3}{2}+5=\frac{3}{2}t+\frac{19}{2}$
$\therefore k(x)=\frac{3}{2}x+\frac{19}{2}$
답 (1) $h(x)=\frac{3}{2}x+4$ (2) $k(x)=\frac{3}{2}x+\frac{19}{2}$

17
$g(x)=ax+b$ $(a\ne0)$이라 하면
$(f\circ g)(x)=f(g(x))=f(ax+b)=2ax+2b-3$
$(g\circ f)(x)=g(f(x))=g(2x-3)=2ax-3a+b$
$2ax+2b-3=2ax-3a+b$이므로
$2b-3=-3a+b$ $\therefore b=3-3a$
이때 $y=g(x)$는
$y=ax+3-3a$, $y-3=a(x-3)$
따라서 $y=g(x)$의 그래프는 a의 값에 관계없이 점 $(3, 3)$을 지난다. 답 $(3, 3)$

18
(나)에서
(좌변) $=(h\circ(g\circ f))(x)=((h\circ g)\circ f)(x)$
$=(h\circ g)(ax+1)$
(가)에서
$(h\circ g)(ax+1)=2(ax+1)-1=2ax+1$
(나)의 우변 $-2x+b$와 비교하면
$2a=-2$, $1=b$ $\therefore a=-1$, $a+b=0$ 답 ③

Note
(나)에서
(좌변) $=(h\circ(g\circ f))(x)=((h\circ g)\circ f)(x)$
$=(h\circ g)(f(x))=2f(x)-1$
이므로
$2f(x)-1=-2x+b$, $f(x)=-x+\frac{b+1}{2}$
$f(x)=ax+1$이므로 $a=-1$, $b=1$

19

$f(f(2))=1$ ⋯ ❶　　$f(f(3))=3$ ⋯ ❷

(i) $f(2)=1$이면 ❶에서 $f(1)=1$이므로 일대일대응이 아니다.

(ii) $f(2)=2$이면 ❶에서 $f(2)=1$이므로 모순이다.

(iii) $f(2)=3$이면 ❶에서 $f(3)=1$

❷에서 $f(1)=3$이므로 일대일대응이 아니다.

(iv) $f(2)=4$이면 ❶에서 $f(4)=1$

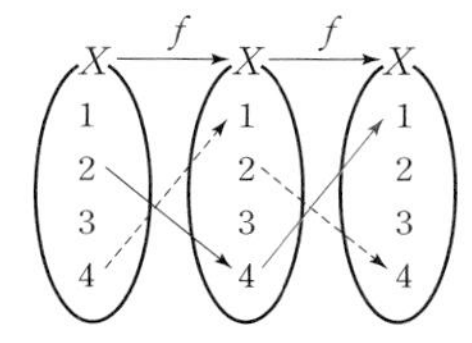

$f(3)=2$일 때 ❷에서 $f(2)=3$이므로 모순이다.

$f(3)=3$일 때 $f(1)=2$이다.

(i)~(iv)에서 $f(1)+f(4)=2+1=3$ 　　답 ①

20

(i) $f(1)=1$일 때

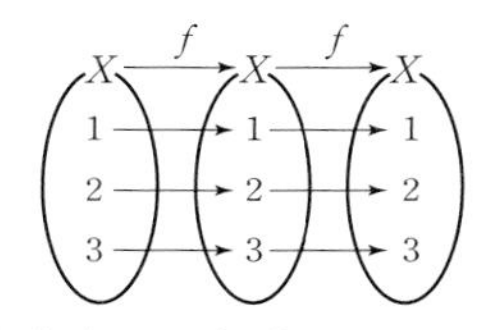

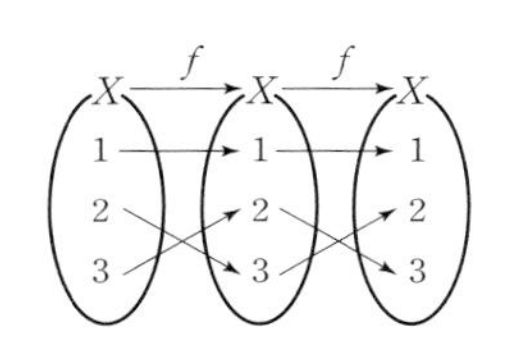

(ii) $f(1)=2$일 때

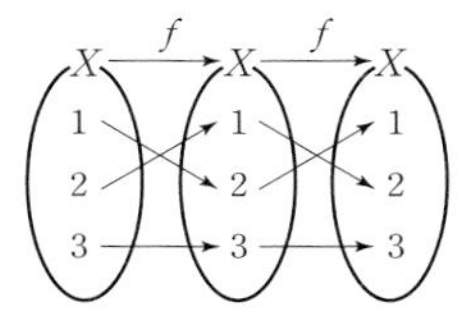

(iii) $f(1)=3$일 때

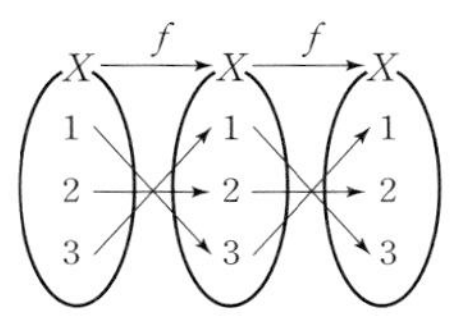

(i), (ii), (iii)에서 f의 개수는 $2+1+1=4$ 　　답 ④

21

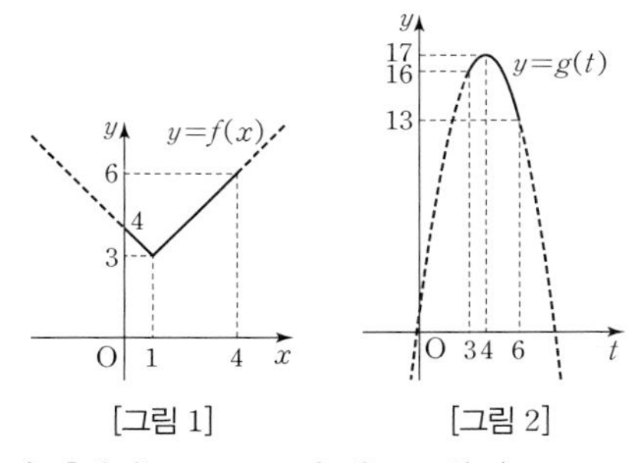

[그림 1]　　[그림 2]

[그림 1]에서 $0\le x\le 4$일 때 $3\le f(x)\le 6$

$f(x)=t$라 하면 $3\le t\le 6$이고

$$(g\circ f)(x)=g(t)=-t^2+8t+1$$
$$=-(t-4)^2+17$$

[그림 2]에서 $g(t)$의 최댓값은 $g(4)=17$,

최솟값은 $g(6)=13$

답 최댓값 : 17, 최솟값 : 13

22

$g(x)=-3(x-1)^2-2$이므로

$g(x)=t$라 하면 $t\le -2$이고

$$(f\circ g)(x)=f(t)=t^2-4t+k$$
$$=(t-2)^2+k-4$$

$f(t)=(t-2)^2+k-4$

따라서 $f(t)$의 최솟값은 $f(-2)$이다.

조건에서 $4+8+k=17$ 　　$\therefore k=5$ 　　답 5

23

$f(f(x+3))=4$에서 $f(x+3)=t$라 하면 $f(t)=4$

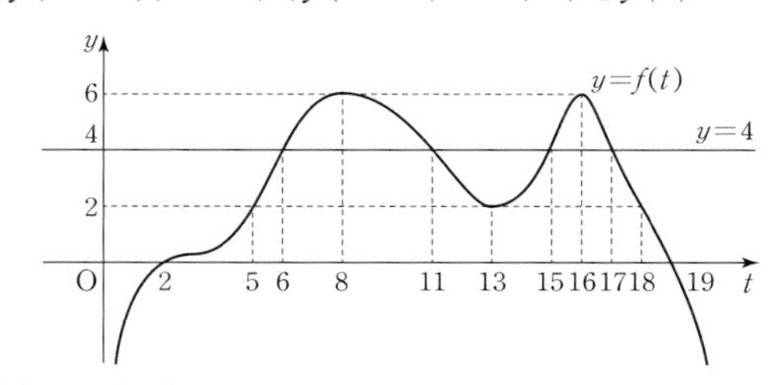

$f(t)=4$의 해는 $t=6,\ 11,\ 15,\ 17$

$f(x+3)\le 6$이므로 $t=6$

이때 $f(x+3)=6$이므로 $x+3=8$ 또는 $x+3=16$

$\therefore x=5$ 또는 $x=13$

따라서 서로 다른 실근의 합은 18 　　답 18

24

$f^1(1)=f(1)=2$

$f^2(1)=f(f(1))=f(2)=3$

$f^3(1)=f(f^2(1))=f(3)=4$

$f^4(1)=f(f^3(1))=f(4)=1$

마찬가지로 $f^4(2)=2,\ f^4(3)=3,\ f^4(4)=4$

$\therefore f^4(a)=a$

$f^4=f^8=f^{12}=\cdots=f^{1000}=f^{1004}$이므로

$f^{1002}=f^2,\ f^{1005}=f$

$\therefore f^{1002}(2)=f^2(2)=f(f(2))=f(3)=4$

$f^{1005}(3)=f(3)=4$

$\therefore f^{1002}(2)+f^{1005}(3)=8$ 　　답 ⑤

25

(i) $f(9)=7,\ f^2(9)=5,\ f^3(9)=3,$

$f^4(9)=1,\ f^5(9)=-1,\ f^6(9)=1,\ f^7(9)=-1,$

$f^8(9)=1,\ \cdots$

$\therefore f^{2020}(9)=1$

(ⅱ) $f(11)=9$, $f^2(11)=7$, $f^3(11)=5$, $f^4(11)=3$

$f^5(11)=1$, $f^6(11)=-1$, $f^7(11)=1$, $f^8(11)=-1$, $\cdots$

$\therefore f^{2020}(11)=-1$

(ⅰ), (ⅱ)에서 $f^{2020}(9)+f^{2020}(11)=0$ 답 ④

26

$f\left(\frac{5}{4}\right)=\frac{3}{2}$

$f^2\left(\frac{5}{4}\right)=f\left(f\left(\frac{5}{4}\right)\right)=f\left(\frac{3}{2}\right)=1$

$f^3\left(\frac{5}{4}\right)=f\left(f^2\left(\frac{5}{4}\right)\right)=f(1)=2$

$f^4\left(\frac{5}{4}\right)=f\left(f^3\left(\frac{5}{4}\right)\right)=f(2)=0$

$f^5\left(\frac{5}{4}\right)=f\left(f^4\left(\frac{5}{4}\right)\right)=f(0)=1$

$f^6\left(\frac{5}{4}\right)=f\left(f^5\left(\frac{5}{4}\right)\right)=f(1)=2$

$\vdots$

따라서 $A=\left\{0,\ 1,\ \frac{3}{2},\ 2\right\}$ 답 $A=\left\{0,\ 1,\ \frac{3}{2},\ 2\right\}$

27

$f(2)=2+5=7$

또, $f^{-1}(14)=k$라 하면 $f(k)=14$

$k<3$이면 $k+5=14$ $\therefore k=9$

$k<3$에 모순이다.

$k\geq3$이면 $3k-1=14$ $\therefore k=5$

$\therefore f^{-1}(14)=5$

$\therefore f(2)+f^{-1}(14)=12$ 답 ②

28

$(f\circ g^{-1})(k)=f(g^{-1}(k))=-7$에서

$2g^{-1}(k)-1=-7$ $\therefore g^{-1}(k)=-3$

$g(-3)=k$이므로 $k=-3\times(-3)+2=11$ 답 ⑤

29

$g\circ(f\circ g)^{-1}\circ g=g\circ(g^{-1}\circ f^{-1})\circ g$

$=(g\circ g^{-1})\circ f^{-1}\circ g$

$=f^{-1}\circ g$

이므로

$(g\circ(f\circ g)^{-1}\circ g)(2)=(f^{-1}\circ g)(2)$

$=f^{-1}(g(2))=f^{-1}(-3)$

$f^{-1}(-3)=a$라 하면 $f(a)=-3$

$a\geq1$이면 $a=-3$이므로 모순이다.

$a<1$이면 $-a^2+2a=-3$

$a^2-2a-3=0$ $\therefore a=-1$ 또는 $a=3$

$a<1$이므로 $a=-1$

$\therefore (g\circ(f\circ g)^{-1}\circ g)(2)=-1$ 답 ①

30

$f^{-1}(x)=g(5x-2)$에서 $5x-2=1$이면 $x=\frac{3}{5}$이므로

$f^{-1}\left(\frac{3}{5}\right)=g(1)$

$f^{-1}\left(\frac{3}{5}\right)=a$라 하면 $f(a)=\frac{3}{5}$이므로

$3a+1=\frac{3}{5}$ $\therefore a=-\frac{2}{15}$

$\therefore g(1)=-\frac{2}{15}$ 답 $-\frac{2}{15}$

다른 풀이

$f(x)=3x+1$이므로 $f^{-1}(x)=\frac{x-1}{3}$

$f^{-1}(x)=g(5x-2)$이므로 $g(5x-2)=\frac{x-1}{3}$

$5x-2=t$라 하면 $x=\frac{t+2}{5}$이므로 $g(t)=\frac{t-3}{15}$

$\therefore g(1)=-\frac{2}{15}$

31

$f^{-1}(x)=x^2$에서 $f(x^2)=x$ $\cdots$ ❶

$(f\circ g^{-1})(x^2)=x$에서

$(f^{-1}\circ f\circ g^{-1})(x^2)=f^{-1}(x)$

$g^{-1}(x^2)=f^{-1}(x)=x^2$

$\therefore g(x^2)=x^2$

곧, $g(20)=20$이므로 ❶에서

$(f\circ g)(20)=f(20)=\sqrt{20}=2\sqrt{5}$ 답 ①

Note

x는 양의 실수이므로 $f(x^2)=x$에서 $f(x)=\sqrt{x}$

32

f의 역함수가 있으므로 f는 일대일대응이다.

또 $y=f(x)$의 그래프가 직선이므로 그림과 같다.

(ⅰ) $f(-2)=-1$, $f(2)=5$일 때

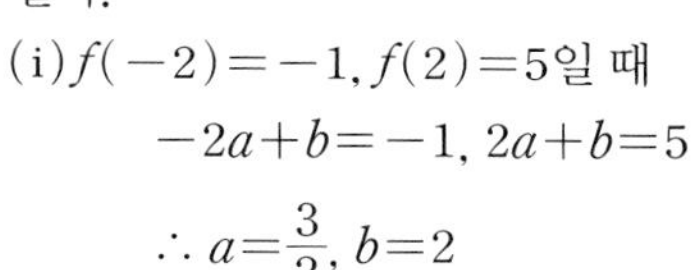

$-2a+b=-1$, $2a+b=5$

$\therefore a=\frac{3}{2}$, $b=2$

(ⅱ) $f(-2)=5$, $f(2)=-1$일 때

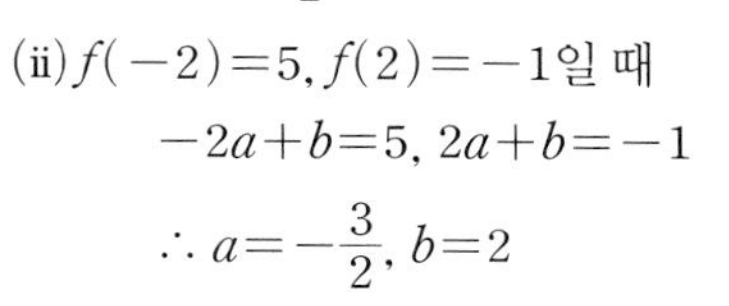

$-2a+b=5$, $2a+b=-1$

$\therefore a=-\frac{3}{2}$, $b=2$

(ⅰ), (ⅱ)에서 $a^2+b^2=\frac{9}{4}+4=\frac{25}{4}$ 답 ②

33

f의 역함수가 있으면 f는 일대일대응이다.

$f(x)=-(x-1)^2+2$

이므로 $y=f(x)$의 그래프는 그림과 같고, 정의역은 $\{x\mid x\leq1\}$이다.

$\therefore k=1$ 답 ③

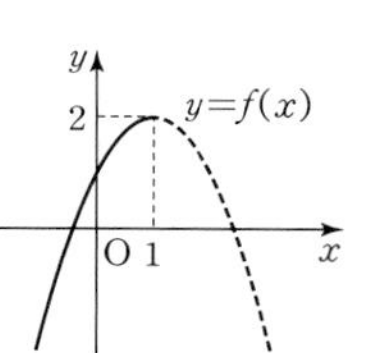

34

직선 $y=x$를 이용하여 y축의 좌표를 구하면 그림과 같다.

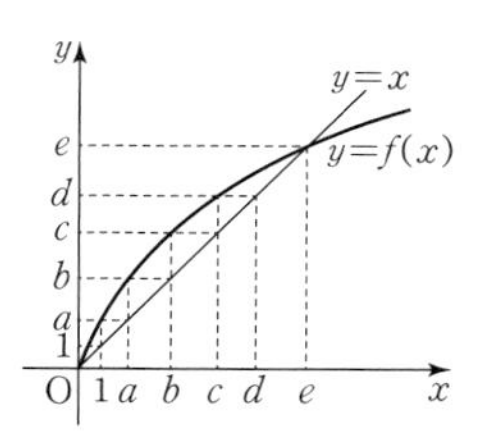

$f(b)=c$이므로 $f^{-1}(c)=b$

$\therefore (f^{-1}\circ f^{-1})(c)$

$=f^{-1}(f^{-1}(c))$

$=f^{-1}(b)$

$f(a)=b$이므로 $f^{-1}(b)=a$

$\therefore (f^{-1}\circ f^{-1})(c)=a$

답 ①

35

직선 $y=x$를 이용하여 y축의 좌표를 구하면 그림과 같다.

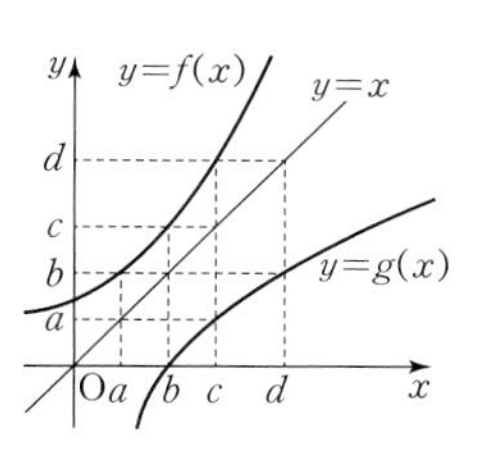

$f\circ(g^{-1}\circ f)^{-1}\circ f^{-1}$

$=f\circ f^{-1}\circ g\circ f^{-1}$

$=g\circ f^{-1}$

이므로

$(f\circ(g^{-1}\circ f)^{-1}\circ f^{-1})(d)=g(f^{-1}(d))$

$f(c)=d$이므로 $f^{-1}(d)=c$

$\therefore g(f^{-1}(d))=g(c)=a$

답 ②

36

$f(x)=ax+b$에서

$y=f(x)$의 그래프가 점 $(2, 5)$를 지나므로

$5=f(2)$

$\therefore 2a+b=5$ $\cdots$ ❶

$y=f^{-1}(x)$의 그래프가 점 $(2, 5)$를 지나므로

$5=f^{-1}(2)$

곧, $f(5)=2$

$\therefore 5a+b=2$ $\cdots$ ❷

❶, ❷를 연립하여 풀면 $a=-1$, $b=7$

답 $a=-1$, $b=7$

37

$y=f(x)$와 $y=f^{-1}(x)$의 그래프는 직선 $y=x$에 대칭이다.

그래프를 그리면 $y=f(x)$와 $y=f^{-1}(x)$의 그래프의 교점은 $y=f(x)$의 그래프와 직선 $y=x$의 교점이다.

$\frac{1}{3}x^2-\frac{4}{3}=x$에서

$x^2-3x-4=0$

$\therefore x=-1$ 또는 $x=4$

$x\geq 0$이므로 $x=4$

따라서 교점의 좌표는 $(4, 4)$이므로

$a=4$, $b=4$, $a+b=8$

답 ③

38

$(x+2)f(2-x)+(2x+1)f(2+x)=1$이므로

$x=3$을 대입하면

$5f(-1)+7f(5)=1$ $\cdots$ ❶

$x=-3$을 대입하면

$-f(5)-5f(-1)=1$ $\cdots$ ❷

❶+❷를 하면 $6f(5)=2$ $\quad\therefore f(5)=\frac{1}{3}$

답 ②

Note

$2+x=5$, $2-x=5$인 x를 대입하여 풀었다.

39

$2f(x)+3f(\sqrt{1-x^2})=x$이므로

$x=\frac{1}{3}$을 대입하면

$2f\left(\frac{1}{3}\right)+3f\left(\frac{\sqrt{8}}{3}\right)=\frac{1}{3}$ $\cdots$ ❶

$\sqrt{1-x^2}=\frac{1}{3}$에서 $x=\frac{\sqrt{8}}{3}$ $(\because 0\leq x\leq 1)$

$x=\frac{\sqrt{8}}{3}$을 대입하면

$2f\left(\frac{\sqrt{8}}{3}\right)+3f\left(\frac{1}{3}\right)=\frac{\sqrt{8}}{3}$ $\cdots$ ❷

❶$\times 2-$❷$\times 3$을 하면 $-5f\left(\frac{1}{3}\right)=\frac{2-3\sqrt{8}}{3}$

$\therefore f\left(\frac{1}{3}\right)=\frac{-2+6\sqrt{2}}{15}$

답 $\frac{-2+6\sqrt{2}}{15}$

Note

$2f(x)+3f(\sqrt{1-x^2})=x$ $\cdots$ ❸

$\sqrt{1-x^2}=t$ $(0\leq t\leq 1)$이라 하면

$1-x^2=t^2$ $\quad\therefore x=\sqrt{1-t^2}$

❸의 x에 $\sqrt{1-t^2}$을 대입하면

$2f(\sqrt{1-t^2})+3f(t)=\sqrt{1-t^2}$

t를 x로 바꾸면 $2f(\sqrt{1-x^2})+3f(x)=\sqrt{1-x^2}$ $\cdots$ ❹

❸$\times 2-$❹$\times 3$을 하면 $f(x)=\frac{3\sqrt{1-x^2}-2x}{5}$

40

$f(8)=f(2\times 4)=4f(2)+2f(4)$

$=4+2f(2\times 2)=4+2\{2f(2)+2f(2)\}$

$=4+2\times(2+2)=12$

$f(51)=f(3\times 17)=17f(3)+3f(17)=17+3=20$

$(f\circ f)(51)=f(f(51))=f(20)=f(2\times 10)$

$=10f(2)+2f(10)$

$=10+2f(2\times 5)=10+2\{5f(2)+2f(5)\}$

$=10+2\times(5+2)=24$

$\therefore f(8)+(f\circ f)(51)=12+24=36$

답 ③

Note

1. 소수 a, b, c에 대하여
   $f(a\times bc)=bc\times f(a)+a\times f(bc)=bc+a(b+c)$
   $f(ab\times c)=c\times f(ab)+ab\times f(c)=c(a+b)+ab$
2. $20=2\times 2\times 5$이므로 $f(20)$을
   $f(2\times 10)$ 또는 $f(4\times 5)$로 구해도 결과가 같다.

step B 실력 문제 40~44쪽

01 ⑤ **02** ⑤ **03** -2
04 $a=2$, $b=4$ 또는 $a=-4$, $b=4$ **05** $f(3)=4$, $h(1)=2$
06 ③ **07** ③ **08** ⑤ **09** ⑤
10 $g(x)=\frac{1}{4}x$ **11** ③ **12** ①
13 $x=-3$ 또는 $x=1$ 또는 $x=\frac{5}{2}$ **14** $-3\le a\le 3$
15 ③ **16** $\frac{117}{2}$ **17** ① **18** 6 **19** 4
20 $a=-\frac{3}{2}$, $b=4$ **21** ① **22** ②
23 a의 최솟값 : 1, $h^{-1}(-4)=3$ **24** ⑤ **25** ①
26 $\frac{17}{8}$ **27** $1+\sqrt{2}$ **28** ② **29** 1970 **30** 16

01

[전략] $f=g$이므로 $a\in X$이면 $f(a)=g(a)$이다.
이를 이용하여 가능한 X의 원소를 모두 찾는다.

ㄱ. $a\in X$이면 $f(a)=g(a)$이고
$g(a)=a+2$이므로 $f(a)=a+2$이다. (참)

ㄴ. $f(a)=a+2$이므로 $a|a|-2a=a+2$

(i) $a\ge 0$일 때
$a^2-2a=a+2$, $a^2-3a-2=0$
$a=\frac{3\pm\sqrt{17}}{2}$
$a\ge 0$이므로 $a=\frac{3+\sqrt{17}}{2}$

(ii) $a<0$일 때
$-a^2-2a=a+2$, $a^2+3a+2=0$
$\therefore a=-2$ 또는 $a=-1$

(i), (ii)에서 가능한 X의 원소는 -2, -1, $\frac{3+\sqrt{17}}{2}$이므로
공집합이 아닌 X는 $2^3-1=7$(개) (참)

ㄷ. $X=\{-2, -1\}$일 때, 원소의 합은 -3이고 최소이다. (참)
따라서 옳은 것은 ㄱ, ㄴ, ㄷ이다.

답 ⑤

02

[전략] $f_{A\cap B\cap C}(a)=2$를 이용하여 a가 A, B^C, C, $A-B$의 원소인지 아닌지를 판별하면 함숫값을 구할 수 있다.

$f_{A\cap B\cap C}(a)=2$에서 $a\in(A\cap B\cap C)$
$\therefore a\in A$, $a\in B$, $a\in C$
$a\notin B^C$, $a\notin(A-B)$이므로
$\{f_A(a)+f_{B^C}(a)+f_C(a)\}\times f_{A-B}(a)$
$=(2+5+2)\times 5=45$

답 ⑤

03

[전략] $y=f(x)$의 그래프를 그리고
$f(x)$가 일대일대응일 때 a의 범위와 b의 값을 생각한다.

$f(x)=\left(x+\frac{3}{2}\right)^2+\frac{3}{4}$

f가 일대일대응이므로

$a\ge -\frac{3}{2}$ … ㉮

$b=f(a)=a^2+3a+3$이므로
$a-b=a-(a^2+3a+3)$
$=-a^2-2a-3$
$=-(a+1)^2-2$ … ㉯

$a\ge -\frac{3}{2}$이므로 $a-b$의 최댓값은 $a=-1$일 때 -2이다. … ㉰

단계	채점 기준	배점
㉮	a 값의 범위 구하기	30%
㉯	$a-b$를 a에 대한 식으로 정리하기	50%
㉰	$a-b$의 최댓값 구하기	20%

답 -2

04

[전략] 정의역에 꼭짓점이 포함되는 지를 기준으로 a의 범위를 나누고 이차함수 $y=f(x)$의 그래프를 그린다.

(i) $a<0<a+2$일 때
곧, $-2<a<0$이면 f는 일대일대응이 아니다.

(ii) $a\ge 0$일 때
$f(a)=b$, $f(a+2)=4b$이므로
$a^2=b$, $(a+2)^2=4b$
곧, $(a+2)^2=4a^2$에서
$3a^2-4a-4=0$
$(3a+2)(a-2)=0$
$a\ge 0$이므로 $a=2$, $b=a^2=4$

(iii) $a+2\le 0$, 곧 $a\le -2$일 때
$f(a)=4b$, $f(a+2)=b$이므로
$a^2=4b$, $(a+2)^2=b$
곧, $a^2=4(a+2)^2$에서
$3a^2+16a+16=0$
$(a+4)(3a+4)=0$
$a\le -2$이므로
$a=-4$, $b=(a+2)^2=4$

(i), (ii), (iii)에서 $a=2$, $b=4$ 또는 $a=-4$, $b=4$

답 $a=2$, $b=4$ 또는 $a=-4$, $b=4$

05

[전략] $h(x)$의 정의에서 $h(x)\ge f(x)$이고 $h(x)\ge g(x)$이다.
$g(x)$가 주어져 있으므로 가능한 $h(1)$, $h(2)$, …를 먼저 생각한다.

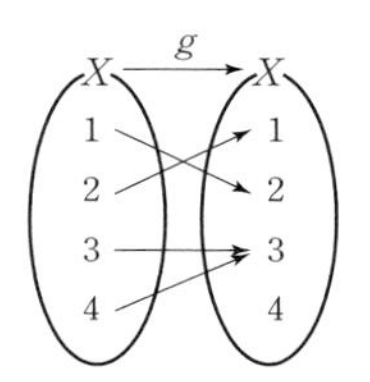

$f(4)<g(4)$이므로 $h(4)=g(4)=3$ ⋯ ❶

$g(1)=2$이므로 $h(1)\geq 2$ ⋯ ❷

$g(2)=1$이므로 $h(2)\geq 1$ ⋯ ❸

$g(3)=3$이므로 $h(3)\geq 3$ ⋯ ❹

$x=1, 3, 4$일 때 $h(x)\neq 1$이므로 ❸에서 $h(2)=1$

h는 일대일대응이므로 ❶, ❹에서 $h(3)=4$

$\therefore h(1)=2$

또 $h(3)=4$, $g(3)=3$이므로 $f(3)=4$

답 $f(3)=4$, $h(1)=2$

다른 풀이

$h(x)$는 $f(x)$와 $g(x)$ 중 크거나 같은 값을 가진다.

(가)에서 $f(4)=2$이고

(나)에서 $g(4)=3$이므로

$h(4)=3$ ⋯ ❶

$g(3)=3$이므로 $f(3)$이 1 또는 2 또는 3일 경우 $h(3)=3$이므로 ❶에서 h는 일대일대응이 아니다.

곧, $f(3)=4$이므로 $h(3)=4$

h는 일대일대응이므로

$h(1)=1$ 또는 $h(1)=2$이다.

그런데 $f(1)$, $g(1)$의 값을 비교할 때

$g(1)=2$이므로 $h(1)\geq 2$이다.

$\therefore h(1)=2$

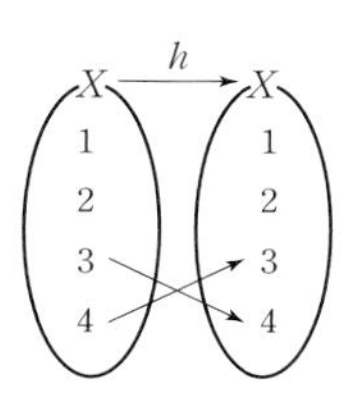

06

[전략] ㄱ. 교점을 (a, b)라 하면 $f(a)=b$, $g(a)=b$이다.
ㄴ. $y=f(x)$의 그래프가 원점에 대칭이면 $f(-x)=-f(x)$
ㄷ. 증명이 쉽지 않으면 반례를 찾아본다.

ㄱ. $y=f(x)$, $y=g(x)$의 그래프의 교점을 (a, b)라 하면 $f(a)=g(a)=b$이므로

$$h(a)=\frac{1}{4}f(a)+\frac{3}{4}g(a)=\frac{1}{4}b+\frac{3}{4}b=b$$

따라서 $y=h(x)$의 그래프는 교점 (a, b)를 지난다. (참)

ㄴ. $y=f(x)$, $y=g(x)$의 그래프가 각각 원점에 대칭이면 $f(-x)=-f(x)$, $g(-x)=-g(x)$이므로

$$h(-x)=\frac{1}{4}f(-x)+\frac{3}{4}g(-x)$$
$$=-\frac{1}{4}f(x)-\frac{3}{4}g(x)=-h(x)$$

따라서 $y=h(x)$의 그래프도 원점에 대칭이다. (참)

ㄷ. [반례] $f(x)=3x$, $g(x)=-x$라 하면 f, g는 일대일대응이지만

$$h(x)=\frac{1}{4}f(x)+\frac{3}{4}g(x)$$
$$=\frac{1}{4}\times 3x+\frac{3}{4}\times(-x)=0$$

따라서 h는 일대일대응이 아니다. (거짓)

그러므로 옳은 것은 ㄱ, ㄴ 이다.

답 ③

Note

1. $f(-x)=-f(x)$이면 $y=f(x)$의 그래프는 원점에 대칭이다.
2. $f(-x)=f(x)$이면 $y=f(x)$의 그래프는 y축에 대칭이다.

07

[전략] (가)에서 f는 일대일함수이다.
(나)에서 $f(1)$이 $1, 2, \cdots, 7$일 때 가능한 경우를 각각 찾는다.

(가)에서 f는 일대일함수이다.

(나)에서 $f(1)+f(2)f(3)=13$이므로 가능한 경우는 다음 표와 같다.

$f(1)$	$f(2)f(3)$	$f(2)$	$f(3)$
1	12	2	6
		3	4
		4	3
		6	2
2	11	×	×
3	10	2	5
		5	2
4	9	×	×
5	8	2	4
		4	2
6	7	1	7
		7	1
7	6	1	6
		2	3
		3	2
		6	1

따라서 f의 개수는 14이다.

답 ③

08

[전략] $f(2)\leq 2$, $f(3)\leq 3$, $\cdots$이므로 가능한 $f(2)$, $f(3)$, $\cdots$의 값의 개수를 조사한다.

(나)에서

$f(2)\leq 2$이므로 $f(2)=1$, $f(2)=2$ 중 하나이다.

$f(3)\leq 3$이므로 $f(3)$의 값은 1, 2, 3 중 $f(2)$의 값이 아닌 2개가 가능하다.

$f(4)\leq 4$이므로 $f(4)$의 값은 1, 2, 3, 4 중 $f(2)$, $f(3)$의 값이 아닌 2개가 가능하다.

$f(5)\leq 5$이므로 $f(5)$의 값은 1, 2, 3, 4, 5 중 $f(2)$, $f(3)$, $f(4)$의 값이 아닌 2개가 가능하다.

(가)에서 $f(1)=6$이고 $f(6)$의 값은 남은 1개이다.

따라서 f의 개수는 $2\times2\times2\times2=16$

답 ⑤

09

[전략] ㄴ. $(g\circ f)(x)$를 구하면 $(g\circ f)(-x)$도 구할 수 있다.
ㄷ. $g(x)$의 범위를 나누면 $f(g(x))$를 구할 수 있다.

ㄱ. $(f\circ g)(2)=f(g(2))=f(2)=2$ (참)

ㄴ. 함수 $(g\circ f)(x)$는

(i) $x>2$일 때, $g(f(x))=g(2)=2$

(ii) $|x|\leq 2$일 때, $g(f(x))=g(x)=x^2-2$

(iii) $x<-2$일 때, $g(f(x))=g(-2)=2$

(i), (ii), (iii)에서 $(g \circ f)(x)=\begin{cases} 2 & (x>2) \\ x^2-2 & (|x| \le 2) \\ 2 & (x<-2) \end{cases}$

또 $(g \circ f)(x)$의 x에 $-x$를 대입하면

$$(g \circ f)(-x)=\begin{cases} 2 & (-x>2) \\ x^2-2 & (|-x| \le 2) \\ 2 & (-x<-2) \end{cases}$$

$$=\begin{cases} 2 & (x<-2) \\ x^2-2 & (|x| \le 2) \\ 2 & (x>2) \end{cases}$$

$\therefore (g \circ f)(-x)=(g \circ f)(x)$ (참)

ㄷ. 함수 $(f \circ g)(x)=f(g(x))$는

(i) $x>2$일 때, $g(x)>2$이므로 $f(g(x))=2$

(ii) $|x| \le 2$일 때, $|g(x)| \le 2$이므로 $f(g(x))=x^2-2$

(iii) $x<-2$일 때, $g(x)>2$이므로 $f(g(x))=2$

(i), (ii), (iii)에서 $f(g(x))=\begin{cases} 2 & (x>2) \\ x^2-2 & (|x| \le 2) \\ 2 & (x<-2) \end{cases}$

$\therefore (f \circ g)(x)=(g \circ f)(x)$ (참)

따라서 옳은 것은 ㄱ, ㄴ, ㄷ이다. 답 ⑤

Note

1. $y=f(x)$, $y=(g \circ f)(x)$의 그래프는 그림과 같다.

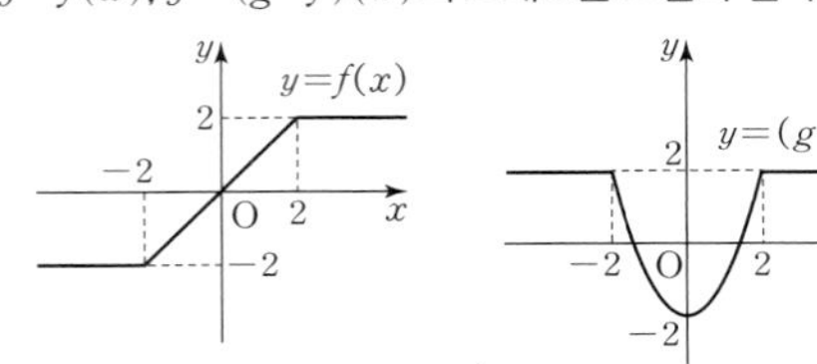

$y=(g \circ f)(x)$의 그래프가 y축에 대칭이므로 $(g \circ f)(-x)=(g \circ f)(x)$

2. ㄴ은 다음과 같이 설명할 수도 있다.
$y=f(x)$의 그래프는 원점에 대칭이므로 $f(-x)=-f(x)$이다.
또 $g(-x)=g(x)$이므로
$(g \circ f)(-x)=g(f(-x))=g(-f(x))$
$=g(f(x))=(g \circ f)(x)$

10

[전략] $f(g(x))=\{g(x)\}^2+4$이므로 $g(x)=t$라 하면 $f(t)$를 알 수 있다.
합성함수 ⇨ 치환을 생각할 수 있다.
또 $g(x)$는 일차함수이므로 $g(x)=ax+b$라 하고 푼다.

$(f \circ g)(x)=f(g(x))=\{g(x)\}^2+4$에서 $g(x)=t$라 하면

$f(t)=t^2+4 \quad \therefore f(x)=x^2+4$ … ㉮

$g(x)=ax+b\,(a \ne 0)$이라 하면

$(g \circ f)(x)=g(f(x))=a(x^2+4)+b$이고

$(g \circ f)(x)=4\{g(x)\}^2+1=4(ax+b)^2+1$이므로

$a(x^2+4)+b=4(ax+b)^2+1$

$ax^2+4a+b=4a^2x^2+8abx+4b^2+1$ … ㉯

x에 대한 항등식이므로 양변의 계수를 비교하면

$a=4a^2,\ 8ab=0,\ 4a+b=4b^2+1$ … ❶

$a \ne 0$이므로 $a=4a^2$에서 $a=\frac{1}{4}$

$ab=0$이므로 $b=0$

$a=\frac{1}{4}$, $b=0$은 $4a+b=4b^2+1$을 만족시킨다.

$\therefore g(x)=\frac{1}{4}x$ … ㉰

단계	채점 기준	배점
㉮	$f \circ g$에서 $f(x)$ 구하기	40%
㉯	$g(x)=ax+b$로 놓고 $g \circ f$ 정리하기	30%
㉰	양변의 계수를 비교하여 $g(x)$ 구하기	30%

답 $g(x)=\frac{1}{4}x$

Note

❶의 세 방정식 중 처음 두 식에서 구한 a, b가 세 번째 식을 만족시키는지 확인해야 한다.

11

[전략] 방정식 $f(g(x))=9$에서 $g(x)=t$라 할 때, $f(t)=9$부터 풀면 된다.
또는 k의 값의 범위를 나누어 $y=f(g(x))$의 그래프를 그리고 직선 $y=9$와 교점을 생각한다.

$f(g(x))=9$에서 $g(x)=t$라 하면 $f(t)=9$

$t \ge 0$일 때 $3t-6=9 \quad \therefore t=5$

$t<0$일 때 $-3t+6=9 \quad \therefore t=-1$

$t=5$일 때 $g(x)=5$ … ❶

$t=-1$일 때 $g(x)=-1$ … ❷

서로 다른 세 실근을 가지면 $y=g(x)$의 그래프가 두 직선 $y=5$, $y=-1$과 서로 다른 세 점에서 만난다.

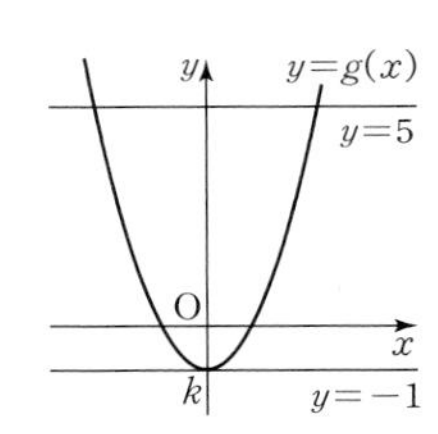

$y=g(x)$의 그래프가 그림과 같으므로 $y=g(x)$의 그래프가 직선 $y=-1$에 접한다.

$\therefore k=-1$

또 $g(x)=-1$의 해는 $x=0$

$k=-1$일 때 $g(x)=5$에서 $x^2-1=5$

$\therefore x=\pm\sqrt{6}$

근의 제곱의 합은 $0^2+(\sqrt{6})^2+(-\sqrt{6})^2=12$ 답 ③

Note

$g(x)=5$, $g(x)=-1$에서 $x^2+k=5$, $x^2+k=-1$
두 방정식 중 하나는 중근을 갖고 나머지 하나는 서로 다른 두 실근을 가질 조건을 찾아도 된다.

12

[전략] $f(f(x))=2-f(x)$에서 $f(x)=t$라 하면 $f(t)=2-t$이다.
$y=f(t)$의 그래프와 직선 $y=2-t$의 교점을 생각한다.

$$f(x)=\begin{cases} -3x+3 & (0 \le x<1) \\ \frac{1}{2}x-\frac{1}{2} & (1 \le x \le 3) \end{cases}$$

$f(f(x))=2-f(x)$에서

$f(x)=t$라 하면 $f(t)=2-t\,(0 \le t \le 3)$이다.

(ⅰ) $0\le t<1$일 때

$$-3t+3=2-t \qquad \therefore t=\frac{1}{2}$$

(ⅱ) $1\le t\le 3$일 때

$$\frac{1}{2}t-\frac{1}{2}=2-t \qquad \therefore t=\frac{5}{3}$$

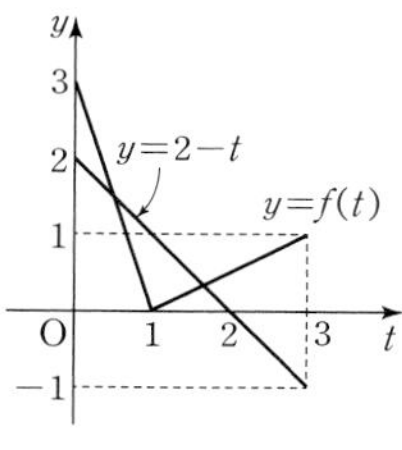

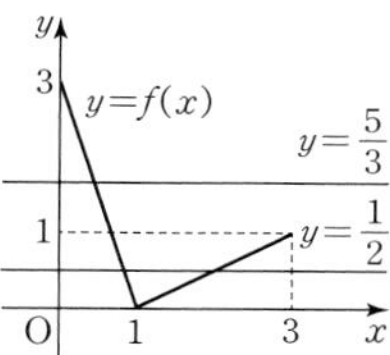

$t=\frac{1}{2}$일 때 $f(x)=\frac{1}{2}$이므로

$-3x+3=\frac{1}{2}$에서 $x=\frac{5}{6}$

$\frac{1}{2}x-\frac{1}{2}=\frac{1}{2}$에서 $x=2$

$t=\frac{5}{3}$일 때 $f(x)=\frac{5}{3}$이므로

$-3x+3=\frac{5}{3}$에서 $x=\frac{4}{9}$

따라서 해의 곱은 $\frac{5}{6}\times 2\times\frac{4}{9}=\frac{20}{27}$

답 ①

13

[전략] $y=(g\circ f)(x)$와 $y=-g(x)$의 그래프를 그려 교점을 생각한다.
$(g\circ f)(x)$를 구할 때에는 $f(x)$의 값의 범위를 나눈다.

$y=f(x)$, $y=g(x)$의 그래프는 각각 다음과 같다.

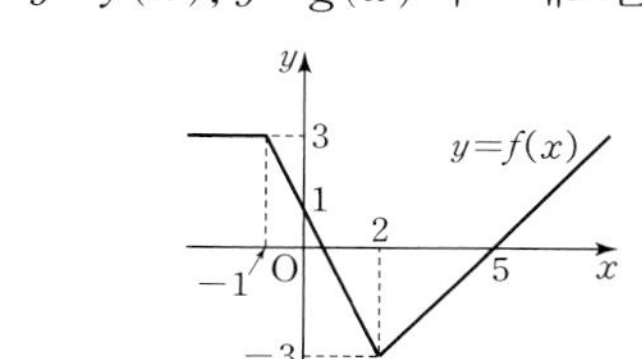

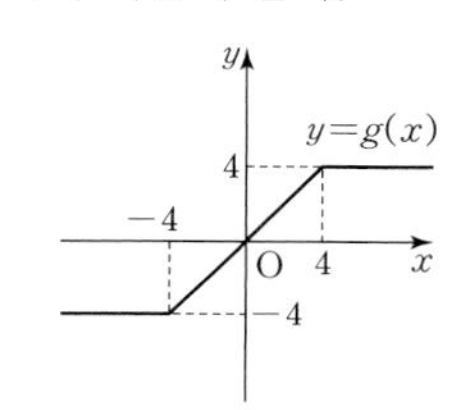

$$(g\circ f)(x)=g(f(x))=\begin{cases}4 & (f(x)>4)\\ f(x) & (|f(x)|\le 4)\\ -4 & (f(x)<-4)\end{cases}$$

$f(x)>4$일 때 $x>9$이고 $g(f(x))=4$

$|f(x)|\le 4$일 때 $x\le 9$이고 $g(f(x))=f(x)$

$f(x)<-4$인 경우는 없다.

$$\therefore g(f(x))=\begin{cases}4 & (x>9)\\ f(x) & (x\le 9)\end{cases}$$

$$=\begin{cases}4 & (x>9)\\ x-5 & (2<x\le 9)\\ -2x+1 & (-1\le x\le 2)\\ 3 & (x<-1)\end{cases}$$

따라서 $y=g(f(x))$, $y=-g(x)$의 그래프는 그림과 같다.

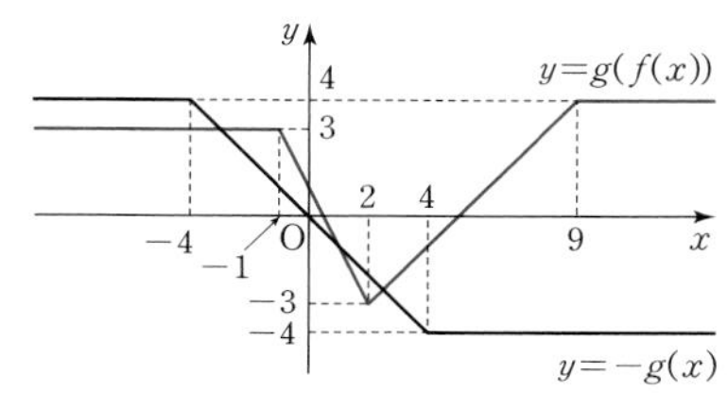

두 그래프의 교점의 x좌표는

(ⅰ) $2<x\le 9$일 때 $x-5=-x$에서 $x=\frac{5}{2}$

(ⅱ) $-1\le x\le 2$일 때 $-2x+1=-x$에서 $x=1$

(ⅲ) $x<-1$일 때 $3=-x$에서 $x=-3$

(ⅰ), (ⅱ), (ⅲ)에서 $x=-3$ 또는 $x=1$ 또는 $x=\frac{5}{2}$

답 $x=-3$ 또는 $x=1$ 또는 $x=\frac{5}{2}$

14

[전략] $g(x)=t$라 할 때 $f(t)\ge 0$인 t의 범위부터 구한다.
또는 $f(g(x))$를 $g(x)$에 대한 식으로 나타낸 다음 $g(x)$의 범위를 구한다.

$(f\circ g)(x)=f(g(x))\ge 0$에서

$\{g(x)\}^2+g(x)-6\ge 0$

$\{g(x)+3\}\{g(x)-2\}\ge 0$

$\therefore g(x)\le -3$ 또는 $g(x)\ge 2$ … ❶

$g(x)\le -3$의 해가 있으면

$-3<g(x)<2$인 x도 있다.

따라서 ❶이 모든 실수 x에 대하여 성립하면 모든 실수 x에 대하여 $g(x)\ge 2$이다.

$x^2-2ax+11\ge 2$에서

$x^2-2ax+9\ge 0$

모든 실수 x에 대하여 성립하므로

$$\frac{D}{4}=a^2-9\le 0 \qquad \therefore -3\le a\le 3$$

답 $-3\le a\le 3$

15

[전략] $0\le x<1$, $1\le x\le 2$일 때로 나누어 $f(x)$를 식으로 나타낸다.
그리고 $0\le f(x)<1$, $1\le f(x)\le 2$일 때를 생각하면
$y=f(f(x))$를 구할 수 있다.

$$f(x)=\begin{cases}2x & (0\le x<1)\\ -x+3 & (1\le x\le 2)\end{cases}$$이므로

$$f(f(x))=\begin{cases}2f(x) & (0\le f(x)<1)\\ -f(x)+3 & (1\le f(x)\le 2)\end{cases}$$

$0\le f(x)<1$일 때 $0\le x<\frac{1}{2}$

$1\le f(x)\le 2$일 때 $\frac{1}{2}\le x\le 2$

(ⅰ) $0\le x<\frac{1}{2}$일 때

$$f(f(x))=2f(x)=2(2x)=4x$$

(ⅱ) $\frac{1}{2}\le x<1$일 때

$$f(f(x))=-f(x)+3=-(2x)+3=-2x+3$$

(ⅲ) $1\le x\le 2$일 때

$$f(f(x))=-f(x)+3=-(-x+3)+3=x$$

(ⅰ), (ⅱ), (ⅲ)에서

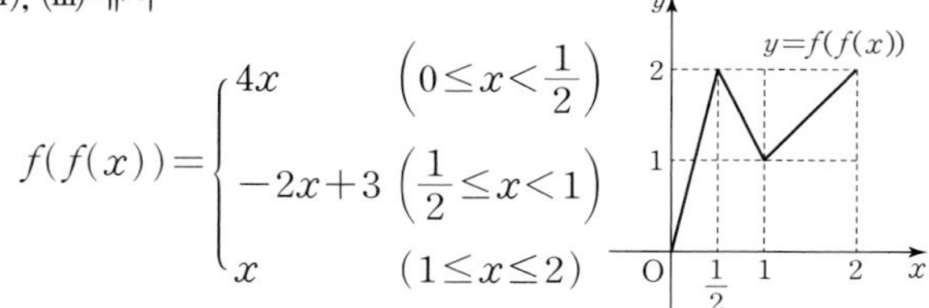

$$f(f(x))=\begin{cases}4x & \left(0\le x<\frac{1}{2}\right)\\ -2x+3 & \left(\frac{1}{2}\le x<1\right)\\ x & (1\le x\le 2)\end{cases}$$

따라서 $y=f(f(x))$의 그래프 개형은 ③이다.

답 ③

16

[전략] $x\le3$, $3<x<9$, $x\ge9$일 때로 나누어 $f(x)$를 식으로 나타낸다.
그리고 $f(x)\le3$, $3<f(x)<9$, $f(x)\ge9$일 때를 생각하면
$y=f(f(x))$를 구할 수 있다.

$$f(x)=\begin{cases}3 & (x\le3)\\ -x+6 & (3<x<9)\\ x-12 & (x\ge9)\end{cases}$$ 이므로 … ㉮

$$f(f(x))=\begin{cases}3 & (f(x)\le3)\\ -f(x)+6 & (3<f(x)<9)\\ f(x)-12 & (f(x)\ge9)\end{cases}$$

$f(x)\le3$일 때 $x\le15$이고

$f(f(x))=3$

$3<f(x)<9$일 때

$15<x<21$이고 $f(x)=x-12$이므로

$f(f(x))=-f(x)+6=-x+18$

$f(x)\ge9$일 때

$x\ge21$이고 $f(x)=x-12$이므로

$f(f(x))=f(x)-12=x-24$

곧, $f(f(x))=\begin{cases}3 & (x\le15)\\ -x+18 & (15<x<21)\\ x-24 & (x\ge21)\end{cases}$ … ㉯

$y=f(f(x))$의 그래프는 그림과 같다.

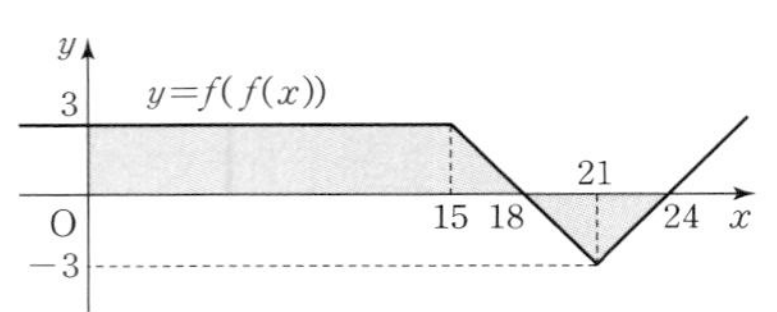

따라서 $0\le x\le24$에서 $y=f(f(x))$의 그래프와 x축, y축으로 둘러싸인 부분의 넓이는

$$\frac{1}{2}\times(18+15)\times3+\frac{1}{2}\times6\times3=\frac{117}{2}$$ … ㉰

단계	채점 기준	배점
㉮	주어진 그래프에서 $f(x)$ 구하기	20%
㉯	$f(f(x))$ 구하기	50%
㉰	$y=f(f(x))$의 그래프와 x축, y축으로 둘러싸인 부분의 넓이 구하기	30%

답 $\frac{117}{2}$

17

[전략] $f^2(x)=(f\circ f)(x)=f(f(x))=|f(x)-1|$이므로 $y=f^2(x)$의 그래프는 $y=f(x)$의 그래프를 y축 방향으로 -1만큼 평행이동한 다음 x축 아랫 부분을 꺾어 올린 모양이다.

$y=f(x)$의 그래프는 [그림 1]과 같고

$f^2(x)=(f\circ f)(x)=f(f(x))=|f(x)-1|$

이므로 $y=f^2(x)$의 그래프는 $y=f(x)$의 그래프를 y축 방향으로 -1만큼 평행이동한 다음 x축 아랫 부분을 꺾어 올린 [그림 2]와 같다.

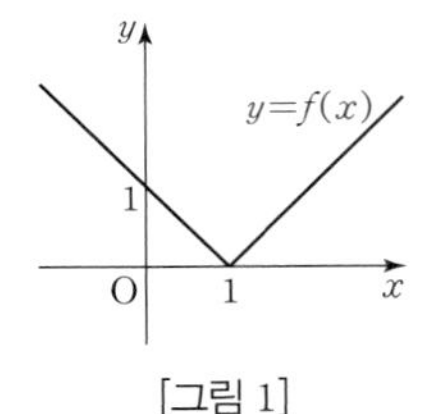

[그림 1]

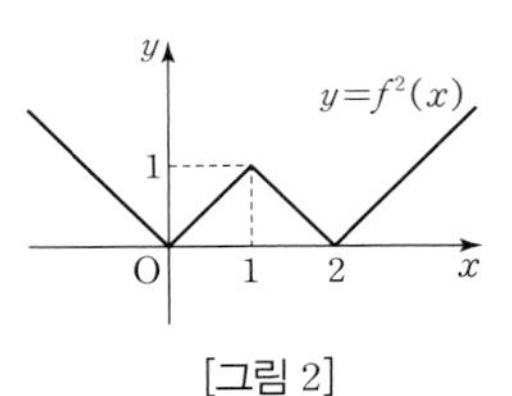

[그림 2]

마찬가지로 $y=f^{n+1}(x)$의 그래프는 $y=f^n(x)$의 그래프를 y축 방향으로 -1만큼 평행이동한 다음 x축 아랫 부분을 꺾어 올린 것이다.

$y=f^5(x)$의 그래프는 그림과 같다.

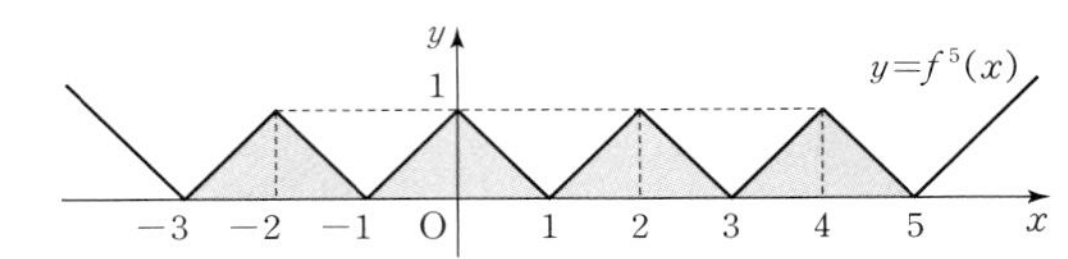

따라서 $y=f^5(x)$의 그래프와 x축으로 둘러싸인 부분의 넓이는

$$4\times\left(\frac{1}{2}\times2\times1\right)=4$$

답 ①

18

[전략] $f(1)=2$, $f^3(1)=1$에서 $f^3(1)=f^2(2)=1$이다.
따라서 $f(2)$가 1, 2, 3, 4인 때로 나누어 가능한 경우를 찾는다.

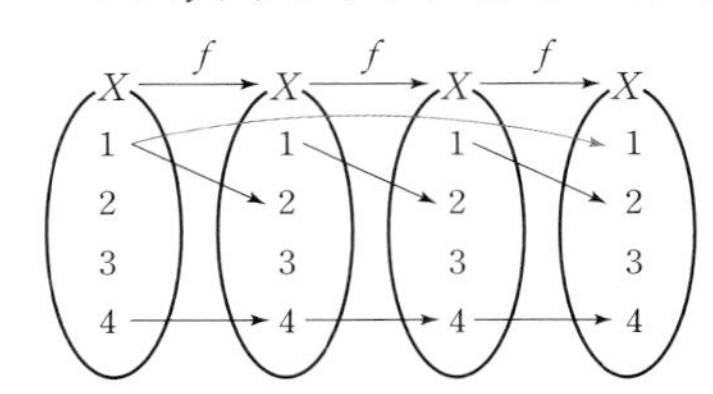

$f(1)=2$, $f^3(1)=1$이므로

$f^3(1)=f^2(f(1))=f^2(2)=1$ … ❶

(i) $f(2)=1$일 때 $f^3(1)=f(f(2))=f(1)=2$

❶에 모순이다.

(ii) $f(2)=2$일 때 $f^3(1)=f(f(2))=f(2)=2$

❶에 모순이다.

(iii) $f(2)=3$일 때 $f^3(1)=f(f(2))=f(3)$

이때 $f^3(1)=1$이므로 $f(3)=1$

(iv) $f(2)=4$일 때 $f^3(1)=f(f(2))=f(4)=4$

❶에 모순이다.

따라서 $f(1)=2$, $f(2)=3$, $f(3)=1$, $f(4)=4$

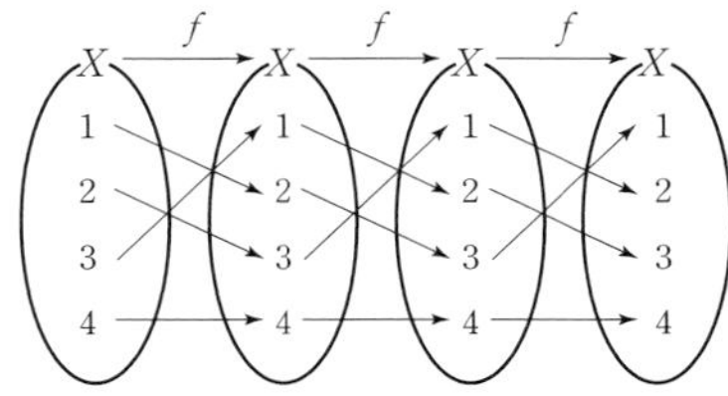

그림에서 $f^3(x)=x$

곧, $f^3=I$이므로

$f^{100}=f\circ(f^3)^{33}=f$, $f^{101}=f^2$, $f^{102}=f^3=I$이고

$f^{100}(1)=f(1)=2$

$f^{101}(2)=f^2(2)=f(f(2))=f(3)=1$

$f^{102}(3)=I(3)=3$

$\therefore f^{100}(1)+f^{101}(2)+f^{102}(3)=6$

답 6

Note

결합법칙이 성립하므로 $f\circ f^n=f^n\circ f$

19

[전략] (나)에서 $f(1)=2$ 또는 $f(2)=4$를 만족시키는 경우로 나눈다.
(가)를 만족시키는 f를 만든다.

(나)에서 $f(1)=2$와 $f(2)=4$ 중 적어도 하나가 성립한다.

(i) $f(1)=2$일 때

(가)에서 $(f\circ f)(1)=1$이므로

$f(2)=1$

$\therefore f(3)=3, f(4)=4$ 또는

$f(3)=4, f(4)=3$

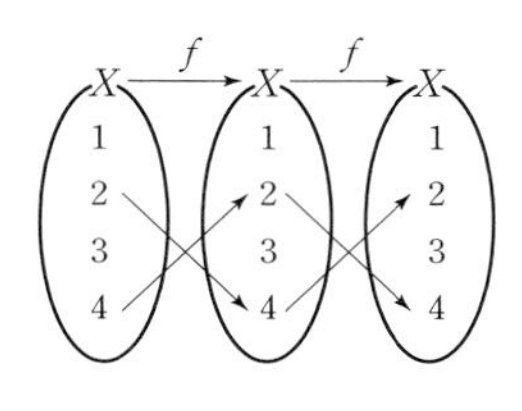

따라서 f의 개수는 2이다.

(ii) $f(2)=4$일 때

(가)에서 $(f\circ f)(2)=2$이므로

$f(4)=2$

$\therefore f(1)=1, f(3)=3$ 또는

$f(1)=3, f(3)=1$

따라서 f의 개수는 2이다.

(i), (ii)에서 중복되는 경우는 없으므로 f의 개수는

$2+2=4$

답 4

20

[전략] 결합법칙, 역함수의 성질을 이용하여 정리한다.

$(f\circ g)\circ h=f\circ(g\circ h)$, $(f\circ g)^{-1}=g^{-1}\circ f^{-1}$

$$g^{-1}\circ(f\circ g^{-1})^{-1}\circ g=g^{-1}\circ(g\circ f^{-1})\circ g$$
$$=(g^{-1}\circ g)\circ f^{-1}\circ g$$
$$=f^{-1}\circ g$$

$f(x)=2x-3$, $g(x)=-3x+5$이고

$f^{-1}(x)=\frac{1}{2}x+\frac{3}{2}$이므로

$$f^{-1}(g(x))=\frac{1}{2}g(x)+\frac{3}{2}$$
$$=\frac{1}{2}(-3x+5)+\frac{3}{2}$$
$$=-\frac{3}{2}x+4$$

$\therefore a=-\frac{3}{2}, b=4$

답 $a=-\frac{3}{2}, b=4$

다른 풀이

$(f^{-1}\circ g)(x)=ax+b$에서

$(f\circ f^{-1}\circ g)(x)=f(ax+b)$

$g(x)=f(ax+b)$

$-3x+5=2(ax+b)-3$

$\therefore -3x+5=2ax+2b-3$

계수를 비교하면 $-3=2a$, $5=2b-3$

$\therefore a=-\frac{3}{2}, b=4$

21

[전략] $f\circ g=I$ 또는 $g=f^{-1}$를 이용한다.

$y=\frac{1}{2}g(3x-1)+4$에서 $g(3x-1)=2y-8$

$(f\circ g)(3x-1)=3x-1$이므로

$3x-1=f(2y-8)$, $x=\frac{1}{3}f(2y-8)+\frac{1}{3}$

x, y를 서로 바꾸면 $y=\frac{1}{3}f(2x-8)+\frac{1}{3}$

답 ①

다른 풀이

$g=f^{-1}$이므로 $y=\frac{1}{2}f^{-1}(3x-1)+4$

$f^{-1}(3x-1)=2y-8$, $3x-1=f(2y-8)$

$x=\frac{1}{3}f(2y-8)+\frac{1}{3}$

x, y를 서로 바꾸면 $y=\frac{1}{3}f(2x-8)+\frac{1}{3}$

22

[전략] $y=f(x)$의 그래프를 그려 f가 일대일함수이고, 치역과 공역이 같을 조건을 생각하면 a, b의 값의 범위와 a, b의 관계식을 구할 수 있다.

$f_1(x)=x^2-ax+3$,

$f_2(x)=-x^2+2bx-3$이라 하자.

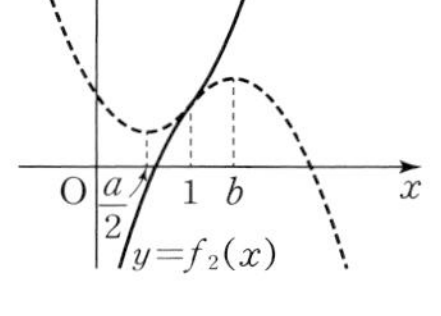

$$f_1(x)=\left(x-\frac{a}{2}\right)^2-\frac{a^2}{4}+3$$
$$f_2(x)=-(x-b)^2+b^2-3$$

이고 f가 일대일함수이면

$\frac{a}{2}\le 1$, $b\ge 1$ … ❶

또 치역이 R이므로 $f_1(1)=f_2(1)$

$1-a+3=-1+2b-3$ $\quad\therefore 2b=8-a$ … ❷

$3a+2b$에 대입하면 $3a+2b=8+2a$

❶에서 $b\ge 1$이므로 ❷에서 $2b=8-a\ge 2$ $\quad\therefore a\le 6$

❶과 공통인 부분은 $a\le 2$

따라서 $a=2$일 때 $8+2a$의 최댓값은 12이다.

답 ②

23

[전략] $f\circ f\circ h=g$를 이용하여 $h(x)$를 구한 다음
$y=h(x)$의 그래프를 그리고 $h(x)$가 일대일대응일 조건을 찾는다.

$f(x)=x-2$, $g(x)=-3x^2+6x+1$에서

$(f\circ f)(x)=f(f(x))=f(x)-2=x-4$

$(f\circ f\circ h)(x)=(f\circ f)(h(x))=h(x)-4$

따라서 $f\circ f\circ h=g$에서 $h(x)-4=-3x^2+6x+1$

$\therefore h(x)=-3x^2+6x+5$

$=-3(x-1)^2+8$ … ㉮

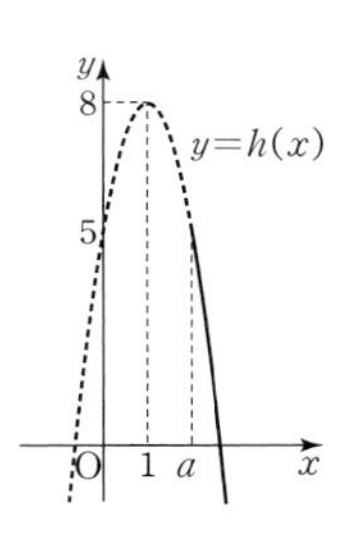

$x\ge a$에서 $h(x)$가 일대일대응이면 $a\ge 1$이므로 a의 최솟값은 1이다. … ㉯

또 $h^{-1}(-4)=k$라 하면 $h(k)=-4$이므로

$-3k^2+6k+5=-4$

$k^2-2k-3=0$

$k\ge 1$이므로 $k=3$ … ㉰

단계	채점 기준	배점
㉮	$f\circ f\circ h=g$를 만족시키는 $h(x)$ 구하기	40%
㉯	$x\geq a$에서 h의 역함수가 있을 때 a의 최솟값 구하기	30%
㉰	a가 최솟값을 가질 때의 $h^{-1}(-4)$의 값 구하기	30%

답 a의 최솟값 : 1, $h^{-1}(-4)=3$

Note

1. $f\circ f\circ h$를 다음과 같이 정리할 수도 있다.
   $(f\circ f\circ h)(x)=f(f(h(x)))=f(h(x)-2)$
   $=\{h(x)-2\}-2=h(x)-4$
2. $h(x)$의 공역은 치역이라고 생각한다.

24

[전략] 방정식 $f(x)=f^{-1}(x)$를 풀 때에는 $y=f(x)$, $y=f^{-1}(x)$의 그래프가 직선 $y=x$에 대칭임을 이용한다.

$\{f(x)\}^2=f(x)f^{-1}(x)$에서

$f(x)\{f(x)-f^{-1}(x)\}=0$

$\therefore f(x)=0$ 또는 $f(x)=f^{-1}(x)$

$f(x)=\begin{cases} 2x+3 & (x<-1) \\ \frac{1}{2}x+\frac{3}{2} & (x\geq -1)\end{cases}$ 이므로

(i) $f(x)=0$의 해는

$2x+3=0$에서 $x=-\frac{3}{2}$

(ii) $f(x)=f^{-1}(x)$의 해는

$y=f(x)$의 그래프와 직선 $y=x$의 교점의 x좌표와 같으므로

$2x+3=x$에서 $x=-3$

$\frac{1}{2}x+\frac{3}{2}=x$에서 $x=3$

(i), (ii)에서 $x=-\frac{3}{2}$ 또는 $x=-3$ 또는 $x=3$

따라서 실근의 곱은 $\frac{27}{2}$ 답 ⑤

25

[전략] $y=f(x)$와 $y=g(x)$의 그래프의 교점이 있을 조건을 찾고, 두 그래프는 직선 $y=x$에 대칭임을 이용한다.

방정식 $f(x)=g(x)$의 실근이 있으므로 $y=f(x)$와 $y=g(x)$의 그래프는 만난다.
이때 두 그래프는 직선 $y=x$에 대칭이므로 $y=f(x)$의 그래프와 직선 $y=x$는 $x\geq 2$에서 만난다.

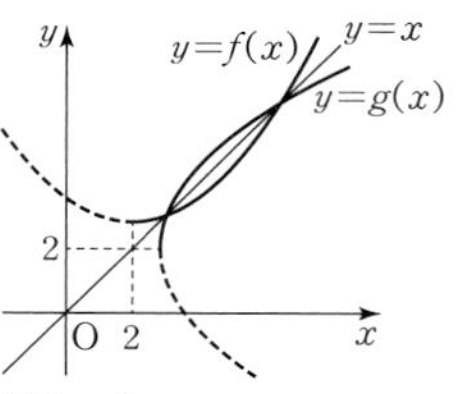

곧, 방정식 $f(x)=x$는 $x\geq 2$에서 실근을 갖는다.

$x^2-4x-a=x$에서 $x^2-5x-a=0$

$h(x)=x^2-5x-a$라 하면 $y=h(x)$의 그래프가 $x\geq 2$에서 x축과 만나므로

$D=25+4a\geq 0$

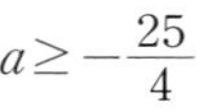

$a\geq -\frac{25}{4}$

따라서 a의 최솟값은 $-\frac{25}{4}$

답 ①

26

[전략] 함수와 그 역함수의 그래프의 교점은 직선 $y=x$를 이용한다.

두 함수 $y=f(x)$와 $y=f^{-1}(x)$의 그래프는 직선 $y=x$에 대칭이고, 그래프의 교점은 $y=f(x)$의 그래프와 직선 $y=x$의 교점이다.

교점을 $A(\alpha, \alpha)$, $B(\beta, \beta)$ $(\alpha<\beta)$라 하면 $\overline{AB}=1$이므로

$(\beta-\alpha)^2+(\beta-\alpha)^2=1$ $\cdots$ ❶

$y=f(x)$와 $y=x$에서

$x^2+4x+a=x$, $x^2+3x+a=0$

해가 α, β이므로 $\alpha+\beta=-3$, $\alpha\beta=a$

$\therefore (\beta-\alpha)^2=(\alpha+\beta)^2-4\alpha\beta=9-4a$

❶에 대입하면 $2(9-4a)=1$

$\therefore a=\frac{17}{8}$ 답 $\frac{17}{8}$

절대등급 Note

$y=f(x)$와 $y=f^{-1}(x)$의 그래프의 교점이 반드시 직선 $y=x$ 위에만 있는 것은 아니다.

예를 들어 함수 $f(x)=\begin{cases} x^2 & (x<0) \\ -x^2 & (x\geq 0)\end{cases}$

일 때, $y=f(x)$와 $y=f^{-1}(x)$의 그래프의 교점은 직선 $y=x$ 위 외에도 있다.

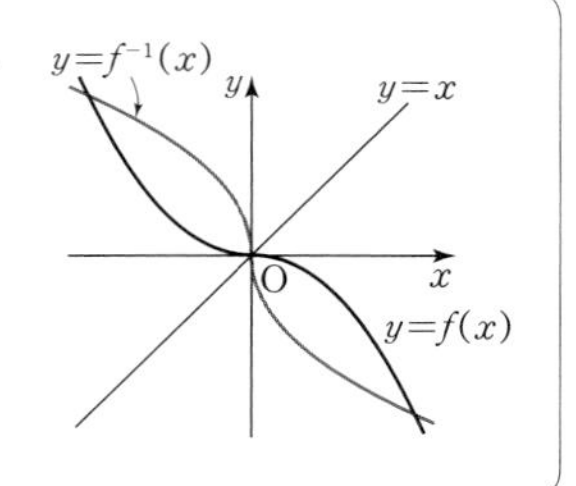

27

[전략] $y=f(x)$와 $y=f^{-1}(x)$의 그래프의 교점은 직선 $y=x$를 이용한다. 교점의 x좌표를 α, β라 하고 근과 계수의 관계를 이용한다.

$f(x)=\begin{cases} (a+2)x-2 & (x<1) \\ (a-2)x+2 & (x\geq 1)\end{cases}$

이므로 $f(x)$의 역함수가 있고,
$y=f(x)$와 $y=g(x)$의 그래프가 두 점에서 만나면

$a+2>1$, $0<a-2<1$

$\therefore 2<a<3$

또 $y=f(x)$와 $y=g(x)$의 그래프로 둘러싸인 부분의 넓이는 $y=f(x)$의 그래프와 직선 $y=x$로 둘러싸인 삼각형 ABC의 넓이의 2배이다. $\cdots$ ㉮

$y=f(x)$의 그래프와 직선 $y=x$의 교점을 $A(\alpha, \alpha)$, $B(\beta, \beta)$ $(\alpha<\beta)$라 하면

α는 $(a+2)x-2=x$의 해이므로 $\alpha=\frac{2}{a+1}$

$\therefore A\left(\frac{2}{a+1}, \frac{2}{a+1}\right)$

β는 $(a-2)x+2=x$의 해이므로 $\beta=-\frac{2}{a-3}$

$\therefore B\left(-\frac{2}{a-3}, -\frac{2}{a-3}\right)$

$\overline{AB}=\sqrt{(\beta-\alpha)^2+(\beta-\alpha)^2}$

$=\sqrt{2}(\beta-\alpha)=\sqrt{2}\left(-\frac{2}{a-3}-\frac{2}{a+1}\right)$ … ㉯

C$(1, a)$이고 점 C와 직선 $y=x$ 사이의 거리는

$\frac{|1-a|}{\sqrt{1^2+(-1)^2}}=\frac{a-1}{\sqrt{2}}$ $(\because 2<a<3)$ … ㉰

삼각형 ABC의 넓이가 2이므로

$\frac{1}{2}\times\sqrt{2}\left(-\frac{2}{a-3}-\frac{2}{a+1}\right)\times\frac{a-1}{\sqrt{2}}=2$

$\frac{-2(a-1)^2}{(a+1)(a-3)}=2$, $-(a-1)^2=(a+1)(a-3)$

$a^2-2a-1=0$

$2<a<3$이므로 $a=1+\sqrt{2}$ … ㉱

단계	채점 기준	배점
㉮	둘러싸인 부분의 넓이는 $y=x$에 대칭임을 이해하기	20%
㉯	선분 AB의 길이 구하기	30%
㉰	점 C와 선분 AB 사이의 거리 구하기	20%
㉱	삼각형 ABC의 넓이를 이용하여 a의 값 구하기	30%

답 $1+\sqrt{2}$

Note

$a-2\leq 0$이면 함수 $y=f(x)$는 일대일대응이 아니므로 역함수가 존재하지 않는다.

28

[전략] x, y에 적당한 값을 대입하여 $f(0)$, $f(1)$, $f(-1)$, …을 구하면 $f(6)$을 앞에서 구한 값으로 나타낼 수 있다.

$f(2x+y)=4f(x)+f(y)+xy+4$에

(i) $x=0$, $y=0$을 대입하면

$f(0)=4f(0)+f(0)+4$

$\therefore f(0)=-1$

(ii) $x=1$, $y=-1$을 대입하면

$f(1)=4f(1)+f(-1)+3$ … ❶

(iii) $x=-1$, $y=1$을 대입하면

$f(-1)=4f(-1)+f(1)+3$ … ❷

❶, ❷를 연립하여 풀면 $f(1)=f(-1)=-\frac{3}{4}$

(iv) $x=1$, $y=0$을 대입하면

$f(2)=4f(1)+f(0)+4$

$\therefore f(2)=0$

(v) $x=2$, $y=2$를 대입하면

$f(6)=4f(2)+f(2)+8$

$\therefore f(6)=8$

답 ②

29

[전략] $n=100$을 기준으로 함수의 정의가 바뀌므로 $f(100)$, $f(99)$, $f(98)$, …을 차례로 구하면 규칙을 찾을 수 있다.

$f(100)=98$

$f(99)=f(f(103))=f(101)=99$

$f(98)=f(f(102))=f(100)=98$

$f(97)=f(f(101))=f(99)=99$

$f(96)=f(f(100))=f(98)=98$

$f(95)=f(f(99))=f(99)=99$

$f(94)=f(f(98))=f(98)=98$

$f(93)=f(f(97))=f(99)=99$

⋮

$\therefore f(81)+f(82)+f(83)+\cdots+f(99)+f(100)$

$=99\times 10+98\times 10=1970$

답 1970

Note

m이 50 이하의 자연수일 때

$f(2m)=98$, $f(2m-1)=99$

30

[전략] S에서 $f(n)$을 구한 다음 f가 일대일대응이 되게 하는 S의 부분집합을 생각한다.

$S=\{9, 18, 27, 36, 45, 54, 63, 72, 81, 90, 99\}$이므로

$f(9)=f(72)=2$

$f(18)=f(81)=4$

$f(27)=f(90)=6$

$f(36)=f(99)=1$

$f(45)=3$, $f(54)=5$, $f(63)=0$

역함수가 존재하면 일대일대응이므로

X는 45, 54, 63을 포함하고

9와 72 중 하나, 18과 81 중 하나, 27과 90 중 하나, 36과 99 중 하나를 포함한다.

따라서 집합 X의 개수는 $2\times2\times2\times2=16$

답 16

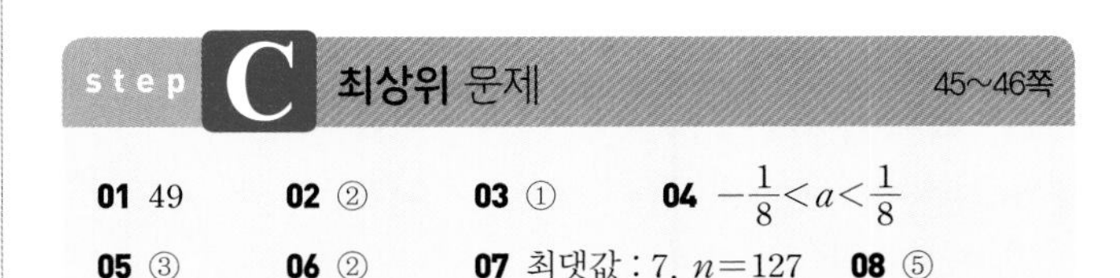

step C 최상위 문제 45~46쪽

01 49 **02** ② **03** ① **04** $-\frac{1}{8}<a<\frac{1}{8}$

05 ③ **06** ② **07** 최댓값 : 7, $n=127$ **08** ⑤

01

[전략] $ab\geq 0$이므로 $a\neq 0$이면 축이 y축의 왼쪽에 있다. $a=0$, $a>0$, $a<0$일 때로 나누어 생각한다.

(i) $a=0$일 때

$f(x)=bx+1$이므로 $y=f(x)$의 그래프는 직선이다.

$2\leq f(1)\leq 100$이고 $2\leq f(5)\leq 100$

$2\leq b+1\leq 100$이고 $2\leq 5b+1\leq 100$

$1\leq b\leq 99$이고 $\frac{1}{5}\leq b\leq\frac{99}{5}$

b는 정수이므로 $b=1, 2, 3, \cdots, 19$

따라서 순서쌍 (a, b)는 19개이다. … ㉮

(ii) $a>0$일 때 $b\geq0$이고

축 $x=-\dfrac{b}{2a}$에서 $-\dfrac{b}{2a}\leq0$이다.

따라서 $f(1)\geq2$이고 $f(5)\leq100$

$a+b+1\geq2$이고 $25a+5b+1\leq100$

$b\geq-a+1$이고 $b\leq-5a+\dfrac{99}{5}$

곧, $-a+1\leq b\leq-5a+\dfrac{99}{5}$

$a=1$일 때 $0\leq b\leq\dfrac{74}{5}$이므로 정수 b는 15개

$a=2$일 때 $-1\leq b\leq\dfrac{49}{5}$이고 $b\geq0$이므로 정수 b는 10개

$a=3$일 때 $-2\leq b\leq\dfrac{24}{5}$이고 $b\geq0$이므로 정수 b는 5개

따라서 순서쌍 (a, b)는 30개이다. … ㉯

(iii) $a<0$일 때 $b\leq0$이고

축 $x=-\dfrac{b}{2a}$에서 $-\dfrac{b}{2a}\leq0$이다.

$f(0)=1$이므로 $1\leq x\leq5$일 때

$f(x)<1$이다.

따라서 가능한 경우는 없다. … ㉰

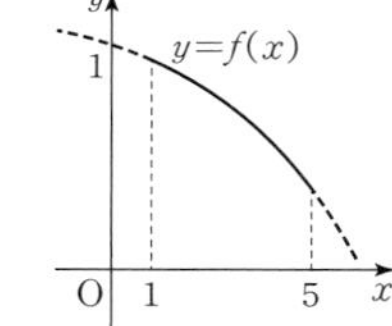

(i), (ii), (iii)에서 순서쌍 (a, b)는 49개이다.

단계	채점 기준	배점
㉮	$a=0$일 때 순서쌍 (a, b)의 개수 구하기	30%
㉯	$a>0$일 때 순서쌍 (a, b)의 개수 구하기	50%
㉰	$a<0$일 때 순서쌍 (a, b)의 개수 구하기	20%

답 49

02

[전략] a, b는 $f(f(x))=f(x)$를 만족시키므로 $f(t)=t$의 해부터 찾는다.
그리고 $g(a)$, $g(b)$가 X의 원소임에 주의한다.

$g(a)=f(f(a))=f(a)$, $g(b)=f(f(b))=f(b)$이므로

a, b는 방정식 $f(f(x))=f(x)$의 해이다.

$f(x)=t$라 하면 $f(t)=t$

[그림 1]에서 $f(t)=t$의 해는

$t=0$, α, β, γ이다.

$f(x)=0$의 해는 $x=0$

[그림 2]와 같이 $f(x)=\alpha$의 해는

α와 α가 아닌 두 실수 α_1, α_2이다.

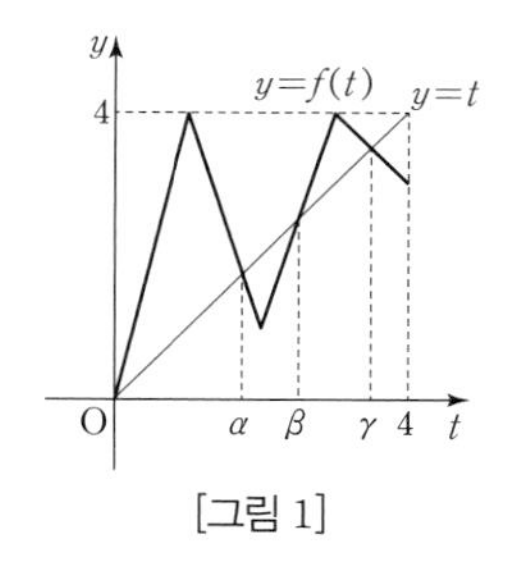

[그림 1]

$g(\alpha)=f(f(\alpha))=f(\alpha)=\alpha$

$g(\alpha_1)=f(f(\alpha_1))=f(\alpha)=\alpha$

$g(\alpha_2)=f(f(\alpha_2))=f(\alpha)=\alpha$

$g(x)$는 X에서 X로의 함수이므로 α_1 또는 α_2가 X의 원소이면 α도 X의 원소이다.

따라서 가능한 X는 $X=\{\alpha_1, \alpha\}$ 또는 $X=\{\alpha, \alpha_2\}$로 2개이다.

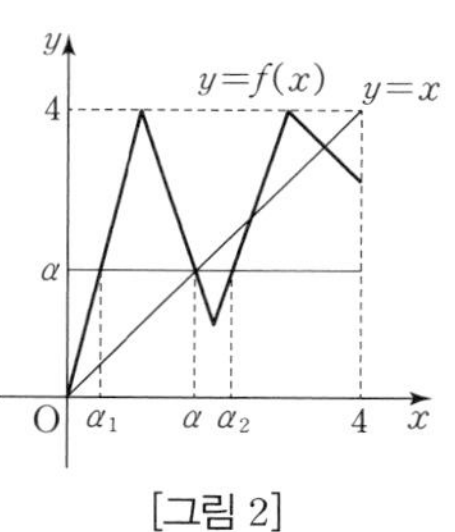

[그림 2]

같은 이유로 [그림 3]에서

$f(x)=\beta$의 해는 β와 β가 아닌 두 실수 β_1, β_2이므로 가능한 X는

$X=\{\beta_1, \beta\}$ 또는 $X=\{\beta_2, \beta\}$로 2개이다.

$f(x)=\gamma$의 해는 γ와 γ가 아닌 세 실수 γ_1, γ_2, γ_3이므로 가능한 X는

$X=\{\gamma_1, \gamma\}$ 또는 $X=\{\gamma_2, \gamma\}$ 또는

$X=\{\gamma_3, \gamma\}$로 3개이다.

[그림 3]

또 $g(0)=0$, $g(\alpha)=\alpha$, $g(\beta)=\beta$, $g(\gamma)=\gamma$이므로 0, α, β, γ 중 2개가 원소인 X도 가능하다. 곧, 가능한 X는

$\{0, \alpha\}$, $\{0, \beta\}$, $\{0, \gamma\}$, $\{\alpha, \beta\}$, $\{\alpha, \gamma\}$, $\{\beta, \gamma\}$로 6개이다.

따라서 X의 개수는 $2+2+3+6=13$

답 ②

03

[전략] $f(x)=\begin{cases}2x & \left(0\leq x<\frac{1}{2}\right)\\ -2x+2 & \left(\frac{1}{2}\leq x\leq1\right)\end{cases}$

이므로 $0\leq f(x)<\frac{1}{2}$, $\frac{1}{2}\leq f(x)\leq1$일 때로 나누면 $y=(f\circ f)(x)$를 구할 수 있다.

$$f(x)=\begin{cases}2x & \left(0\leq x<\dfrac{1}{2}\right)\\ -2x+2 & \left(\dfrac{1}{2}\leq x\leq1\right)\end{cases}\text{이므로}$$

$$f(f(x))=\begin{cases}2f(x) & \left(0\leq f(x)<\dfrac{1}{2}\right)\\ -2f(x)+2 & \left(\dfrac{1}{2}\leq f(x)\leq1\right)\end{cases}$$

$$=\begin{cases}2(2x) & \left(0\leq 2x<\dfrac{1}{2}\right)\\ 2(-2x+2) & \left(0\leq -2x+2<\dfrac{1}{2}\right)\\ -2(2x)+2 & \left(\dfrac{1}{2}\leq 2x<1\right)\\ -2(-2x+2)+2 & \left(\dfrac{1}{2}\leq -2x+2\leq1\right)\end{cases}$$

$$=\begin{cases}4x & \left(0\leq x<\dfrac{1}{4}\right)\\ -4x+4 & \left(\dfrac{3}{4}<x\leq1\right)\\ -4x+2 & \left(\dfrac{1}{4}\leq x<\dfrac{1}{2}\right)\\ 4x-2 & \left(\dfrac{1}{2}\leq x\leq\dfrac{3}{4}\right)\end{cases}$$

$y=(f\circ f)(x)$의 그래프는 오른쪽 위 그림과 같다.

마찬가지로 $y=(f\circ f\circ f)(x)$를 구하고 그래프를 그리면 오른쪽 아래 그림과 같다.

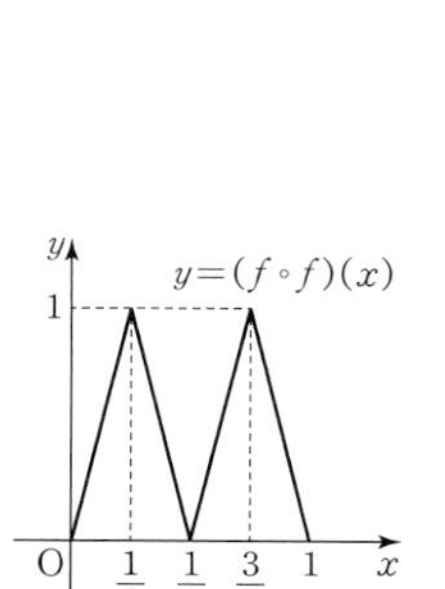

$(f \circ f \circ f)(x)=x$의 해는
$y=(f \circ f \circ f)(x)$의 그래프와 직선
$y=x$의 교점의 x좌표이므로 8개이다.
X는 해집합의 공집합이 아닌 부분집합
이므로 개수는

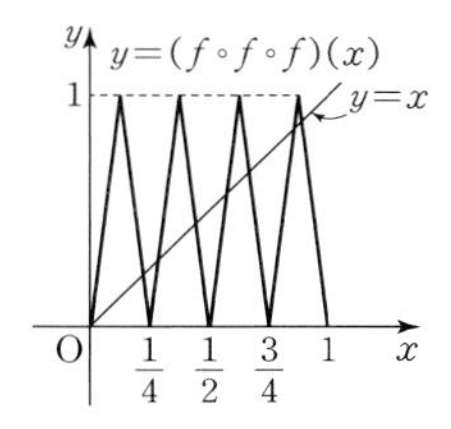

$2^8-1=255$

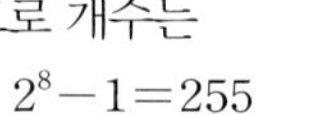

답 ①

Note

$y=f(x)$의 그래프는 직선 $y=2x-1$에서 x축 아랫부분을 꺾어 올린 다음 x축에 대칭한 후 y축 방향으로 1만큼 평행이동한 꼴이므로

$f(x)=1-|2x-1|$,

또 $f(f(x))=1-|2f(x)-1|$에서

$2f(x)-1$은 $f(x)$를 2배한 다음 y축 방향으로 -1만큼 평행이동한 꼴이므로 그래프는 [그림 1]과 같다.

$-|2f(x)-1|$은 [그림 1]에서 x축 아랫부분을 꺾어 올린 다음 x축에 대칭한 꼴이므로 [그림 2]와 같다.

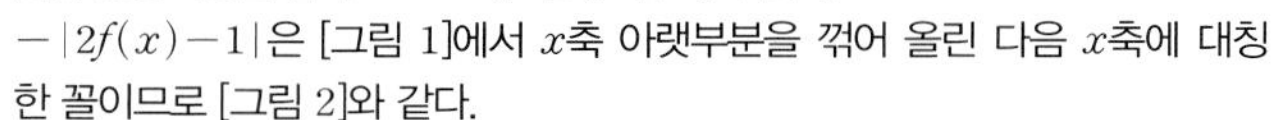

따라서 $y=f(f(x))$의 그래프는 [그림 2]의 그래프를 y축 방향으로 1만큼 평행이동한 꼴이므로 [그림 3]과 같다.

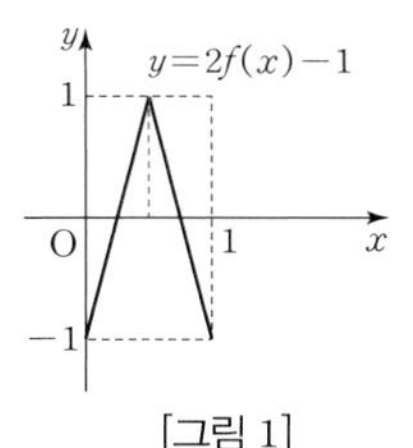

[그림 1]

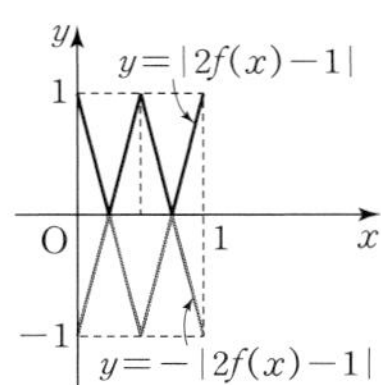

[그림 2]

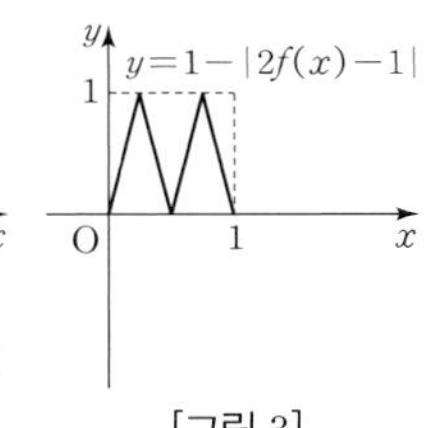

[그림 3]

마찬가지로 $(f \circ f \circ f)(x)=1-|2(f \circ f)(x)-1|$이므로 위와 같이 생각하면 $y=(f \circ f \circ f)(x)$의 그래프도 그릴 수 있다.

04

[전략] $a \geq 0$일 때와 $a<0$일 때로 나누고
두 곡선 $y=f(x)$, $y=g(x)$는 직선 $y=x$에 대칭임을 이용하면
두 곡선이 서로 다른 세 점에서 만날 조건을 찾을 수 있다.

(i) $a \geq 0$일 때

곡선 $y=f(x)$와 $y=g(x)$는 직선 $y=x$에 대칭이므로 그림과 같이 곡선 $y=f(x)$가 직선 $y=x$와 세 점에서 만난다.

곧, $x \geq 0$에서 곡선 $y=2x^2+a$가 직선 $y=x$와 서로 다른 두 점에서 만나면 $x<0$에서는 한 점에서 만난다.

곡선 $y=2x^2+a$와 직선 $y=x$가 접할 때

$2x^2+a=x$, 곧 $2x^2-x+a=0$에서

$$D_1=1-8a=0 \qquad \therefore a=\frac{1}{8}$$

따라서 서로 다른 두 점에서 만나면 $0 \leq a<\frac{1}{8}$

(ii) $a<0$일 때

마찬가지로 $x<0$에서 곡선 $y=-2x^2+a$와 직선 $y=x$가 서로 다른 두 점에서 만나면 된다.

$-2x^2+a=x$, 곧 $2x^2+x-a=0$에서

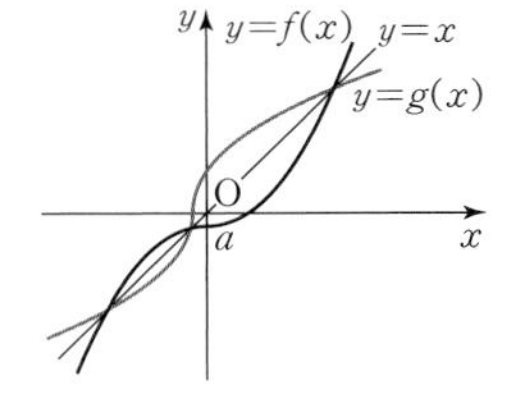

$$D_2=1+8a=0 \qquad \therefore a=-\frac{1}{8}$$

따라서 서로 다른 두 점에서 만나면 $-\frac{1}{8}<a<0$

(i), (ii)에서 $-\frac{1}{8}<a<\frac{1}{8}$

답 $-\frac{1}{8}<a<\frac{1}{8}$

05

[전략] 일대일대응인지 보일 때에는 일대일함수인지 확인하고,
치역과 공역을 비교한다.

ㄱ. $x_1 \neq x_2$이면 $g(x_1) \neq g(x_2)$

$\therefore f(g(x_1)) \neq f(g(x_2))$

따라서 $f \circ g$는 일대일함수이다.

또 g의 치역이 X이므로 $f(g(x))$의 치역도 X이다.

따라서 $f \circ g$도 일대일대응이다. (참)

ㄴ. f, g가 다음과 같으면 $f \circ g$가 항등함수이지만 f, g는 항등함수가 아니다. (거짓)

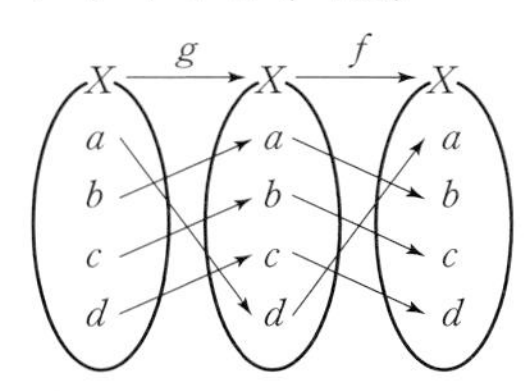

ㄷ. $g(x_1)=g(x_2)$이면 $f(g(x_1))=f(g(x_2))$이므로

$x_1=x_2$

따라서 g는 일대일함수이다.

또 g의 치역의 원소가 3개이면 $f \circ g$의 치역의 원소가 3개 이하이므로 $f \circ g$가 일대일대응이라는 것에 모순이다.

곧, g의 치역의 원소는 4개이고 치역은 X이다.

따라서 g는 일대일대응이다.

이때 g의 역함수가 있으므로 $f=(f \circ g) \circ g^{-1}$이고 f는 일대일대응의 합성이므로 일대일대응이다. (참)

따라서 옳은 것은 ㄱ, ㄷ이다.

답 ③

06

[전략] $f \circ g \circ f$가 일대일대응이므로 f, g는 일대일대응이다.
다음과 같이 그림으로 나타내고 생각한다.

(다)에서 $f \circ g \circ f$가 일대일대응이므로 f, g는 일대일대응이다.
조건을 나타내면 그림의 검정 화살표이다.

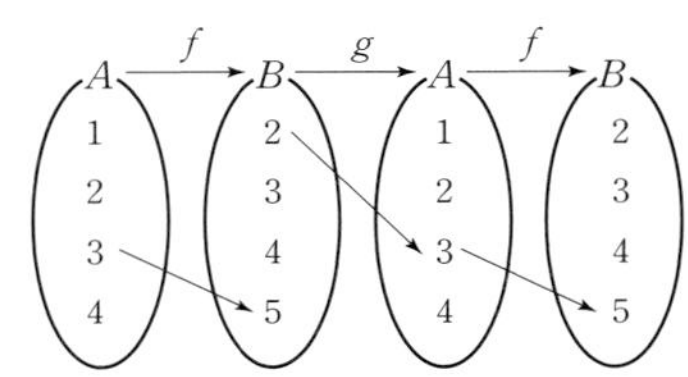

(나)에서 어떤 x에 대하여 $g(x)=x$이고 g는 일대일대응이므로 가능한 경우는 $g(4)=4$이다.
또 $(f \circ g)(2)=5$이고 (다)에서 $(f \circ g \circ f)(4)=5$, f는 일대일대응이므로 $f(4)=2$

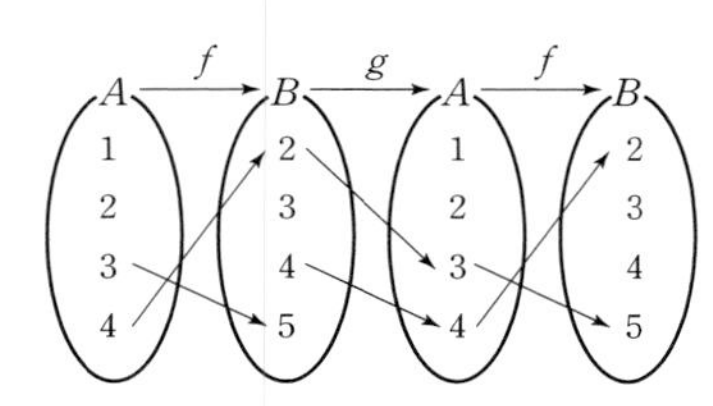

$(f\circ g)(4)=2$, (다)에서 $(f\circ g\circ f)(1)=2$, f는 일대일대응이므로 $f(1)=4$

이때 $f(2)=3$

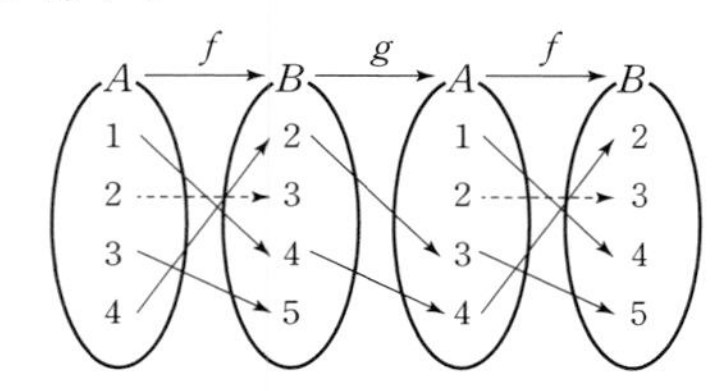

또 (다)에서 $(f\circ g\circ f)(2)=3$이고

$(f\circ g\circ f)(2)=(f\circ g)(f(2))=(f\circ g)(3)=3$

이므로 $g(3)=2$

따라서 $g(5)=1$이고 $(f\circ g\circ f)(3)=4$를 만족시킨다.

$\therefore f(1)=4,\ g(3)=2,\ f(1)+g(3)=6$ 답 ②

다른 풀이

f, g가 일대일대응인지 모르는 경우 다음과 같이 풀 수 있다.

$f(a)=2$라 하면 (다)에서

$f(g(2))=a+1,\ f(3)=a+1$

$f(3)=5$이므로 $a=4$, $f(4)=2$

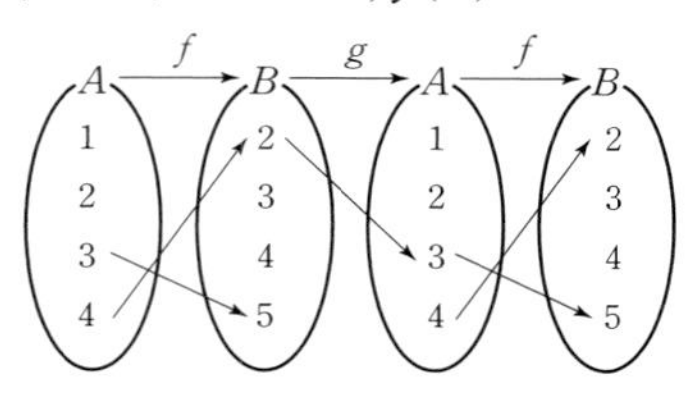

(나)에 의해 $g(3)=3$ 또는 $g(4)=4$이다.

(다)에 의해 $g(5)$는 3과 4가 아니다.

(i) $g(3)=3$일 때

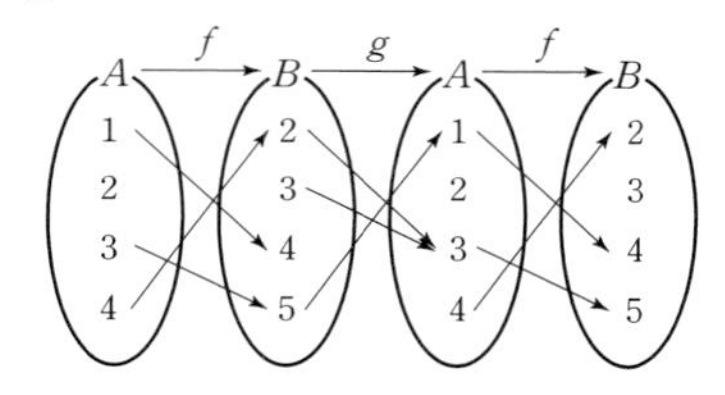

$g(5)=1$이면 (다)에 의해 $f(1)=4$

이 경우 $(f\circ g\circ f)(1)=2$이므로

$g(4)=4$ 또는 $g(4)=2$이고 $f(2)=2$

$g(4)=4$이면 위 그림에서 $f(2)$는 어떤 값이어도 (다)를 만족시키지 않는다.

$g(4)=2$이고 $f(2)=2$인 경우도 $x=2$일 때 (다)를 만족시키지 않는다.

(ii) $g(4)=4$일 때

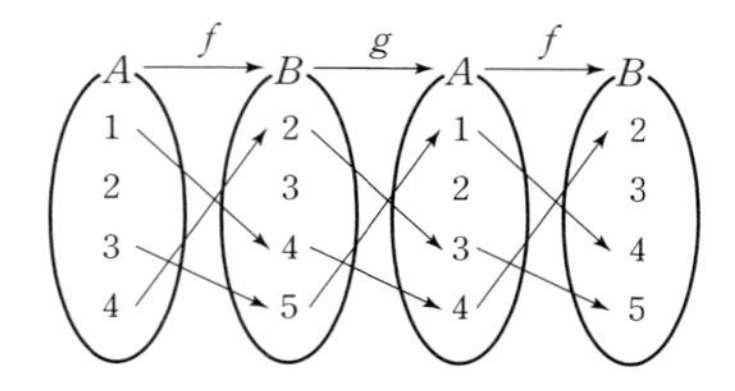

$g(5)=1$이면 (다)에서 $f(1)=4$이다.

또 $x=2$일 때 (다)이면 $f(2)=3$, $g(3)=2$이다.

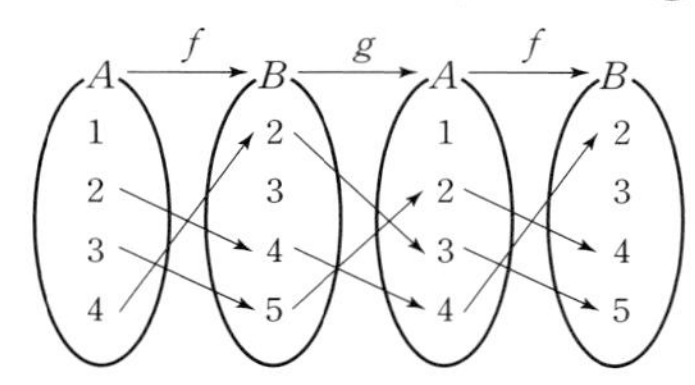

$g(5)=2$이면 (다)에서 $f(2)=4$이고

이때 $(f\circ g\circ f)(2)=2$이므로 모순이다.

$\therefore f(1)=4,\ g(3)=2$

07

[전략] $n=2m$이면 $f(n)=f(m)$, $n=2m+1$이면 $f(n)=f(m)+1$이므로 $f(n)$이 최대이면 n이 홀수이다.
같은 이유로 $f(m)$이 최대이면 m도 홀수이다.

n을 2로 나눈 몫을 a_1, 나머지를 r_1이라 하면

$f(n)=f(2a_1+r_1)=f(a_1)+r_1$

a_1을 2로 나눈 몫을 a_2, 나머지를 r_2라 하면

$f(a_1)=f(2a_2+r_2)=f(a_2)+r_2$

a_2를 2로 나눈 몫을 a_3, 나머지를 r_3이라 하면

$f(a_2)=f(2a_3+r_3)=f(a_3)+r_3$

$\vdots$

2로 나눈 나머지는 0 또는 1이므로 $f(n)$이 최대이면

$r_1=r_2=r_3=\cdots=1$

$$\begin{aligned}\therefore n&=2a_1+1\\&=2(2a_2+1)+1=2^2a_2+2+1\\&=2^2(2a_3+1)+2+1=2^3a_3+2^2+2+1\\&=2^3(2a_4+1)+2^2+2+1=2^4a_4+2^3+2^2+2+1\\&\ \vdots\\&=2^{k-1}(2\times1+1)+2^{k-2}+\cdots+2+1\\&=2^k+2^{k-1}+\cdots+2+1\end{aligned}$$

따라서 $n=2^k+2^{k-1}+\cdots+2+1$일 때 $f(n)$은 최대이다.

그런데 $128=2^7$이므로

$n=2^6+2^5+2^4+2^3+2^2+2+1=127$

일 때 최대이고 최댓값은

$$\begin{aligned}f(127)&=f(2^5+2^4+\cdots+1)+1\\&=f(2^4+2^3+\cdots+1)+1+1\\&=f(2^3+2^2+2+1)+1+1+1\\&\ \vdots\\&=1+1+1+1+1+1+1=7\end{aligned}$$

답 최댓값 : 7, $n=127$

다른 풀이

$f(1)=1$

$f(2)=f(1)=1$

$f(3)=f(1)+1=2$

$f(4)=f(2)=f(1)=1$

$f(5)=f(2)+1=f(1)+1=2$

$f(6)=f(3)=f(1)+1=2$

$f(7)=f(3)+1=f(1)+1+1=3$

$f(8)=f(4)=f(2)=f(1)=1$
$f(9)=f(4)+1=f(2)+1=f(1)+1=2$
$f(10)=f(5)=f(2)+1=f(1)+1=2$
$\vdots$
$f(128)=f(64)=f(32)=f(16)$
$=f(8)=f(4)=f(2)=f(1)=1$

$1\le n\le 128$인 n에서
$f(1)=1$
$f(3)=f(1)+1=2$
$f(7)=f(3)+1=3$
$f(15)=f(7)+1=4$
$f(31)=f(15)+1=5$
$f(63)=f(31)+1=6$
$f(127)=f(63)+1$
$=f(31)+1+1$
$=f(15)+1+1+1$
$=f(7)+1+1+1+1$
$=f(3)+1+1+1+1+1$
$=f(1)+1+1+1+1+1+1$
$=7$

08

[전략] $p\le x<p+1 \Longleftrightarrow [x]=p$ (p는 정수)를 이용한다.
특히 $f(x)$는 $\left[x+\frac{k}{100}\right]$ 꼴을 정리해야 하므로
$p+\frac{q}{100}\le x<p+\frac{q+1}{100}$을 생각한다.

$k=0,\ 1,\ 2,\ \cdots,\ 99$라 하자.
p가 정수이고 q는 99 이하의 자연수일 때

$$p+\frac{q}{100}\le x<p+\frac{q+1}{100}$$

라 하면 $p+\frac{q+k}{100}\le x+\frac{k}{100}<p+\frac{q+1+k}{100}$

따라서 $q+k<100$이면 $\left[x+\frac{k}{100}\right]=p$

$q+k\ge 100$이면 $\left[x+\frac{k}{100}\right]=p+1$

$k=0,\ 1,\ 2,\ \cdots,\ 98,\ 99$이므로 $q+k\ge 100$인 k는 q개이다.

따라서 $p+\frac{q}{100}\le x<p+\frac{q+1}{100}$이면

$f(x)=100p+q$ $\cdots$ ❶

ㄱ. $1+\frac{33}{100}\le\frac{4}{3}<1+\frac{34}{100}$이므로 $f\left(\frac{4}{3}\right)=133$ (참)

ㄴ. $n=2m$(m은 자연수)일 때

$\left[x+\frac{n}{2}+\frac{k}{100}\right]=\left[x+m+\frac{k}{100}\right]=m+\left[x+\frac{k}{100}\right]$

이므로 $f(x+m)=f(x)+100m$

$\therefore f\left(x+\frac{n}{2}\right)=f(x)+50n$

$n=2m-1$(m은 자연수)일 때

$\left[x+\frac{n}{2}+\frac{k}{100}\right]=\left[x+m+\frac{-50+k}{100}\right]$

$k<50$일 때 $\left[x+\frac{n}{2}+\frac{k}{100}\right]=\left[x+\frac{50+k}{100}\right]+m-1$

$k\ge 50$일 때 $\left[x+\frac{n}{2}+\frac{k}{100}\right]=\left[x+\frac{-50+k}{100}\right]+m$

따라서

$f\left(x+m-\frac{1}{2}\right)$

$=\left[x+\frac{50}{100}\right]+\cdots+\left[x+\frac{99}{100}\right]+50m-50$

$+[x]+\left[x+\frac{1}{100}\right]+\cdots+\left[x+\frac{49}{100}\right]+50m$

$=f(x)+50(2m-1)$

$\therefore f\left(x+\frac{n}{2}\right)=f(x)+50n$ (참)

ㄷ. $1\le n\le 99$이고 $\frac{n}{100}\le x<\frac{n+1}{100}$일 때, ❶에서 $f(x)=n$

$f(f(x)-1)=nf(x)-1$에 대입하면 $f(n-1)=n^2-1$

$n-1$은 정수이므로 $f(n-1)=100(n-1)$

$100(n-1)=n^2-1,\ (n-1)(n-99)=0$

$\therefore n=1$ 또는 $n=99$

자연수 n의 합은 100이다. (참)

따라서 옳은 것은 ㄱ, ㄴ, ㄷ이다. 답 ⑤

04. 유리함수와 무리함수

step A 기본 문제 48~52쪽

01 ① 02 $a=12$, $b=12$ 03 ② 04 ⑤
05 ① 06 ① 07 $(1,\ 3)$ 08 ④ 09 ①
10 ④ 11 ⑤ 12 $\left(\frac{3}{2},\ 0\right)$ 13 ③
14 $x=-1$, $y=-\frac{1}{3}$ 15 $x=-1$, $y=1$ 16 ⑤
17 ③ 18 5 19 ⑤ 20 2 21 16
22 ① 23 ⑤ 24 ⑤ 25 $a=2$, $b=1$, $c=3$
26 -4 27 ② 28 ① 29 6 30 ②
31 48 32 ④ 33 ①
34 (1) 정의역 : $\{x|x\ge5\}$, 치역 : $\{y|y\le3\}$
(2) $y=-(x-5)^2+3\ (x\ge5)$
35 3 36 ③ 37 ② 38 ②
39 $1\le k<\frac{3}{2}$ 40 ①

01

주어진 식의 우변을 통분하면

$$(\text{우변})=\frac{a(x+1)+b(x-3)}{(x-3)(x+1)}=\frac{(a+b)x+a-3b}{x^2-2x-3}$$

분모가 좌변과 같으므로 분자를 비교하면

$$a+b=2,\ a-3b=6$$

$\therefore a=3,\ b=-1,\ ab=-3$

답 ①

02

$$\frac{3}{x(x+3)}+\frac{4}{(x+3)(x+7)}+\frac{5}{(x+7)(x+12)}$$
$$=\frac{3}{(x+3)-x}\left(\frac{1}{x}-\frac{1}{x+3}\right)$$
$$+\frac{4}{(x+7)-(x+3)}\left(\frac{1}{x+3}-\frac{1}{x+7}\right)$$
$$+\frac{5}{(x+12)-(x+7)}\left(\frac{1}{x+7}-\frac{1}{x+12}\right)$$
$$=\frac{1}{x}-\frac{1}{x+3}+\frac{1}{x+3}-\frac{1}{x+7}+\frac{1}{x+7}-\frac{1}{x+12}$$
$$=\frac{1}{x}-\frac{1}{x+12}=\frac{x+12-x}{x(x+12)}=\frac{12}{x(x+12)}$$

$\therefore a=12,\ b=12$

답 $a=12$, $b=12$

Note

다음을 이용하였다.

$$\frac{1}{AB}=\frac{1}{B-A}\left(\frac{1}{A}-\frac{1}{B}\right)\ (\text{단, } A\ne B)$$

03

좌변의 분모, 분자에 $x+1$을 곱하면

$$\frac{1+\frac{2x}{x+1}}{2-\frac{x-1}{x+1}}=\frac{x+1+2x}{2(x+1)-(x-1)}=\frac{3x+1}{x+3}$$
$$=\frac{3(x+3)-8}{x+3}=\frac{-8}{x+3}+3$$

$\therefore a=-8,\ b=3,\ c=3,\ a+b+c=-2$

답 ②

04

$$y=\frac{2x-1}{x-1}=\frac{2(x-1)+1}{x-1}=\frac{1}{x-1}+2$$

이므로 $y=\frac{1}{x}$의 그래프를 x축 방향으로 1만큼, y축 방향으로 2만큼 평행이동한 것이다.

$\therefore p=1,\ q=2,\ p+q=3$

답 ⑤

05

$$f(x)=\frac{3x+2}{x}=\frac{2}{x}+3$$

이므로 $y=f(x)$의 그래프를 x축 방향으로 m만큼, y축 방향으로 n만큼 평행이동한 그래프의 식은

$$y=\frac{2}{x-m}+3+n$$

$y=g(x)$와 비교하면 $-m=2,\ n+3=0$

$\therefore m=-2,\ n=-3,\ m+n=-5$

답 ①

06

점근선이 직선 $x=1$, $y=3$인 유리함수의 식은

$$y=\frac{k}{x-1}+3$$

으로 놓을 수 있다.

점 $(2,\ 8)$을 지나므로 $8=k+3$ $\quad\therefore k=5$

$$\therefore y=\frac{5}{x-1}+3=\frac{5+3(x-1)}{x-1}$$
$$=\frac{3x+2}{x-1}$$

$y=\frac{ax+b}{x+c}$와 비교하면

$a=3,\ b=2,\ c=-1,\ abc=-6$

답 ①

다른 풀이

$$y=\frac{ax+b}{x+c}=\frac{a(x+c)+b-ac}{x+c}$$
$$=\frac{b-ac}{x+c}+a$$

이고 점근선이 직선 $x=1$, $y=3$이므로

$a=3,\ c=-1$

이때 $y=\frac{3x+b}{x-1}$이고, 그래프가 점 $(2,\ 8)$을 지나므로

$8=6+b$ $\quad\therefore b=2$

07

점 P는 두 점근선의 교점이다.

$$y=\frac{3x+1}{x-1}=\frac{3(x-1)+4}{x-1}=\frac{4}{x-1}+3$$

이므로 점근선은 직선 $x=1$, $y=3$이고 교점의 좌표는 $(1,\ 3)$이다.

답 $(1,\ 3)$

Note

유리함수의 그래프는 두 점근선의 교점에 대칭이다.

08

$$y=\frac{2x+1}{x-3}=\frac{2(x-3)+7}{x-3}$$
$$=\frac{7}{x-3}+2$$

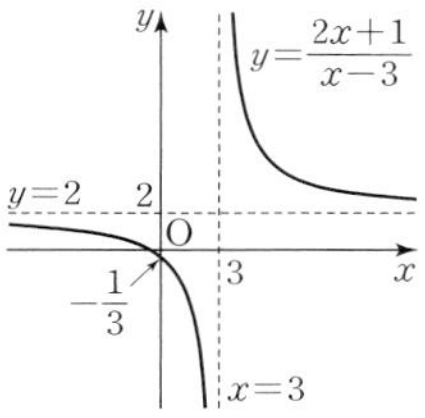

이므로 그래프의 점근선은 직선 $x=3$, $y=2$이다.

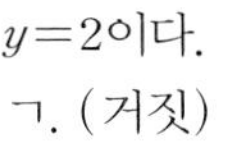

ㄱ. (거짓)

ㄴ. 점 $\left(0, -\frac{1}{3}\right)$을 지나므로 그래프는 제3사분면을 지난다. (참)

ㄷ. 그래프는 두 점근선의 교점 (3, 2)를 지나고 기울기가 1인 직선에 대칭이므로 $y=(x-3)+2$, 곧 $y=x-1$에 대칭이다. (참)

따라서 옳은 것은 ㄴ, ㄷ이다. 답 ④

Note

유리함수의 그래프의 점근선이 직선 $x=p$, $y=q$이면 그래프는 점 (p, q)를 지나고 기울기가 ± 1인 직선에 대칭이다.

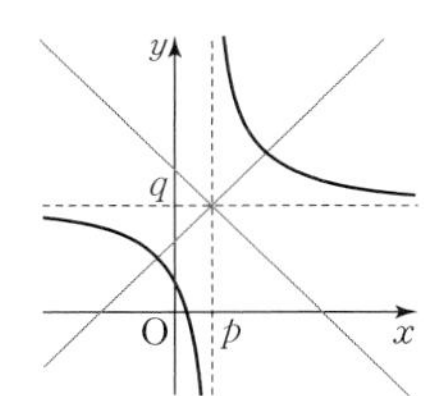

09

$$y=\frac{4x+6}{-x-1}=-\frac{4(x+1)+2}{x+1}=-\frac{2}{x+1}-4$$

이므로 그래프의 점근선은 직선 $x=-1$, $y=-4$이다.

따라서 그래프는 두 점근선의 교점 $(-1, -4)$를 지나고 기울기가 -1 또는 1인 직선에 각각 대칭이다.

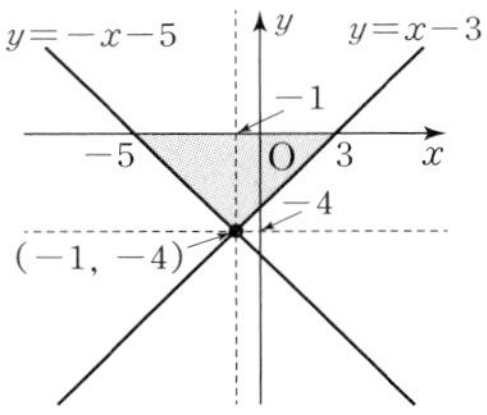

기울기가 -1인 직선은

$$y=-(x+1)-4=-x-5$$

기울기가 1인 직선은

$$y=(x+1)-4=x-3$$

두 직선의 x절편은 각각 -5, 3이므로 두 직선과 x축으로 둘러싸인 부분의 넓이는

$$\frac{1}{2}\times 8\times 4=16$$

답 ①

10

$f(x)=\frac{3x+1}{x+2}$이라 하면

$$f(x)=\frac{3(x+2)-5}{x+2}=-\frac{5}{x+2}+3$$

이므로 $0\le x\le 2$에서 그래프는 그림과 같다.

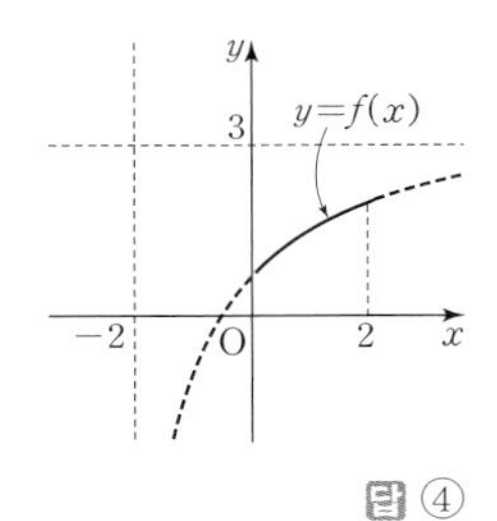

최댓값은 $f(2)=-\frac{5}{4}+3=\frac{7}{4}$

최솟값은 $f(0)=-\frac{5}{2}+3=\frac{1}{2}$

따라서 최댓값과 최솟값의 합은 $\frac{9}{4}$ 답 ④

11

$$y=\frac{2x-1}{x-1}=\frac{2(x-1)+1}{x-1}$$
$$=\frac{1}{x-1}+2$$

이므로 그래프는 그림과 같다.

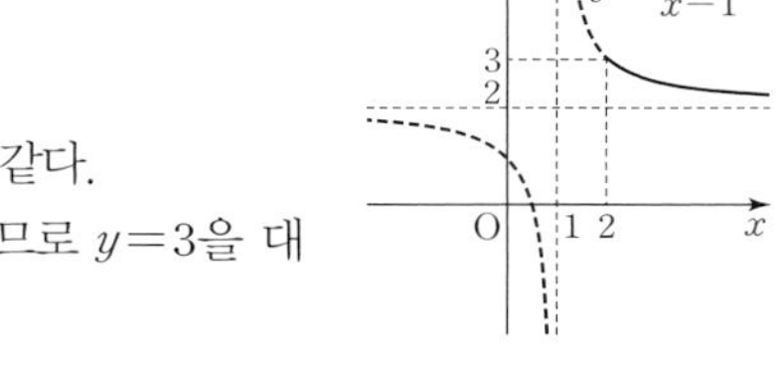

치역이 $\{y\,|\,2<y\le 3\}$이므로 $y=3$을 대입하면

$$\frac{1}{x-1}+2=3,\ \frac{1}{x-1}=1 \qquad \therefore x=2$$

따라서 정의역은 $\{x\,|\,x\ge 2\}$ 답 ⑤

12

점근선이 직선 $x=1$, $y=2$이므로

$$y=\frac{k}{x-1}+2$$

로 놓을 수 있다.

점 $(0, 3)$을 지나므로 $3=-k+2 \qquad \therefore k=-1$

$$\therefore y=-\frac{1}{x-1}+2$$

$y=0$을 대입하면 $0=-\frac{1}{x-1}+2$

$$\frac{1}{x-1}=2,\ x-1=\frac{1}{2} \qquad \therefore x=\frac{3}{2}$$

따라서 x축과 만나는 점의 좌표는 $\left(\frac{3}{2}, 0\right)$ 답 $\left(\frac{3}{2}, 0\right)$

13

주어진 함수의 식을 변형하면

$$y=\frac{-2x-2a+7}{x-2}=\frac{-2(x-2)-2a+3}{x-2}$$
$$=\frac{-2a+3}{x-2}-2$$

이므로 점근선은 직선 $x=2$, $y=-2$이다.

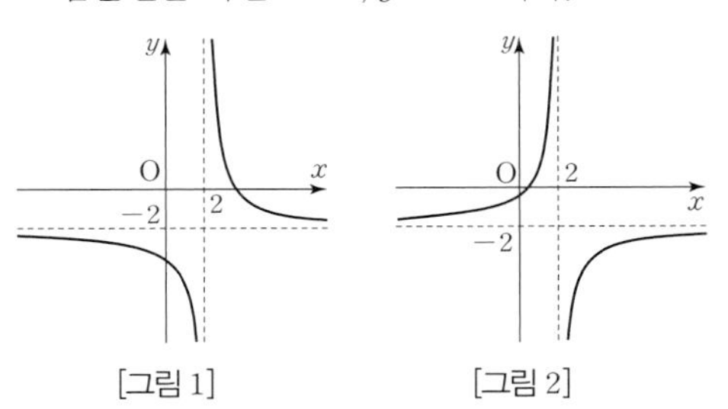

[그림 1] [그림 2]

(i) $-2a+3>0$일 때

[그림 1]과 같은 꼴이므로 제2사분면을 지나지 않는다.

$$\therefore a<\frac{3}{2}$$

(ii) $-2a+3=0$일 때

$y=-2$이므로 제2사분면을 지나지 않는다. $\therefore a=\frac{3}{2}$

(iii) $-2a+3<0$일 때

[그림 2]와 같이 $x=0$에서 y의 값이 0 또는 음수이다.

$x=0$을 대입하면

$$\frac{-2a+7}{-2} \le 0,\ -2a+7 \ge 0 \qquad \therefore a \le \frac{7}{2}$$

$-2a+3<0$이므로 $\frac{3}{2} < a \le \frac{7}{2}$

(i), (ii), (iii)에서 $a \le \frac{7}{2}$

자연수 a의 값은 1, 2, 3이고, 합은 6이다. 답 ③

14

$$f(g(x)) = \frac{2g(x)-3}{g(x)+2} = \frac{2 \times \frac{x+7}{x-2} - 3}{\frac{x+7}{x-2}+2}$$

$$= \frac{2(x+7)-3(x-2)}{x+7+2(x-2)}$$

$$= \frac{-x+20}{3x+3} = \frac{-(x+1)+21}{3(x+1)}$$

$$= \frac{7}{x+1} - \frac{1}{3}$$

따라서 점근선의 방정식은 $x=-1$, $y=-\frac{1}{3}$

답 $x=-1$, $y=-\frac{1}{3}$

15

$$f^2(x) = f(f(x)) = \frac{1+f(x)}{1-f(x)} = \frac{1+\frac{1+x}{1-x}}{1-\frac{1+x}{1-x}}$$

$$= \frac{1-x+1+x}{1-x-(1+x)} = -\frac{1}{x}$$

$$f^4(x) = f^2(f^2(x)) = -\frac{1}{f^2(x)} = -\frac{1}{-\frac{1}{x}} = x$$

$$f^7(x) = f^3(f^4(x)) = f^3(x) = f(f^2(x))$$

$$= f\left(-\frac{1}{x}\right) = \frac{1-\frac{1}{x}}{1+\frac{1}{x}} = \frac{x-1}{x+1}$$

$$= \frac{(x+1)-2}{x+1} = -\frac{2}{x+1}+1$$

따라서 점근선의 방정식은 $x=-1$, $y=1$ 답 $x=-1$, $y=1$

16

$y=f(x)$의 그래프가 점 (2, 1)을 지나므로 $f(2)=1$에서

$$1 = \frac{2a+b}{3} \qquad \therefore 2a+b=3 \qquad \cdots ❶$$

$y=f^{-1}(x)$의 그래프가 점 (2, 1)을 지나므로 $y=f(x)$의 그래프는 점 (1, 2)를 지난다. 곧, $f(1)=2$에서

$$2 = \frac{a+b}{2} \qquad \therefore a+b=4 \qquad \cdots ❷$$

❶, ❷를 연립하여 풀면

$a=-1$, $b=5$ $\quad \therefore b-a=6$ 답 ⑤

17

$y=f(x)$의 그래프의 점근선이 직선 $x=2$, $y=1$이므로

$$f(x) = \frac{k}{x-2}+1$$

로 놓을 수 있다.

$f(1)=0$이므로 $\frac{k}{-1}+1=0 \qquad \therefore k=1$

$f(x)=\frac{1}{x-2}+1$이므로 $y=\frac{1}{x-2}+1$이라 하고 역함수를 구하면

$$y-1=\frac{1}{x-2},\ x-2=\frac{1}{y-1},\ x=\frac{1}{y-1}+2$$

x, y를 서로 바꾸면

$$y=\frac{1}{x-1}+2 \qquad \therefore y=\frac{2x-1}{x-1}$$

따라서 $g(x)=\frac{2x-1}{x-1}$이므로

$a=2$, $b=-1$, $c=-1$ $\quad \therefore a^2+b^2+c^2=6$ 답 ③

다른 풀이

$y=f(x)$와 $y=g(x)$의 그래프는 직선 $y=x$에 대칭이므로 $y=g(x)$의 그래프의 점근선은 직선 $x=1$, $y=2$이고 점 (0, 1)을 지난다. 곧,

$g(x)=\frac{k}{x-1}+2$라 하면 $g(0)=1$이므로 $k=1$

$$\therefore g(x)=\frac{1}{x-1}+2=\frac{2x-1}{x-1}$$

$\therefore a=2$, $b=-1$, $c=-1$, $a^2+b^2+c^2=6$

18

직선 $y=x-4$와 $y=-x+2$의 교점의 좌표가 $(3, -1)$이므로 $y=f(x)$ 그래프의 점근선은 직선 $x=3$, $y=-1$이다.

따라서 $f(x)=\frac{k}{x-3}-1$로 놓을 수 있다.

$f(4)=1$이므로 $k-1=1 \qquad \therefore k=2$

이때 $f(x)=\frac{2}{x-3}-1$

$f^{-1}(0)=p$라 하면 $f(p)=0$이므로

$$\frac{2}{p-3}-1=0,\ p-3=2 \qquad \therefore p=5$$ 답 5

Note

$y=f^{-1}(x)$ 그래프의 점근선은 직선 $x=-1$, $y=3$이므로 $f^{-1}(x)=\frac{2}{x+1}+3$이다.

19

$y=\frac{3x-8}{x-2}$과 $y=ax$에서

$$\frac{3x-8}{x-2}=ax,\ 3x-8=ax(x-2)$$

$$ax^2-(2a+3)x+8=0$$

접하므로 $D=(2a+3)^2-32a=0$, $4a^2-20a+9=0$

이 이차방정식은 실근을 가지므로 a의 값의 합은

$$\frac{20}{4}=5$$ 답 ⑤

Note

a의 값을 구하면 $a=\frac{1}{2}$ 또는 $a=\frac{9}{2}$이다.

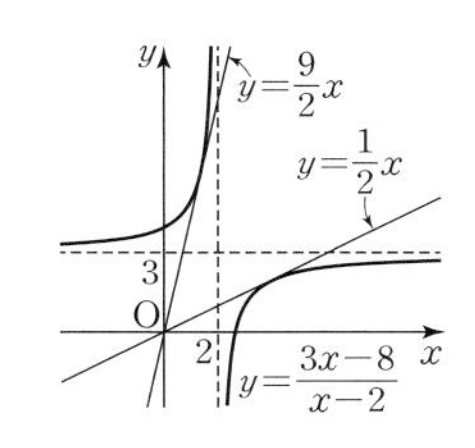

20

제1사분면에서 교점의 x좌표를 α, 2α $(\alpha>0)$이라 하자.

$x^2+y^2=5$와 $y=\frac{k}{x}$에서

$$x^2+\frac{k^2}{x^2}=5,\ x^4-5x^2+k^2=0$$

이 방정식의 해가 교점의 x좌표이다.

$x^2=t$라 하면 $t^2-5t+k^2=0$

이 방정식의 두 근이 α^2, $4\alpha^2$이므로

$$\alpha^2+4\alpha^2=5,\ \alpha^2\times4\alpha^2=k^2$$

$5\alpha^2=5$에서 $\alpha^2=1$ $\qquad \therefore k^2=4\alpha^4=4$

$k>0$이므로 $k=2$

답 2

21

점 (a, b)가 그래프 위의 점이므로 $b=\frac{8}{a-2}+4$

$a>2$이면 $a-2>0$, $\frac{8}{a-2}>0$이므로

$$\begin{aligned}2a+b&=2a+\frac{8}{a-2}+4\\&=2(a-2)+\frac{8}{a-2}+8\\&\geq2\sqrt{2(a-2)\times\frac{8}{a-2}}+8=16\end{aligned}$$

$\left(\text{단, 등호는 } 2(a-2)=\frac{8}{a-2}\text{, 곧 } a=4\text{일 때 성립}\right)$

따라서 최솟값은 16이다.

답 16

22

$\sqrt{2}=1.41\times\times\times$이므로 $\sqrt{2}$의 정수 부분은 1이고 소수 부분은 $x=\sqrt{2}-1$이다.

$$\begin{aligned}\frac{\sqrt{x}+1}{\sqrt{x}-1}+\frac{\sqrt{x}-1}{\sqrt{x}+1}&=\frac{(\sqrt{x}+1)^2+(\sqrt{x}-1)^2}{(\sqrt{x}-1)(\sqrt{x}+1)}\\&=\frac{x+2\sqrt{x}+1+x-2\sqrt{x}+1}{x-1}\\&=\frac{2x+2}{x-1}=\frac{2(\sqrt{2}-1)+2}{(\sqrt{2}-1)-1}\\&=\frac{2\sqrt{2}}{\sqrt{2}-2}=\frac{2\sqrt{2}(\sqrt{2}+2)}{2-4}\\&=\frac{4+4\sqrt{2}}{-2}\\&=-2-2\sqrt{2}\end{aligned}$$

답 ①

23

$$\begin{aligned}f(x)&=\frac{2}{\sqrt{x+1}+\sqrt{x-1}}=\frac{2(\sqrt{x+1}-\sqrt{x-1})}{(x+1)-(x-1)}\\&=\sqrt{x+1}-\sqrt{x-1}\end{aligned}$$

이므로

$$\begin{aligned}&f(1)+f(2)+f(3)+\cdots+f(8)\\&=(\sqrt{2}-0)+(\sqrt{3}-\sqrt{1})+(\sqrt{4}-\sqrt{2})\\&\quad+(\sqrt{5}-\sqrt{3})+(\sqrt{6}-\sqrt{4})+(\sqrt{7}-\sqrt{5})\\&\quad+(\sqrt{8}-\sqrt{6})+(\sqrt{9}-\sqrt{7})\\&=-\sqrt{1}+\sqrt{8}+\sqrt{9}\\&=2+2\sqrt{2}\end{aligned}$$

답 ⑤

24

$$y=\sqrt{-2x+6}-6=\sqrt{-2(x-3)}-6$$

따라서 $y=\sqrt{-2x+6}-6$의 그래프는 $y=\sqrt{-2x}$의 그래프를 x축 방향으로 3만큼, y축 방향으로 -6만큼 평행이동한 것이다.

$\therefore a=-2,\ m=3,\ n=-6,\ amn=36$

답 ⑤

25

$y=\sqrt{ax+b}+c$의 그래프를 x축 방향으로 -4만큼, y축 방향으로 3만큼 평행이동하면

$$y-3=\sqrt{a(x+4)+b}+c$$

다시 y축에 대칭이동하면

$$y-3=\sqrt{-ax+4a+b}+c$$

$y=\sqrt{-2x+9}+6$과 비교하면

$$-a=-2,\ 4a+b=9,\ c+3=6$$

$\therefore a=2,\ b=1,\ c=3$

답 $a=2,\ b=1,\ c=3$

26

$f(x)=-\sqrt{ax+b}+c$의 그래프는 $y=-\sqrt{ax}$ $(a<0)$의 그래프를 x축 방향으로 4만큼, y축 방향으로 2만큼 평행이동한 것이므로

$$f(x)=-\sqrt{a(x-4)}+2$$

$f(0)=-2$이므로

$-\sqrt{-4a}+2=-2,\ \sqrt{-4a}=4$ $\qquad \therefore a=-4$

따라서 $f(x)=-\sqrt{-4(x-4)}+2$이고

$$f(-5)=-\sqrt{-4(-5-4)}+2=-4$$

답 -4

27

$y=\sqrt{ax+b}+c$의 그래프는 $y=\sqrt{ax}$ $(a<0)$의 그래프를 x축 방향으로 4만큼, y축 방향으로 2만큼 평행이동한 것이므로

$$y=\sqrt{a(x-4)}+2$$

점 $(0, 4)$를 지나므로

$4=\sqrt{-4a}+2,\ \sqrt{-4a}=2$ $\qquad \therefore a=-1$

곧, $y=\sqrt{-(x-4)}+2=\sqrt{-x+4}+2$이므로

$$b=4,\ c=2$$

이때 $y=\dfrac{cx+a}{ax+b}$는

$$y=\frac{2x-1}{-x+4}=-\frac{2(x-4)+7}{x-4}=-\frac{7}{x-4}-2$$

이므로 그래프의 점근선은 직선 $x=4$, $y=-2$이다.

따라서 $y=\dfrac{2x-1}{-x+4}$의 그래프는 점 $(4,\ -2)$에 대칭이다.

$\therefore\ \alpha=4,\ \beta=-2,\ \alpha+\beta=2$

답 ②

28

$y=\sqrt{x+3}+b$의 그래프는 $y=\sqrt{x}$의 그래프를 x축 방향으로 -3만큼, y축 방향으로 b만큼 평행이동한 것이다.

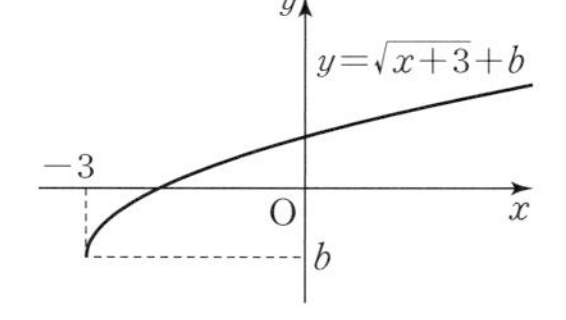

정의역은 $\{x\,|\,x\geq -3\}$,

치역은 $\{y\,|\,y\geq b\}$이므로

$a=-3,\ b=-1 \qquad \therefore\ a+b=-4$

답 ①

29

$f(x)=\sqrt{-3x+16}+a$

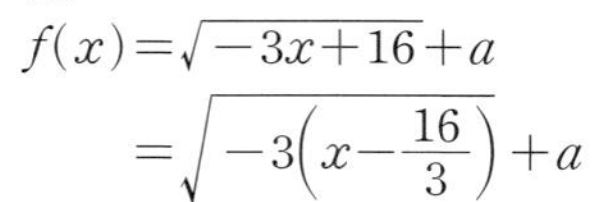

$$=\sqrt{-3\left(x-\frac{16}{3}\right)}+a$$

이므로 $y=f(x)$의 그래프는 $y=\sqrt{-3x}$의 그래프를 x축 방향으로 $\dfrac{16}{3}$만큼, y축 방향으로 a만큼 평행이동한 것이다.

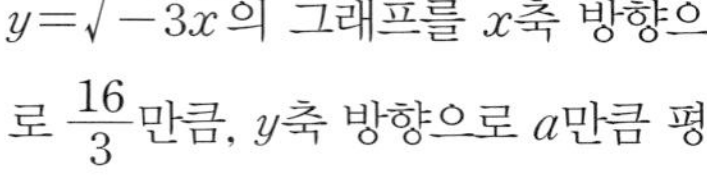

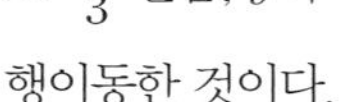

$-3\leq x\leq 5$에서 최댓값이 9이므로 $f(-3)=9$

$\sqrt{-3\times(-3)+16}+a=9 \qquad \therefore\ a=4$

따라서 $f(x)=\sqrt{-3x+16}+4$이고

$f(a)=f(4)=\sqrt{-12+16}+4=6$

답 6

30

$y=\sqrt{a(6-x)}=\sqrt{-a(x-6)}$

의 그래프는 $y=\sqrt{-ax}$의 그래프를 x축 방향으로 6만큼 평행이동한 것이다.

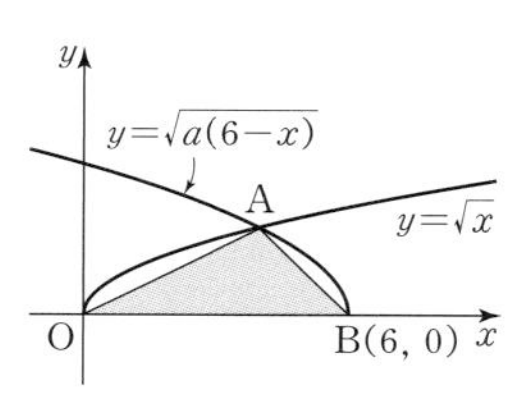

점 $\mathrm{A}(p,\ q)$라 하면 $p>0,\ q>0$이다.

$\overline{\mathrm{OB}}=6$이고 삼각형 AOB의 넓이가 6이므로

$\dfrac{1}{2}\times 6\times q=6 \qquad \therefore\ q=2$

이때 $\mathrm{A}(p,\ 2)$는 $y=\sqrt{x}$의 그래프 위의 점이므로

$2=\sqrt{p} \qquad \therefore\ p=4$

$\mathrm{A}(4,\ 2)$는 $y=\sqrt{a(6-x)}$의 그래프 위의 점이므로

$2=\sqrt{a(6-4)},\ 2a=4 \qquad \therefore\ a=2$

답 ②

다른 풀이

A의 x좌표는 $y=\sqrt{a(6-x)}$와 $y=\sqrt{x}$에서

$\sqrt{a(6-x)}=\sqrt{x},\ a(6-x)=x$

$\therefore\ x=\dfrac{6a}{a+1},\ y=\sqrt{\dfrac{6a}{a+1}}$

$\overline{\mathrm{OB}}=6$이고 삼각형 AOB의 넓이가 6이므로

$\dfrac{1}{2}\times 6\times\sqrt{\dfrac{6a}{a+1}}=6,\ \sqrt{\dfrac{6a}{a+1}}=2$

양변을 제곱하면

$\dfrac{6a}{a+1}=4,\ 6a=4(a+1) \qquad \therefore\ a=2$

31

$y=\sqrt{x+4}-3$의 그래프는 $y=\sqrt{x}$의 그래프를 x축 방향으로 -4만큼, y축 방향으로 -3만큼 평행이동한 것이다.

또 $y=\sqrt{-x+4}+3$의 그래프는 $y=\sqrt{-x}$의 그래프를 x축 방향으로 4만큼, y축 방향으로 3만큼 평행이동한 것이다.

$y=\sqrt{x}$의 그래프와 $y=\sqrt{-x}$의 그래프는 y축에 대칭이므로 그림에서 색칠한 두 부분의 넓이는 같다.

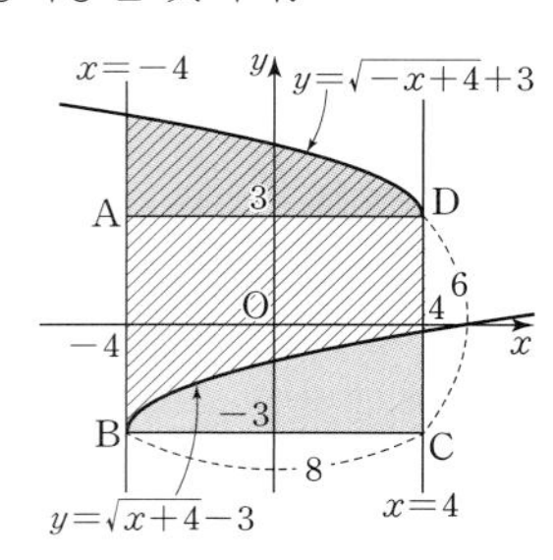

따라서 구하는 부분(빗금친 부분)의 넓이는 직사각형 ABCD의 넓이와 같으므로

$8\times 6=48$

답 48

32

$f^{-1}(10)=3$에서 $f(3)=10$이므로

$a\sqrt{3+1}+2=10,\ 2a+2=10 \qquad \therefore\ a=4$

따라서 $f(x)=4\sqrt{x+1}+2$이므로

$f(0)=4+2=6$

답 ④

33

$f(4)=\dfrac{4+2}{4-1}=2$이므로

$$\begin{aligned}(f\circ(g\circ f)^{-1}\circ f)(4)&=(f\circ f^{-1}\circ g^{-1}\circ f)(4)\\&=(g^{-1}\circ f)(4)\\&=g^{-1}(f(4))=g^{-1}(2)\end{aligned}$$

$g^{-1}(2)=k$라 하면 $g(k)=2$이므로

$\sqrt{2k-2}+1=2,\ \sqrt{2k-2}=1$

$2k-2=1 \qquad \therefore\ k=\dfrac{3}{2}$

답 ①

34

(1) $f(x)$의 정의역은 $\{x\,|\,x\leq 3\}$,

치역은 $\{y\,|\,y\geq 5\}$이다.

$f^{-1}(x)$의 정의역은 $f(x)$의 치역이므로 $\{x\,|\,x\geq 5\}$, $f^{-1}(x)$의 치역은 $f(x)$의 정의역이므로 $\{y\,|\,y\leq 3\}$이다.

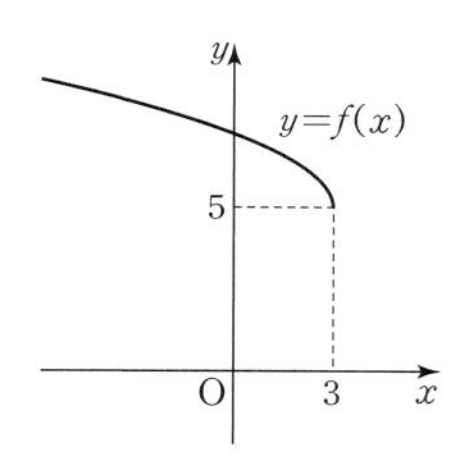

(2) $y=\sqrt{3-x}+5$라 하고

$y-5=\sqrt{3-x}$에서 양변을 제곱하면

$(y-5)^2=3-x,\ x=-(y-5)^2+3$

$x,\ y$를 서로 바꾸면

$y=-(x-5)^2+3\ (x\geq 5)$

답 (1) 정의역 : $\{x\,|\,x\geq 5\}$, 치역 : $\{y\,|\,y\leq 3\}$

(2) $y=-(x-5)^2+3\ (x\geq 5)$

Note

1. 무리함수의 역함수를 구할 때에는 역함수의 정의역을 표시한다.
   역함수의 정의역은 원 함수의 치역이다.
2. $f(x)$의 역함수를 $y=-x^2+10x-22\ (x\geq 5)$라 해도 된다.

35

$f(x)$의 역함수가 있으면 $f(x)$는 일대일대응이다.

$y=\sqrt{4-x}+3$의 그래프는 $y=\sqrt{-x}$의 그래프를 x축 방향으로 4만큼, y축 방향으로 3만큼 평행이동한 것이다.

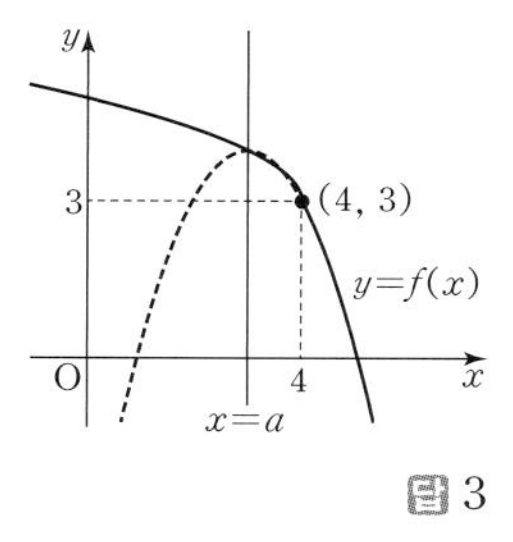

$y=-(x-a)^2+4\ (x\geq 4)$의 그래프가 점 $(4, 3)$을 지나므로

$3=-(4-a)^2+4$

$a^2-8a+15=0$

$\therefore a=3$ 또는 $a=5$

이때 축 $x=a$의 위치를 생각하면 $a\leq 4$이므로 $a=3$

답 3

36

$f(x)=\sqrt{2(x-2)}+2$이고,

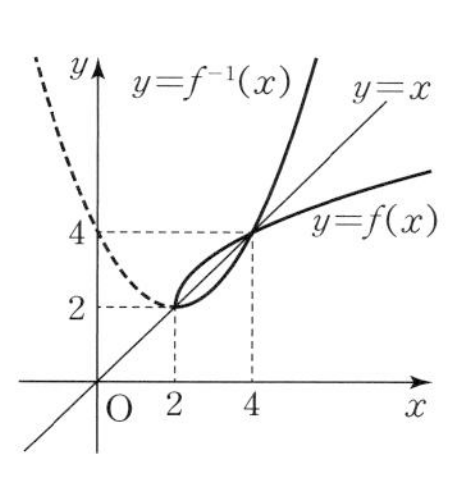

$y=f(x)$와 $y=f^{-1}(x)$의 그래프는 직선 $y=x$에 대칭이므로 그림과 같다.

따라서 $y=f(x)$와 $y=f^{-1}(x)$의 그래프의 교점은 $y=f(x)$의 그래프와 직선 $y=x$의 교점과 같다.

$y=\sqrt{2x-4}+2$와 $y=x$에서

$\sqrt{2x-4}+2=x$, $\sqrt{2x-4}=x-2$

$2x-4=(x-2)^2$, $x^2-6x+8=0$

$\therefore x=2$ 또는 $x=4$

$y=x$에 대입하면 교점은 $(2, 2)$, $(4, 4)$

두 점 사이의 거리는 $\sqrt{(4-2)^2+(4-2)^2}=2\sqrt{2}$

답 ③

37

$y=\sqrt{x-1}$과 $y=x+a$에서

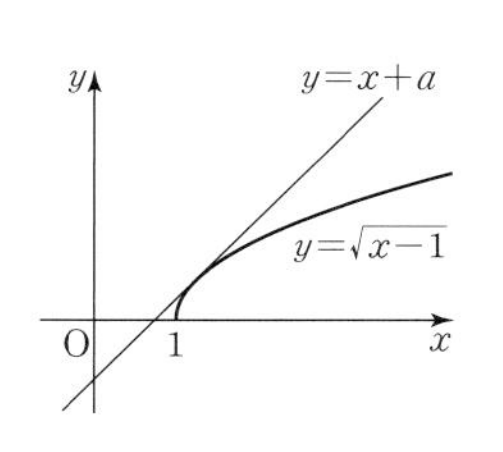

$\sqrt{x-1}=x+a$

양변을 제곱하면

$x-1=x^2+2ax+a^2$

$x^2+(2a-1)x+a^2+1=0$

접하므로

$D=(2a-1)^2-4(a^2+1)=0$

$-4a-3=0 \qquad \therefore a=-\dfrac{3}{4}$

답 ②

38

그림과 같이 $y=\sqrt{2x-3}$의 그래프는 점 $A\left(\dfrac{3}{2}, 0\right)$에서 x축과 만난다. 또 직선 $y=mx+1$은 y절편이 1이고 기울기가 m인 직선이다.

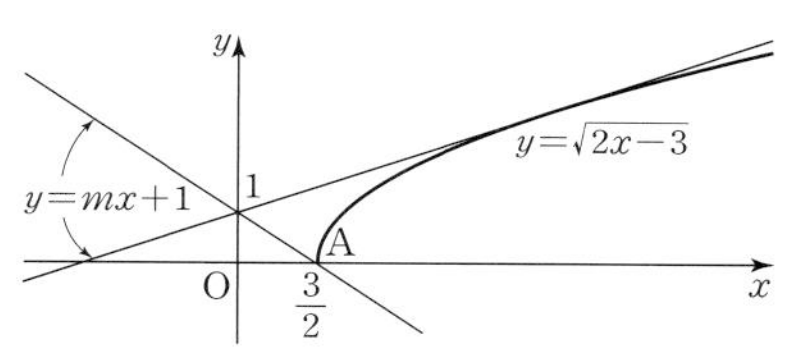

따라서 직선 $y=mx+1$이 $y=\sqrt{2x-3}$의 그래프에 접할 때 m은 최대이고, A를 지날 때 m은 최소이다.

(i) m이 최대일 때

$y=mx+1$과 $y=\sqrt{2x-3}$에서

$mx+1=\sqrt{2x-3}$, $(mx+1)^2=2x-3$

$m^2x^2+2(m-1)x+4=0$

접하므로

$\dfrac{D}{4}=(m-1)^2-4m^2=0$

$(3m-1)(m+1)=0$

$m>0$이므로 $m=\dfrac{1}{3}$

(ii) m이 최소일 때

직선 $y=mx+1$이 $A\left(\dfrac{3}{2}, 0\right)$을 지나므로

$0=\dfrac{3}{2}m+1 \qquad \therefore m=-\dfrac{2}{3}$

(i), (ii)에서

$a=\dfrac{1}{3}$, $b=-\dfrac{2}{3} \qquad \therefore a-b=1$

답 ②

39

$y=\sqrt{x+2}$의 그래프는 오른쪽 그림과 같이 점 $A(-2, 0)$에서 x축과 만난다.

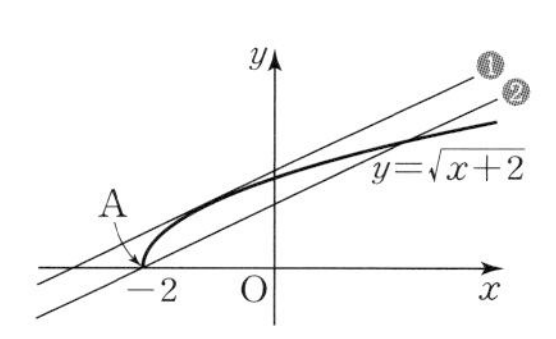

또 직선 $y=\dfrac{1}{2}x+k$는 기울기가 $\dfrac{1}{2}$이고 y절편이 k인 직선이다.

따라서 함수의 그래프와 서로 다른 두 점에서 만나면 직선이 ❶과 ❷ 사이에 있거나 직선 ❷이면 된다.

(i) 직선이 ❶일 때

$y=\dfrac{1}{2}x+k$와 $y=\sqrt{x+2}$에서

$\dfrac{1}{2}x+k=\sqrt{x+2}$, $\left(\dfrac{1}{2}x+k\right)^2=x+2$

$x^2+4(k-1)x+4k^2-8=0$

접하므로

$\dfrac{D}{4}=4(k-1)^2-(4k^2-8)=0$

$-8k+12=0 \qquad \therefore k=\dfrac{3}{2}$

(ii) 직선이 ❷일 때

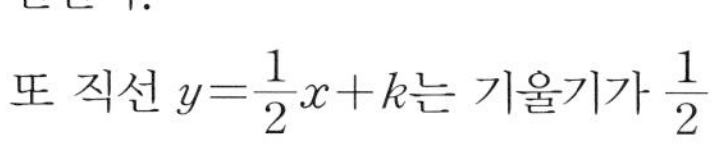

직선 $y=\dfrac{1}{2}x+k$가 $A(-2, 0)$을 지나므로

$0=-1+k \qquad \therefore k=1$

(i), (ii)에서 $1\leq k<\dfrac{3}{2}$

답 $1\leq k<\dfrac{3}{2}$

40

그림과 같이 $y=f(x)$와 $y=f^{-1}(x)$의 그래프가 한 점에서 만나면 $y=f(x)$의 그래프와 직선 $y=x$가 접한다.

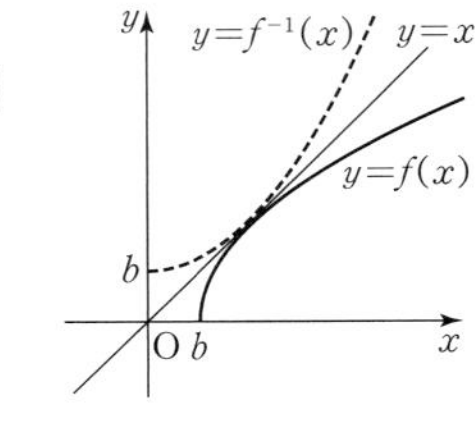

$a\sqrt{x-b}=x$에서

$a^2(x-b)=x^2$, $x^2-a^2x+a^2b=0$

접하므로

$D=a^4-4a^2b=0$, $a^2(a^2-4b)=0$

$a>0$이므로 $a^2=4b$

이때 $b-a=\frac{1}{4}a^2-a=\frac{1}{4}(a-2)^2-1$

따라서 $b-a$는 $a=2$일 때 최소이고, 최솟값은 -1이다.

답 ①

Note

$a=2$일 때 $b=1$이다.

step B 실력 문제 53~58쪽

01 $\frac{17}{4}$	02 ③	03 4	04 ④	05 ①
06 ①	07 ①	08 $\{y\mid-2<y\le4\}$		09 ①
10 1	11 $4\sqrt{2}$	12 ①	13 ③	14 36
15 ④	16 $a=-1$, $b=-2$, $c=-1$			17 ①
18 $\frac{12}{7}$	19 ②	20 ⑤	21 7	22 ⑤
23 $\frac{3}{2}$	24 ②	25 $-\frac{1}{7}<a<-\frac{1}{9}$ 또는 $\frac{1}{9}<a<\frac{1}{7}$		
26 ②	27 $-1-\sqrt{2}$	28 $0<k<\frac{1}{2}$		29 ④
30 ⑤	31 ②	32 ②	33 ②	34 ①
35 10	36 23			

01

[전략] 1. $\frac{b}{a}=\frac{d}{c}=\frac{f}{e}$ 꼴이 주어지면 $\frac{b}{a}=\frac{d}{c}=\frac{f}{e}=k$로 놓고 정리한다.

2. $a:b=c:d=e:f$이면 $\frac{b}{a}=\frac{d}{c}=\frac{f}{e}$로 바꿔 생각한다.

$\frac{x+y}{2z}=\frac{y+2z}{x}=\frac{2z+x}{y}=k$라 하면

$x+y=2zk$, $y+2z=xk$, $2z+x=yk$ … ❶

변변 더하면 $2(x+y+2z)=(x+y+2z)k$

$x+y+2z\ne0$이므로 $k=2$

❶에 대입하면

$x+y=4z$ … ❷

$y+2z=2x$ … ❸

$2z+x=2y$ … ❹

❷－❸을 하면 $x-2z=4z-2x$ $\therefore x=2z$

❹에 대입하면 $y=2z$

$\therefore \frac{x^3+y^3+z^3}{xyz}=\frac{(2z)^3+(2z)^3+z^3}{2z\times2z\times z}=\frac{17}{4}$

답 $\frac{17}{4}$

02

[전략] 저항 R, $R+2$를 병렬 연결한 것부터 생각한다.

저항 R, $R+2$를 병렬 연결한 저항을 R_A라 하면

$\frac{1}{R_A}=\frac{1}{R}+\frac{1}{R+2}$, $\frac{1}{R_A}=\frac{R+2+R}{R(R+2)}$

$\therefore R_A=\frac{R(R+2)}{2R+2}$

저항 R_A와 $2R$를 직렬 연결한 전체 저항은

$\frac{R(R+2)}{2R+2}+2R=\frac{R(R+2)+2R(2R+2)}{2R+2}$

$=\frac{5R^2+6R}{2R+2}$

답 ③

03

[전략] 발주량의 정의에 따라 H_A, H_B를 a로 나타내고 $H_A=2H_B$임을 이용한다.

급식 인원이 700명이고 A의 폐기율이 $a(\%)$, 1인당 제공되는 정미중량이 $48(g)$이므로 발주량은

$H_A=\frac{48\times100}{100-a}\times700(g)$

B의 폐기율이 $2a(\%)$, 1인당 제공되는 정미중량이 $23(g)$이므로 발주량은

$H_B=\frac{23\times100}{100-2a}\times700(g)$

$H_A=2H_B$이므로

$\frac{48\times100}{100-a}\times700=2\times\frac{23\times100}{100-2a}\times700$

$\frac{24}{100-a}=\frac{23}{100-2a}$

$24(100-2a)=23(100-a)$ $\therefore a=4$

답 4

04

[전략] $y=\frac{1}{2x-8}+3$의 그래프를 그리고, 이 그래프가 x축, y축과 만나는 점의 좌표부터 찾는다.

$y=\frac{1}{2x-8}+3$에

$x=0$을 대입하면 $y=\frac{23}{8}$

$y=0$을 대입하면 $0=\frac{1}{2x-8}+3$, $2x-8=-\frac{1}{3}$ $\therefore x=\frac{23}{6}$

따라서 그림에서 색칠한 부분에 있고 x좌표와 y좌표가 모두 자연수인 점의 개수를 구하면 된다.

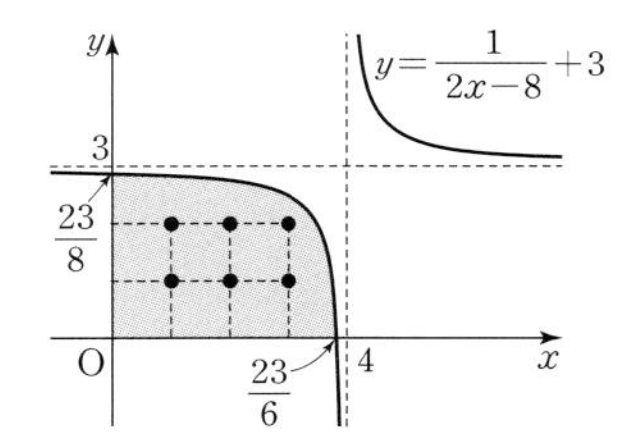

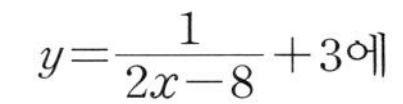

$y=\frac{1}{2x-8}+3$에

(i) $x=1$을 대입하면 $y=-\frac{1}{6}+3=\frac{17}{6}$

곧, 자연수의 순서쌍 (x, y)는 $(1, 1)$, $(1, 2)$

(ii) $x=2$를 대입하면 $y=-\frac{1}{4}+3=\frac{11}{4}$

곧, 자연수의 순서쌍 (x, y)는 $(2, 1)$, $(2, 2)$

(iii) $x=3$을 대입하면 $y=-\frac{1}{2}+3=\frac{5}{2}$

곧, 자연수의 순서쌍 (x, y)는 $(3, 1)$, $(3, 2)$

(i), (ii), (iii)에서 x좌표와 y좌표가 모두 자연수인 점의 개수는 6이다. 답 ④

05

[전략] 유리함수 $y=\frac{kx+1}{x-1}$의 그래프가 직선 $y=x+5$에 대칭이면 점근선도 직선 $y=x+5$에 대칭이다.
이를 이용하여 k의 값부터 구한다.

$$y=\frac{kx+1}{x-1}=\frac{k(x-1)+k+1}{x-1}=\frac{k+1}{x-1}+k$$

이므로 그래프의 점근선은 직선 $x=1$, $y=k$이다.

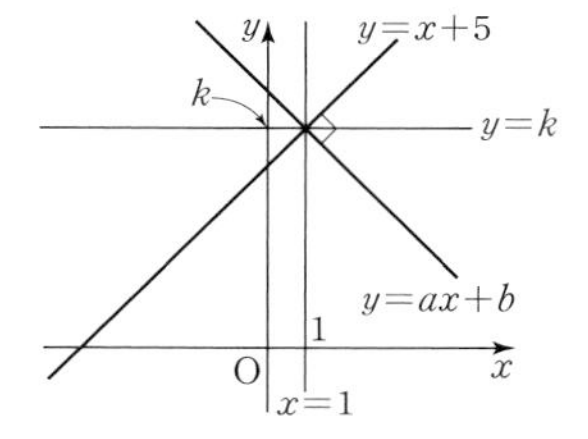

두 점근선이 직선 $y=x+5$에 대칭이므로 점근선의 교점 $(1, k)$는 직선 $y=x+5$ 위에 있다.

$\therefore k=6$

이때 점근선은 직선 $x=1$, $y=6$이다.

직선 $y=ax+b$의 기울기가 -1이므로 $a=-1$

또 직선 $y=-x+b$가 점근선의 교점 $(1, 6)$을 지나므로

$6=-1+b$, $b=7$ $\qquad \therefore ab=-7$ 답 ①

06

[전략] 정의역과 치역이 같으면 점근선은 직선 $x=p$, $y=p$ 꼴이다.

정의역과 치역이 같으므로 그래프의 점근선의 방정식을 $x=p$, $y=p$라 하자.

점 (p, p)가 직선 $y=2x+3$ 위의 점이므로

$p=2p+3$ $\qquad \therefore p=-3$

따라서 $f(x)=\frac{k}{x+3}-3=\frac{k-3(x+3)}{x+3}=\frac{-3x+k-9}{x+3}$로 놓을 수 있다.

조건에서 $f(x)=\frac{bx}{ax+1}=\frac{3bx}{3ax+3}$이므로 위의 식과 비교하면

$3b=-3$, $k-9=0$, $3a=1$

$\therefore a=\frac{1}{3}$, $b=-1$, $a+b=-\frac{2}{3}$ 답 ①

다른 풀이

$$f(x)=\frac{bx}{ax+1}=\frac{\frac{b}{a}(ax+1)-\frac{b}{a}}{ax+1}=\frac{-\frac{b}{a}}{ax+1}+\frac{b}{a}$$

이므로 그래프의 점근선은 직선 $x=-\frac{1}{a}$, $y=\frac{b}{a}$이다.

따라서 정의역과 치역은 각각

$\left\{x \,\middle|\, x\neq -\frac{1}{a}\text{인 실수}\right\}$, $\left\{y \,\middle|\, y\neq \frac{b}{a}\text{인 실수}\right\}$

정의역과 치역이 같으므로 $-\frac{1}{a}=\frac{b}{a}$ $\qquad \therefore b=-1$

이때 점근선은 직선 $x=-\frac{1}{a}$, $y=-\frac{1}{a}$이고, 점근선의 교점 $\left(-\frac{1}{a}, -\frac{1}{a}\right)$이 직선 $y=2x+3$ 위의 점이므로

$-\frac{1}{a}=-\frac{2}{a}+3$, $\frac{1}{a}=3$ $\qquad \therefore a=\frac{1}{3}$

$\therefore a+b=-\frac{2}{3}$

07

[전략] 유리함수의 그래프가 직선 $y=x$에 대칭이다와 점근선이 직선 $y=x$에 대칭이다는 필요충분조건이다.
따라서 점근선을 구하고 직선 $y=x$에 대칭일 필요충분조건을 찾는다.

$$y=\frac{ax+b}{cx+d}=\frac{\frac{a}{c}(cx+d)+b-\frac{ad}{c}}{cx+d}$$

$$=\frac{b-\frac{ad}{c}}{cx+d}+\frac{a}{c} \qquad \cdots ❶$$

이므로 점근선은 직선 $x=-\frac{d}{c}$, $y=\frac{a}{c}$이다.

두 점근선이 직선 $y=x$에 대칭이면 점근선의 교점 $\left(-\frac{d}{c}, \frac{a}{c}\right)$가 직선 $y=x$ 위에 있으므로

$\frac{a}{c}=-\frac{d}{c}$ $\qquad \therefore a+d=0$

역으로 $a+d=0$이면 ❶의 그래프의 점근선은 직선 $x=\frac{a}{c}$, $y=\frac{a}{c}$이고, 두 점근선이 직선 $y=x$에 대칭이므로 ❶의 그래프도 직선 $y=x$에 대칭이다. 답 ①

다른 풀이

$y=f(x)$의 그래프가 직선 $y=x$에 대칭이면 $y=f(x)$와 $x=f(y)$가 같은 식임을 이용할 수도 있다.

$y=\frac{ax+b}{cx+d}$ $\qquad \cdots ❷$

에서 x, y를 서로 바꾸면 $x=\frac{ay+b}{cy+d}$

$x(cy+d)=ay+b$, $(cx-a)y=-dx+b$

$\therefore y=\frac{-dx+b}{cx-a}$

이 식이 ❷와 같으므로 $a=-d$

08

[전략] $x\geq 0$일 때와 $x<0$일 때로 나누어 함수의 그래프를 그린다.

$y=\frac{2x+4}{|x|+1}$에서

(i) $x\geq 0$이면

$y=\frac{2x+4}{x+1}=\frac{2}{x+1}+2$

(ii) $x<0$이면

$y=\frac{2x+4}{-x+1}=-\frac{6}{x-1}-2$

따라서 $y=\frac{2x+4}{|x|+1}$의 그래프는 그림과 같고 치역은 $\{y\,|\,-2<y\leq 4\}$ 답 $\{y\,|\,-2<y\leq 4\}$

09

[전략] $y=\frac{2x}{x-1}$의 그래프와 직선 $y=ax+2$, $y=bx+2$를 그려 $2\le x\le 4$에서 주어진 부등식이 성립할 조건을 찾는다.

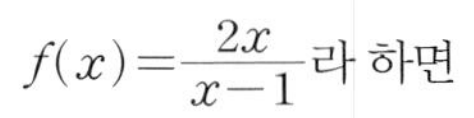

$f(x)=\frac{2x}{x-1}$라 하면

$f(x)=\frac{2}{x-1}+2$이므로

$y=f(x)$의 그래프는 그림과 같다.

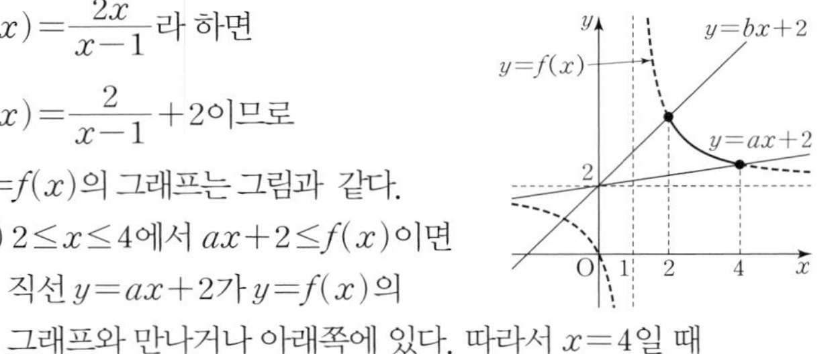

(i) $2\le x\le 4$에서 $ax+2\le f(x)$이면 직선 $y=ax+2$가 $y=f(x)$의 그래프와 만나거나 아래쪽에 있다. 따라서 $x=4$일 때

$$4a+2\le f(4),\ 4a+2\le \frac{8}{3} \qquad \therefore a\le \frac{1}{6}$$

(ii) $2\le x\le 4$에서 $f(x)\le bx+2$이면 직선 $y=bx+2$가 $y=f(x)$의 그래프와 만나거나 위쪽에 있다. 따라서 $x=2$일 때

$$2b+2\ge f(2),\ 2b+2\ge 4 \qquad \therefore b\ge 1$$

(i), (ii)에서 $b-a$의 최솟값은 $1-\frac{1}{6}=\frac{5}{6}$

답 ①

10

[전략] $\mathrm{P}(x, y)$라 하고 Q, R의 좌표를 구하면 $\overline{\mathrm{PA}}=\overline{\mathrm{PQ}}+\overline{\mathrm{PR}}$를 x, y에 대한 식으로 나타낼 수 있다.
이때 P가 제1사분면 위의 점임에 주의한다.

$\mathrm{P}(x, y)$라 하면 P가 제1사분면 위의 점이므로 $x>0$, $y>0$이고

$$\mathrm{Q}(x, 0),\ \mathrm{R}(0, y)$$

$\overline{\mathrm{PA}}=\overline{\mathrm{PQ}}+\overline{\mathrm{PR}}$에서

$$\sqrt{(x+2)^2+(y+2)^2}=y+x$$

양변을 제곱하면

$$(x+2)^2+(y+2)^2=(x+y)^2$$

$$xy-2x-2y-4=0,\ (x-2)(y-2)=8$$

$x=2$이면 식이 성립하지 않으므로 $x\ne 2$이고

$$y-2=\frac{8}{x-2}$$

$$\therefore y=\frac{8}{x-2}+2$$

$x>0$, $y>0$이므로 P가 그리는 도형은 그림과 같다.

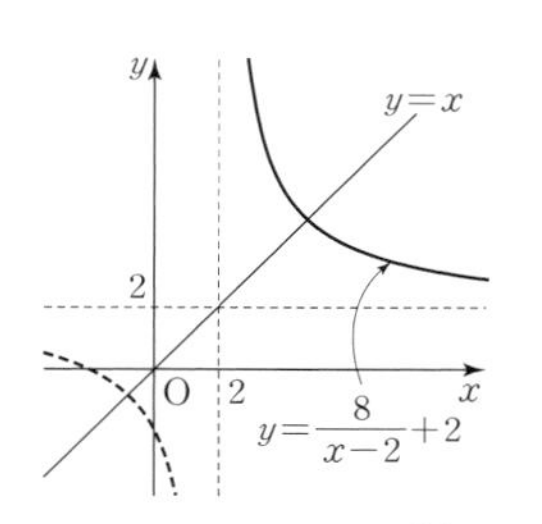

이 도형은 점 $(2, 2)$를 지나고, 기울기가 1인 직선 $y=x$에 대칭이다.

$$\therefore a=1,\ b=0,\ a+b=1$$

답 1

Note

P는 $x>2$, $y>2$인 부분만 움직이므로 점 $(2, 2)$를 지나고 기울기가 -1인 직선에는 대칭이 아니다.

11

[전략] $\mathrm{P}(a, b)$라 하고, 직사각형의 둘레의 길이를 a, b로 나타낸다.
또 P가 그래프 위의 점임을 이용하여 a, b의 관계식을 구한다.

P의 좌표를 (a, b)라 하자.

점근선이 직선 $x=1$, $y=2$이고 $a>1$, $b>2$이므로 직사각형 PQSR의 둘레의 길이는

$$2\overline{\mathrm{PR}}+2\overline{\mathrm{PQ}}=2(a-1)+2(b-2) \quad \cdots ㉮$$

$b=\frac{2}{a-1}+2$이므로

$$2\overline{\mathrm{PR}}+2\overline{\mathrm{PQ}}=2(a-1)+\frac{4}{a-1}$$

$$\ge 2\sqrt{2(a-1)\times\frac{4}{a-1}}=4\sqrt{2}$$

$\left(\text{단, 등호는 } 2(a-1)=\frac{4}{a-1}\text{일 때 성립}\right)$

따라서 직사각형 PQSR의 둘레의 길이의 최솟값은 $4\sqrt{2}$이다. $\cdots ㉯$

단계	채점 기준	배점
㉮	직사각형 PQSR의 둘레의 길이를 식으로 나타내기	40%
㉯	둘레의 길이의 최솟값 구하기	60%

답 $4\sqrt{2}$

Note

$2(a-1)=\frac{4}{a-1}$에서 $a^2-2a-1=0$

$a>1$이므로 $a=1+\sqrt{2}$

따라서 $a=1+\sqrt{2}$일 때, 최소이다.

12

[전략] $\mathrm{P}(a, a)$라 하고 Q, R의 좌표를 a로 나타낸다.
그리고 선분 PQ와 PR의 길이를 구한다.

$\mathrm{P}(a, a)$라 하면 $\mathrm{Q}\left(a, \frac{2a-3}{a-1}\right)$

또 R의 y좌표가 a이므로 $a=\frac{2x-3}{x-1}$에서

$$a(x-1)=2x-3,\ x=\frac{a-3}{a-2} \qquad \therefore \mathrm{R}\left(\frac{a-3}{a-2}, a\right)$$

따라서

$$\overline{\mathrm{PQ}}=a-\frac{2a-3}{a-1}=\frac{a(a-1)-(2a-3)}{a-1}=\frac{a^2-3a+3}{a-1}$$

$$\overline{\mathrm{PR}}=a-\frac{a-3}{a-2}=\frac{a(a-2)-(a-3)}{a-2}=\frac{a^2-3a+3}{a-2}$$

$\overline{\mathrm{PQ}}=\frac{2}{3}\overline{\mathrm{PR}}$이므로

$$\frac{a^2-3a+3}{a-1}=\frac{2}{3}\times\frac{a^2-3a+3}{a-2}$$

$a^2-3a+3=\left(a-\frac{3}{2}\right)^2+\frac{3}{4}\ne 0$이므로

$$\frac{1}{a-1}=\frac{2}{3}\times\frac{1}{a-2},\ 3(a-2)=2(a-1)$$

$$\therefore a=4$$

이때 $\overline{\mathrm{PQ}}=\frac{7}{3}$, $\overline{\mathrm{PR}}=\frac{7}{2}$이므로 삼각형 PQR의 넓이는

$$\frac{1}{2}\times\overline{\mathrm{PQ}}\times\overline{\mathrm{PR}}=\frac{1}{2}\times\frac{7}{3}\times\frac{7}{2}=\frac{49}{12}$$

답 ①

13

[전략] 방정식 $\frac{x+k}{x-1}=x$의 해를 α, β라 하면
그래프와 직선의 교점의 좌표는 (α, α), (β, β)이다.
방정식을 정리하고 근과 계수의 관계를 이용한다.

$$y=\frac{x+k}{x-1}=\frac{k+1}{x-1}+1 \quad \cdots ❶$$

$k+1>0$이므로 ❶의 그래프는 그림과 같다.

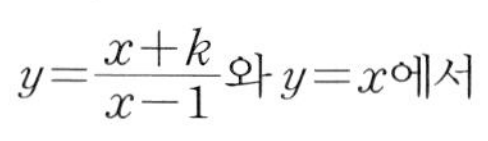

$y=\frac{x+k}{x-1}$와 $y=x$에서

$$\frac{x+k}{x-1}=x,\ x^2-2x-k=0$$

이 방정식의 두 근을 α, β $(\alpha<\beta)$라 하면 $\mathrm{P}(\alpha, \alpha)$, $\mathrm{Q}(\beta, \beta)$

$\overline{\mathrm{PQ}}=6\sqrt{2}$이므로

$$(\beta-\alpha)^2+(\beta-\alpha)^2=(6\sqrt{2})^2$$

$$(\beta-\alpha)^2=36 \quad \cdots ❷$$

또 근과 계수의 관계에서 $\alpha+\beta=2$, $\alpha\beta=-k$이므로

$$(\beta-\alpha)^2=(\alpha+\beta)^2-4\alpha\beta=4+4k$$

❷에 대입하면 $4+4k=36 \quad \therefore k=8$

답 ③

14

[전략] 곡선과 직선의 방정식에서 y를 소거한 식의 해가 교점의 x좌표이다.

$$xy-2x-2y=k \quad \cdots ❶$$

$$x+y=8 \quad \cdots ❷$$

❷에서 $y=8-x$를 ❶에 대입하면

$$x(8-x)-2x-2(8-x)=k$$

$$x^2-8x+k+16=0 \quad \cdots ❸$$

P, Q의 x좌표를 각각 α, β라 하면 α, β는 ❸의 두 근이므로

$$\alpha+\beta=8,\ \alpha\beta=k+16$$

조건에서 $\alpha\beta=14$이므로 $k+16=14 \quad \therefore k=-2$

P, Q는 직선 위의 점이므로 $\mathrm{P}(\alpha, 8-\alpha)$, $\mathrm{Q}(\beta, 8-\beta)$

$\alpha+\beta=8$이므로 $\mathrm{P}(\alpha, \beta)$, $\mathrm{Q}(\beta, \alpha)$

$$\therefore \overline{\mathrm{OP}}\times\overline{\mathrm{OQ}}=\sqrt{\alpha^2+\beta^2}\sqrt{\beta^2+\alpha^2}$$

$$=\alpha^2+\beta^2=(\alpha+\beta)^2-2\alpha\beta$$

$$=8^2-2\times14=36$$

답 36

Note

1. $xy-2x-2y=k$에서 $(x-2)y=2x+k$

$$y=\frac{2x+k}{x-2}=\frac{k+4}{x-2}+2$$

따라서 $k\neq-4$일 때 곡선은 다음과 같다.

(i) $-4<k<0$일 때

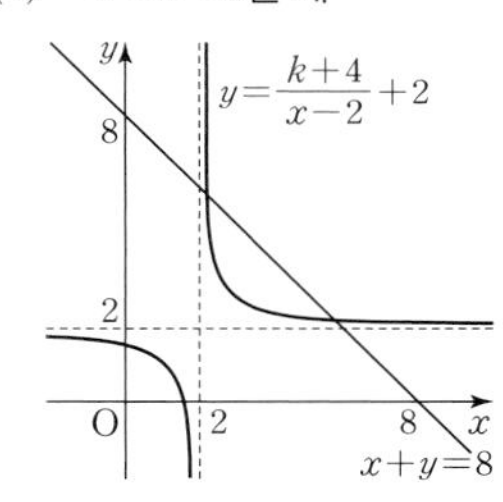

(ii) $k<-4$

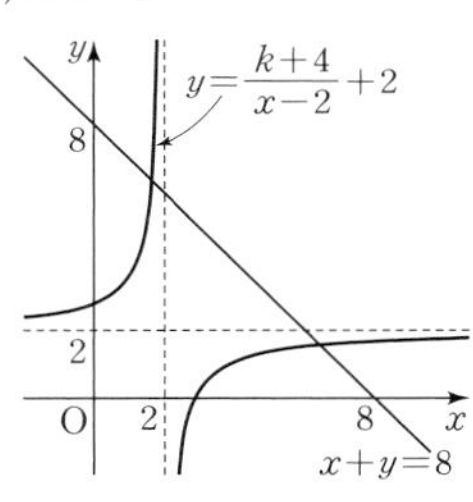

2. 곡선과 직선이 두 점에서 만나면 ❸이 서로 다른 두 실근을 가지므로

$$\frac{D}{4}=4^2-(k+16)>0 \quad \therefore k<0$$

15

[전략] B가 곡선 위의 점임을 이용하여 α, β의 관계를 구한다.
또 점 C의 좌표를 α, β로 나타내고, 삼각형 ABC의 넓이도 α, β로 나타낸다.

$\mathrm{B}(\alpha, \beta)$가 $y=\frac{2}{x}$의 그래프 위의 점이므로

$$\beta=\frac{2}{\alpha} \quad \therefore \alpha\beta=2 \quad \cdots ❶$$

$\alpha>\sqrt{2}$이므로 $0<\beta<\sqrt{2}$

점 B, C가 직선 $y=x$에 대칭이므로

$$\mathrm{C}(\beta, \alpha)$$

$\alpha>\beta$이므로 $\overline{\mathrm{BC}}=\sqrt{(\beta-\alpha)^2+(\alpha-\beta)^2}=\sqrt{2}(\alpha-\beta)$

직선 BC는 직선 $y=x$에 수직이다. 따라서 직선 BC는 기울기가 -1이고 B를 지나므로 방정식은

$$y-\beta=-(x-\alpha) \quad \therefore x+y-(\alpha+\beta)=0$$

$\mathrm{A}(-2, 2)$와 직선 BC 사이의 거리를 h라 하면

$$h=\frac{|-2+2-(\alpha+\beta)|}{\sqrt{1^2+1^2}}=\frac{1}{\sqrt{2}}(\alpha+\beta)$$

삼각형 ABC의 넓이가 $2\sqrt{3}$이므로

$$\frac{1}{2}\times\sqrt{2}(\alpha-\beta)\times\frac{1}{\sqrt{2}}(\alpha+\beta)=2\sqrt{3}$$

$$\therefore \alpha^2-\beta^2=4\sqrt{3} \quad \cdots ❷$$

❶, ❷에서

$$(\alpha^2+\beta^2)^2=(\alpha^2-\beta^2)^2+4\alpha^2\beta^2$$

$$=(4\sqrt{3})^2+4\times2^2=64$$

$\alpha^2+\beta^2>0$이므로 $\alpha^2+\beta^2=8$

답 ④

16

[전략] $(f\circ g)(x)=f(g(x))$를 계산하여 $\frac{1}{x}$과 비교할 때에는
식을 정리한 후, 항등식의 성질을 이용한다.

$$(f\circ g)(x)=f(g(x))=\frac{g(x)+1}{g(x)-2}$$

$$=\frac{\frac{ax+b}{x+c}+1}{\frac{ax+b}{x+c}-2}=\frac{ax+b+x+c}{ax+b-2(x+c)}$$

$$=\frac{(a+1)x+b+c}{(a-2)x+b-2c}$$

$(f\circ g)(x)=\frac{1}{x}$이므로 $\frac{(a+1)x+b+c}{(a-2)x+b-2c}=\frac{1}{x}$

$$(a+1)x^2+(b+c)x=(a-2)x+b-2c$$

x^2의 계수를 비교하면 $a=-1$

이때 x의 계수와 상수항을 비교하면

$b+c=-3$, $b-2c=0 \quad \therefore b=-2,\ c=-1$

답 $a=-1$, $b=-2$, $c=-1$

다른 풀이

$(f\circ g)(x)=\frac{1}{x}$에서 $g(x)=f^{-1}\left(\frac{1}{x}\right)$

$y=\frac{x+1}{x-2}$에서 $(x-2)y=x+1 \quad \therefore x=\frac{2y+1}{y-1}$

x, y를 서로 바꾸면 $y=\frac{2x+1}{x-1}$

곧, $f^{-1}(x)=\frac{2x+1}{x-1}$이므로

$$g(x)=f^{-1}\left(\frac{1}{x}\right)=\frac{\frac{2}{x}+1}{\frac{1}{x}-1}$$

$$=\frac{2+x}{1-x}=\frac{-x-2}{x-1}$$

$g(x)=\frac{ax+b}{x+c}$와 비교하면 $a=-1$, $b=-2$, $c=-1$

17

[전략] $f^2(x)$, $f^3(x)$, $f^4(x)$, $\cdots$를 차례로 구해 규칙을 찾는다.

$f(x)=\frac{x}{x+1}$이므로

$$f^2(x)=f(f(x))=\frac{\frac{x}{x+1}}{\frac{x}{x+1}+1}=\frac{x}{2x+1}$$

$$f^3(x)=f(f^2(x))=\frac{\frac{x}{2x+1}}{\frac{x}{2x+1}+1}=\frac{x}{3x+1}$$

$$f^4(x)=f(f^3(x))=\frac{\frac{x}{3x+1}}{\frac{x}{3x+1}+1}=\frac{x}{4x+1}$$

$\vdots$

$$f^{10}(x)=\frac{x}{10x+1}$$

$$\therefore f^{10}(1)=\frac{1}{10+1}=\frac{1}{11}$$

답 ①

다른 풀이

$$f(1)=\frac{1}{2}$$

$$f^2(1)=f(f(1))=f\left(\frac{1}{2}\right)=\frac{1}{3}$$

$$f^3(1)=f(f^2(1))=f\left(\frac{1}{3}\right)=\frac{1}{4}$$

$$f^4(1)=f(f^3(1))=f\left(\frac{1}{4}\right)=\frac{1}{5}$$

$\vdots$

$$\therefore f^{10}(1)=\frac{1}{11}$$

18

[전략] 두 점 $(x_1, f(x_1))$, $(x_2, f(x_2))$를 연결하는 선분의 중점의 좌표가 일정하면 $y=f(x)$의 그래프는 이 중점에 대칭이다.

$x_1+x_2=1$이면 $f(x_1)+f(x_2)=3$이므로 $y=f(x)$의 그래프 위의 두 점 $(x_1, f(x_1))$, $(x_2, f(x_2))$를 연결하는 선분의 중점의 좌표는

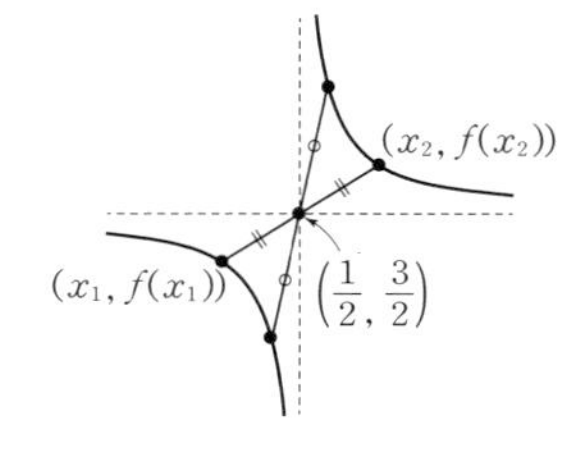

$$\left(\frac{x_1+x_2}{2}, \frac{f(x_1)+f(x_2)}{2}\right)$$

$$=\left(\frac{1}{2}, \frac{3}{2}\right)$$

따라서 $y=f(x)$의 그래프는 점 $\left(\frac{1}{2}, \frac{3}{2}\right)$에 대칭이다.

$a\neq0$이므로 $f(x)$는 유리함수이고, 점 $\left(\frac{1}{2}, \frac{3}{2}\right)$은 두 점근선의 교점이므로 $y=f(x)$의 그래프의 점근선은 직선 $x=\frac{1}{2}$, $y=\frac{3}{2}$

$$f(x)=\frac{\frac{b}{a}(ax+1)-\frac{b}{a}+1}{ax+1}=\frac{1-\frac{b}{a}}{ax+1}+\frac{b}{a}$$

이므로 $-\frac{1}{a}=\frac{1}{2}$, $\frac{b}{a}=\frac{3}{2}$ $\quad\therefore a=-2$, $b=-3$

$$\therefore f(x)=\frac{-3x+1}{-2x+1}=\frac{3x-1}{2x-1}$$

$$\therefore (f\circ f)(2)=f(f(2))=f\left(\frac{5}{3}\right)=\frac{12}{7}$$

답 $\frac{12}{7}$

다른 풀이

$$f(x_1)+f(x_2)$$
$$=\frac{bx_1+1}{ax_1+1}+\frac{bx_2+1}{ax_2+1}$$
$$=\frac{(bx_1+1)(ax_2+1)+(bx_2+1)(ax_1+1)}{(ax_1+1)(ax_2+1)}$$
$$=\frac{2abx_1x_2+a(x_1+x_2)+b(x_1+x_2)+2}{a^2x_1x_2+a(x_1+x_2)+1}$$

$x_1+x_2=1$이면 $f(x_1)+f(x_2)=3$이므로 위의 식에 대입하면

$$\frac{2abx_1(1-x_1)+a+b+2}{a^2x_1(1-x_1)+a+1}=3$$
$$2abx_1(1-x_1)+a+b+2=3a^2x_1(1-x_1)+3a+3$$
$$-2abx_1^2+2abx_1+a+b+2=-3a^2x_1^2+3a^2x_1+3a+3$$

x_1에 대한 항등식이므로

$2ab=3a^2$ $\quad\therefore a(2b-3a)=0$ $\quad\cdots$ ❶

$a+b+2=3a+3$ $\quad\therefore b=2a+1$ $\quad\cdots$ ❷

❶에서 $a\neq0$이므로 $2b=3a$

❷와 연립하여 풀면 $a=-2$, $b=-3$

$$\therefore f(x)=\frac{-3x+1}{-2x+1}=\frac{3x-1}{2x-1}$$

$$\therefore (f\circ f)(2)=f(f(2))=f\left(\frac{5}{3}\right)=\frac{12}{7}$$

19

[전략] $3\le x\le12$에서 $y=\frac{24}{x}-2$의 그래프를 그린 다음 $f(x)$가 X에서 X로의 일대일대응이 되게 직선 $y=ax+b$를 그린다.

$$f_1(x)=ax+b,\ f_2(x)=\frac{24}{x}-2$$

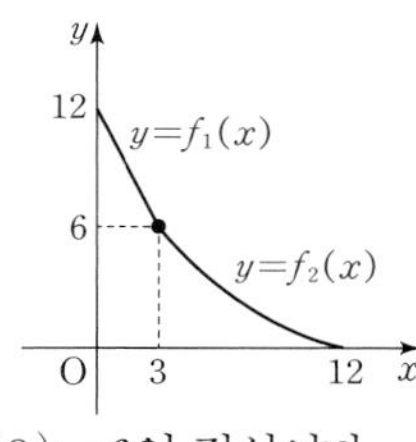

라 하자. $f_2(3)=6$, $f_2(12)=0$이므로 $3\le x\le12$에서 $y=f_2(x)$의 그래프는 그림과 같다. $f(x)$의 역함수가 있으면 $f(x)$는 X에서 X로의 일대일대응이므로 $y=f_1(x)$의 그래프는 $f_1(0)=12$, $f_1(3)=6$인 직선이다.

$f_1(x)=ax+b$에서

$b=12$, $3a+12=6$ $\quad\therefore a=-2$

$$\therefore f(x)=\begin{cases}-2x+12 & (0\le x<3)\\ \frac{24}{x}-2 & (3\le x\le12)\end{cases}$$

$(f\circ f\circ f)(k)=10$에서 $f((f\circ f)(k))=10$

$-2(f\circ f)(k)+12=10$ $\therefore (f\circ f)(k)=1$

$f(f(k))=1$이므로

$\frac{24}{f(k)}-2=1, f(k)=8$

$-2k+12=8$ $\therefore k=2$

답 ②

20

[전략] $y=f(x)$ 그래프의 점근선을 구하고 $y=f^{-1}(x)$와 $y=f(x-4)-4$의 그래프의 점근선이 일치함을 이용한다.

$$f(x)=\frac{2x+b}{x-a}=\frac{2(x-a)+2a+b}{x-a}=\frac{2a+b}{x-a}+2$$

$y=f(x)$의 그래프를 평행이동하면 $y=\frac{3}{x}$의 그래프와 일치하므로

$2a+b=3$ … ❶

$f^{-1}(x)=f(x-4)-4$에서

$y=f^{-1}(x)$와 $y=f(x-4)-4$의 그래프의 점근선이 같다.

$y=f(x)$의 그래프의 점근선은 직선 $x=a$, $y=2$이므로

$y=f^{-1}(x)$의 그래프의 점근선은 직선 $x=2$, $y=a$

$y=f(x-4)-4$의 그래프의 점근선은 직선 $x=a+4$, $y=-2$

$\therefore a=-2$

❶에 대입하면 $b=7$ $\therefore a+b=5$

답 ⑤

다른 풀이

$y=\frac{2x+b}{x-a}$에서 $(x-a)y=2x+b$

$(y-2)x=ay+b$, $x=\frac{ay+b}{y-2}$

x와 y를 서로 바꾸면

$y=\frac{ax+b}{x-2}$ $\therefore f^{-1}(x)=\frac{ax+b}{x-2}$

$f^{-1}(x)=f(x-4)-4$에서

$$\frac{ax+b}{x-2}=\frac{2(x-4)+b}{(x-4)-a}-4$$

$$\frac{ax+b}{x-2}=\frac{-2x+4a+b+8}{x-4-a}$$

양변에서 분모의 x의 계수가 같으므로

$-2=-4-a$, $a=-2$, $b=4a+b+8$

$\therefore a=-2$

이때 $f(x)=\frac{2x+b}{x+2}=\frac{b-4}{x+2}+2$이고 $y=f(x)$의 그래프를 평행이동하면 $y=\frac{3}{x}$의 그래프와 일치하므로

$b-4=3$ $\therefore b=7$, $a+b=5$

21

[전략] P, Q의 좌표를 함수의 식에 대입하여 a, b, c, d의 관계식을 구한다.

$b=4\sqrt{a}$, $d=4\sqrt{c}$이므로 $a=\frac{b^2}{16}$, $c=\frac{d^2}{16}$

또 $b+d=8$이므로 직선 PQ의 기울기는

$$\frac{d-b}{c-a}=\frac{d-b}{\frac{d^2}{16}-\frac{b^2}{16}}=\frac{16(d-b)}{d^2-b^2}=\frac{16}{b+d}=2$$ … ㉮

따라서 직선 PQ에 수직인 직선의 기울기는 $-\frac{1}{2}$이다.

점 $(2, 6)$을 지나므로 직선의 방정식은

$y-6=-\frac{1}{2}(x-2)$ $\therefore y=-\frac{1}{2}x+7$ … ㉯

직선의 y절편은 7이다. … ㉰

단계	채점 기준	배점
㉮	직선 PQ의 기울기 구하기	40%
㉯	직선 PQ에 수직이고 점 $(2, 6)$을 지나는 직선의 방정식 구하기	40%
㉰	y절편 구하기	20%

답 7

22

[전략] 그래프에서 점근선의 위치와 x축, y축과 만나는 점의 부호를 이용하여 a, b, c의 부호를 조사한다.

$$f(x)=\frac{ax+1}{bx+c}=\frac{\frac{a}{b}(bx+c)+1-\frac{ac}{b}}{bx+c}$$

$$=\frac{1-\frac{ac}{b}}{bx+c}+\frac{a}{b}$$

따라서 그래프의 점근선은 직선 $x=-\frac{c}{b}$, $y=\frac{a}{b}$

$\therefore -\frac{c}{b}>0$, $\frac{a}{b}>0$ … ❶

또 $y=\frac{ax+1}{bx+c}$에 $x=0$을 대입하면 $y=\frac{1}{c}$

$y=0$을 대입하면 $x=-\frac{1}{a}$

$\therefore \frac{1}{c}>0$, $-\frac{1}{a}>0$ … ❷

❶, ❷에서 $a<0$, $b<0$, $c>0$

이때 $y=a\sqrt{bx+a}+c=a\sqrt{b\left(x+\frac{a}{b}\right)}+c$이므로

그래프의 개형은 ⑤와 같다.

답 ⑤

23

[전략] $y=f(x)$의 그래프를 그리고 X에서 Y로의 일대일대응이 될 조건을 찾는다.

$f(x)$의 역함수가 있으면

$f(x)$는 X에서 Y로의 일대일대응이다.

그림에서 $f(a)=2a$이므로

$\sqrt{4a+3}=2a$ … ❶

양변을 제곱하면

$4a+3=4a^2$, $(2a-3)(2a+1)=0$

$\therefore a=\frac{3}{2}$ 또는 $a=-\frac{1}{2}$ … ❷

$a=\frac{3}{2}$을 ❶에 대입하면 $3=3$

$a=-\frac{1}{2}$을 ❶에 대입하면 $1=-1$

따라서 $a=\frac{3}{2}$만 해이다.

답 $\frac{3}{2}$

Note

❷는 ❶을 제곱하여 푼 결과이다.

이런 경우 $a=-\frac{1}{2}$과 같이 조건을 만족시키지 않는 해도 나온다.

한 점을 지나고 무리함수의 그래프에 접하는 직선을 찾기 위해 $D=0$을 이용하는 경우도 조건을 만족시키지 않는 해가 나올 수 있으므로 반드시 확인한다.

24

[전략] $y=k\sqrt{x}$의 그래프를 그리고 k의 값이 최대일 때와 최소일 때를 생각한다.

$y=k\sqrt{x}$의 그래프가 $\mathrm{D}(n^2,\ 4n^2)$을 지날 때 k가 최대이고, $\mathrm{B}(4n^2,\ n^2)$을 지날 때 k가 최소이다.

$\mathrm{D}(n^2,\ 4n^2)$을 지날 때

$$4n^2=k\sqrt{n^2} \qquad \therefore k=4n$$

$\mathrm{B}(4n^2,\ n^2)$을 지날 때

$$n^2=k\sqrt{4n^2} \qquad \therefore k=\frac{n}{2}$$

(ⅰ) n이 짝수일 때

$$a_n=4n-\frac{n}{2}+1=\frac{7}{2}n+1$$

$a_n\ge 70$이므로 $\frac{7}{2}n+1\ge 70$ $\qquad \therefore n\ge\frac{138}{7}$

n은 짝수이므로 $n=20,\ 22,\ \cdots$

(ⅱ) n이 홀수일 때

$$a_n=4n-\left(\frac{n}{2}+\frac{1}{2}\right)+1=\frac{7}{2}n+\frac{1}{2}$$

$a_n\ge 70$이므로 $\frac{7}{2}n+\frac{1}{2}\ge 70$ $\qquad \therefore n\ge\frac{139}{7}$

n은 홀수이므로 $n=21,\ 23,\ \cdots$

따라서 n의 최솟값은 20이다.

답 ②

25

[전략] $f(x)=f(x+2)$이면 $y=f(x)$ $(-1\le x<1)$의 그래프가 $1\le x<3,\ 3\le x<5,\ \cdots$에서 반복하여 나타난다.

$0\le x<1$일 때 $f(x)=\sqrt{1-x}$

$-1\le x<0$일 때 $f(x)=\sqrt{1+x}$

따라서 $-1\le x<1$에서 $y=f(x)$의 그래프는 다음과 같다.

또 $y=f(x)$의 그래프는 $-1\le x<1$의 그래프가 반복된다.

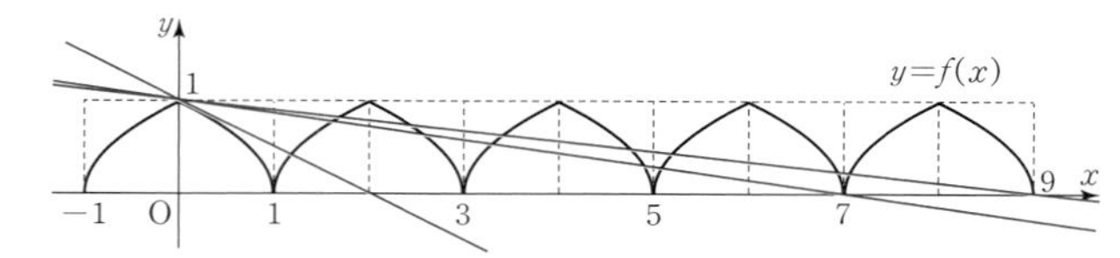

$g(x)=ax+1$이라 하자.

(ⅰ) $a\le 0$일 때

$y=f(x)$와 직선 $y=g(x)$에서

$\sqrt{1-x}=ax+1,\ a^2x^2+(2a+1)x=0$

접하면

$$D=(2a+1)^2-4\times a^2\times 0=0 \qquad \therefore a=-\frac{1}{2}$$

곧, 직선 $y=-\frac{1}{2}x+1$이 접선이다.

직선 $y=g(x)$가 점 $(7,\ 0)$을 지나면 $a=-\frac{1}{7}$이고 교점이 7개이다.

직선 $y=g(x)$가 점 $(9,\ 0)$을 지나면 $a=-\frac{1}{9}$이고 교점이 9개이다.

따라서 $-\frac{1}{7}<a<-\frac{1}{9}$이면 교점이 8개이다.

(ⅱ) $a>0$일 때 $\frac{1}{9}<a<\frac{1}{7}$이면 교점이 8개이다.

(ⅰ), (ⅱ)에서 $-\frac{1}{7}<a<-\frac{1}{9}$ 또는 $\frac{1}{9}<a<\frac{1}{7}$

답 $-\frac{1}{7}<a<-\frac{1}{9}$ 또는 $\frac{1}{9}<a<\frac{1}{7}$

26

[전략] $f(x)=g(x)$를 풀어 A의 좌표를 구한다.
그리고 B, C의 좌표를 p로 나타내고 삼각형 ABC의 넓이를 구한다.

$\sqrt{2x}-1=\sqrt{x}-1$에서 $\sqrt{2x}=\sqrt{x}$

양변을 제곱하면 $2x=x,\ x=0$ $\qquad \therefore \mathrm{A}(0,\ -1)$

$f(p)=\sqrt{2p}-1,\ g(p)=\sqrt{p}-1$이므로

$\mathrm{B}(p,\ \sqrt{2p}-1),\ \mathrm{C}(p,\ \sqrt{p}-1)$

따라서 $\overline{\mathrm{BC}}=\sqrt{2p}-\sqrt{p}$이다.

삼각형 ABC의 넓이가 $2-\sqrt{2}$이므로

$$\frac{1}{2}p(\sqrt{2p}-\sqrt{p})=2-\sqrt{2}$$

$$p\sqrt{p}(\sqrt{2}-1)=4-2\sqrt{2}$$

$$p\sqrt{p}=\frac{4-2\sqrt{2}}{\sqrt{2}-1}=2\sqrt{2}$$

$$\therefore p=2$$

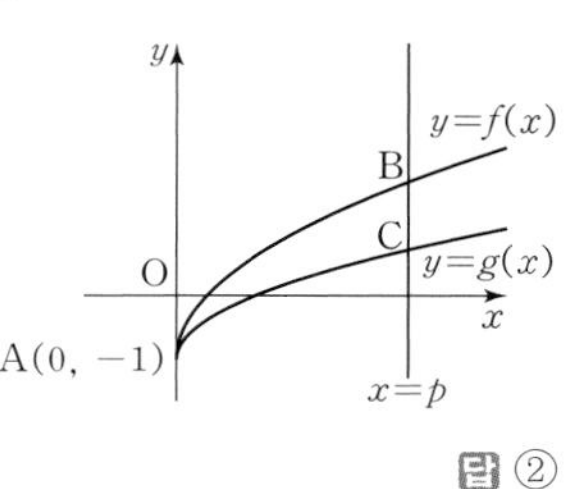

답 ②

27

[전략] $y=\sqrt{-2x-1}$의 그래프와 직선 $y=ax+1,\ y=bx+1$을 그려 $x\le -\frac{1}{2}$에서 주어진 부등식이 성립할 조건을 찾는다.

$$y=\sqrt{-2x-1}=\sqrt{-2\left(x+\frac{1}{2}\right)}$$

의 그래프는 그림과 같다.

(ⅰ) $ax+1\le\sqrt{-2x-1}$

$y=ax+1$의 그래프는 점 $(0,\ 1)$을 지나고 기울기가 a인 직선이므로 점 $\left(-\frac{1}{2},\ 0\right)$을 지날 때 a의 값이 최소이다.

$y=ax+1$에 점 $\left(-\frac{1}{2},\ 0\right)$을 대입하면

$a=2$ $\qquad \therefore a\ge 2$ $\qquad \cdots$ ㉮

(ⅱ) $\sqrt{-2x-1}\le bx+1$

$y=bx+1$의 그래프는 점 $(0,\ 1)$을 지나고 기울기가 b인 직선이므로 $y=\sqrt{-2x-1}$의 그래프에 접할 때 b의 값이 최대이다.

$y=\sqrt{-2x-1}$과 $y=bx+1$에서

$\sqrt{-2x-1}=bx+1$

양변을 제곱하여 정리하면 $b^2x^2+2(b+1)x+2=0$

접하므로

$$D=(b+1)^2-2b^2=0$$

$$b^2-2b-1=0 \qquad \therefore b=1\pm\sqrt{2}$$

$b<0$이므로 $b=1-\sqrt{2}$ $\qquad \therefore b\le 1-\sqrt{2}$ $\qquad$ ⋯ ㊅

(i), (ii)에서 $b-a$의 최댓값은

$$(1-\sqrt{2})-2=-1-\sqrt{2}$$ ⋯ ㊆

단계	채점 기준	배점
㉮	a의 값의 범위 구하기	40%
㊅	b의 값의 범위 구하기	40%
㊆	$b-a$의 최댓값 구하기	20%

답 $-1-\sqrt{2}$

28

[전략] $y=\sqrt{x+|x|}$의 그래프를 그리고 직선 $y=x+k$를 움직이면서 그래프와 직선의 교점의 개수를 조사한다.

$$y=\sqrt{x+|x|}=\begin{cases}\sqrt{2x} & (x\ge 0)\\ 0 & (x<0)\end{cases}$$

이므로 $y=\sqrt{x+|x|}$의 그래프는 그림과 같다.

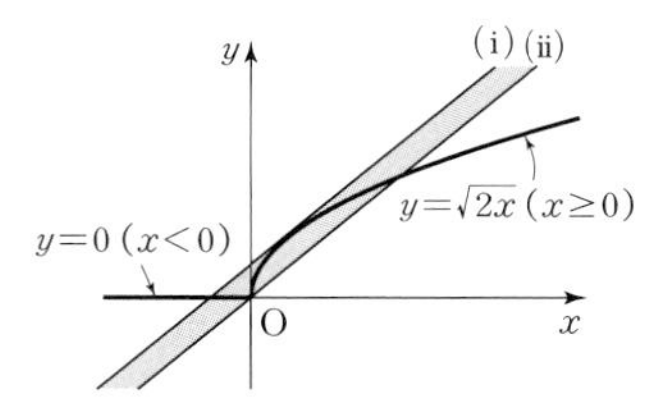

그래프와 직선이 서로 다른 세 점에서 만나려면 직선 $y=x+k$는 색칠한 부분(경계 제외)에 있으면 된다.

(i) 직선 $y=x+k$가 $y=\sqrt{2x}$의 그래프에 접할 때

$x+k=\sqrt{2x}$에서 양변을 제곱하여 정리하면

$$x^2+2(k-1)x+k^2=0$$

접하므로 $\dfrac{D}{4}=(k-1)^2-k^2=0$ $\qquad \therefore k=\dfrac{1}{2}$

(ii) 직선 $y=x+k$가 원점을 지날 때 $k=0$

(i), (ii)에서 $0<k<\dfrac{1}{2}$

답 $0<k<\dfrac{1}{2}$

Note

그래프와 직선의 교점의 개수는

$k<0$ 또는 $k>\frac{1}{2}$일 때 1개, $\quad k=0$ 또는 $k=\frac{1}{2}$일 때 2개

29

[전략] $y=g(x)$의 그래프는 점 (k, k)에서 시작하는 곡선이다. 그리고 점 (k, k)는 직선 $y=x$ 위에 있음을 이용한다.

$y=f(x)$의 그래프는 그림과 같다.

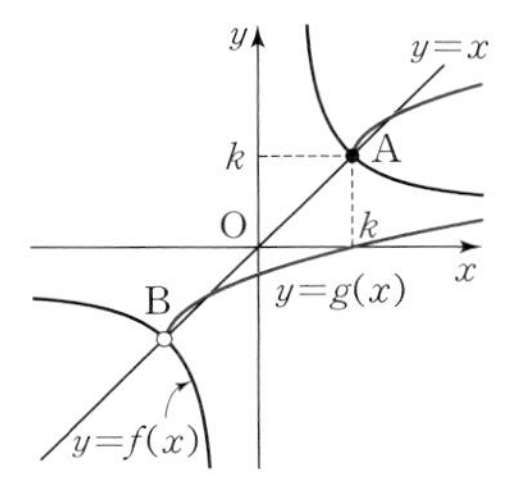

$y=g(x)$의 그래프는 $y=\sqrt{x}$의 그래프를 평행이동한 것이고, 점 (k, k)에서 시작한다.

그리고 점 (k, k)는 직선 $y=x$ 위에 있다. 따라서 $y=f(x)$와 $y=g(x)$의 그래프가 한 점에서 만나면 점 (k, k)는 그림의 선분 AB(점 B는 제외) 위에 있다.

$y=\dfrac{4}{x}$와 $y=x$에서 $\dfrac{4}{x}=x$, $x^2=4$ $\qquad \therefore x=\pm 2$

$\mathrm{A}(2, 2)$, $\mathrm{B}(-2, -2)$이므로 $-2<k\le 2$

정수 k는 $-1, 0, 1, 2$이고, 4개이다.

답 ④

30

[전략] $x\ge 3$에서 $y=\dfrac{2x+3}{x-2}$의 그래프부터 그리고 $x<3$에서 $y=\sqrt{3-x}+a$의 그래프를 생각한다.

$f_1(x)=\sqrt{3-x}+a$, $f_2(x)=\dfrac{2x+3}{x-2}$이라 하자.

$f_2(x)=\dfrac{7}{x-2}+2$이고

$f_2(3)=9$이므로 $x\ge 3$에서

$y=f_2(x)$의 그래프는 그림과 같다.

따라서 $f(x)$가 일대일대응이면

$$f_1(3)=9 \qquad \therefore a=9$$

$f_1(x)=\sqrt{3-x}+9$이므로

$$f(2)=f_1(2)=\sqrt{3-2}+9=10$$

$f(2)f(k)=40$에서 $f(k)=4$

$f(k)=4$이면 $k>3$이므로 $f_2(k)=4$

$$\frac{2k+3}{k-2}=4,\ 2k+3=4k-8 \qquad \therefore k=\frac{11}{2}$$

답 ⑤

31

[전략] x축에 평행한 직선을 $y=k$로 놓고 $f(x)=k$를 풀면 ab를 k로 나타낼 수 있다. 이때 유리식의 최대, 최소는 산술평균과 기하평균의 관계를 생각한다.

$x>0$에서 $y=f(x)$의 그래프는 그림과 같다.

x축에 평행한 직선의 방정식을 $y=k$라 하자.

직선 $y=k$가 $y=f(x)$의 그래프와 두 점에서 만나므로 $k>0$

$\dfrac{1}{x}-1=k$에서 $x=\dfrac{1}{k+1}$

$\sqrt{x-1}=k$에서 $x=k^2+1$

$$\therefore ab=\frac{k^2+1}{k+1} \qquad \cdots ❶$$

$k^2+1=k(k+1)-k+1=k(k+1)-(k+1)+2$이고

$k+1>0$이므로

$$ab=k-1+\frac{2}{k+1}=(k+1)+\frac{2}{k+1}-2$$

$$\ge 2\sqrt{(k+1)\times\frac{2}{k+1}}-2=2\sqrt{2}-2$$

$$\left(\text{단, 등호는 } k+1=\frac{2}{k+1}\text{일 때 성립}\right)$$

따라서 ab의 최솟값은 $2\sqrt{2}-2$이다.

답 ②

Note

❶은 다음과 같이 정리할 수도 있다.

k^2+1을 $k+1$로 나눈 몫은 $k-1$, 나머지는 2이므로

$$\frac{k^2+1}{k+1}=\frac{(k+1)(k-1)+2}{k+1}=k-1+\frac{2}{k+1}$$

32

[전략] 무리함수의 역함수는 이차함수 꼴이다.
$f(x)$와 $g(x)$가 서로 역함수인지부터 확인한다.

$y=f(x)$에서 $y\geq 2$이고

$y-2=\sqrt{x-2}$, $(y-2)^2=x-2$

x, y를 서로 바꾸면 $(x-2)^2=y-2$

$\therefore y=x^2-4x+6\ (x\geq 2)$

따라서 $g(x)$는 $f(x)$의 역함수이다.

$y=f(x)$와 $y=g(x)$의 그래프는 직선 $y=x$에 대칭이고, 그림과 같이 두 그래프의 교점은 $y=g(x)$의 그래프와 직선 $y=x$의 교점과 같다.

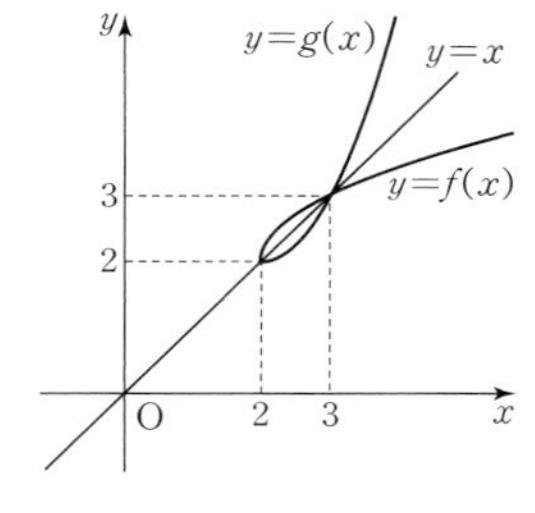

$x^2-4x+6=x$에서

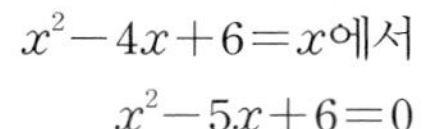

$x^2-5x+6=0$

$\therefore x=2$ 또는 $x=3$

곧, 교점의 좌표는 $(2,2)$, $(3,3)$이므로 두 점 사이의 거리는

$\sqrt{(3-2)^2+(3-2)^2}=\sqrt{2}$

답 ②

33

[전략] $f(x)$는 이차함수, $g(x)$는 무리함수이므로
서로 역함수인지부터 조사한다.
그리고 역함수이면 두 그래프가 직선 $y=x$에 대칭임을 이용한다.

$y=\frac{1}{5}x^2+\frac{1}{5}k\ (x\geq 0)$에서

$\frac{1}{5}x^2=y-\frac{1}{5}k$, $x^2=5y-k$

$x\geq 0$이므로 $x=\sqrt{5y-k}$

x, y를 서로 바꾸면 $y=\sqrt{5x-k}$

따라서 $g(x)$는 $f(x)$의 역함수이고, $y=f(x)$, $y=g(x)$의 그래프는 직선 $y=x$에 대칭이다.

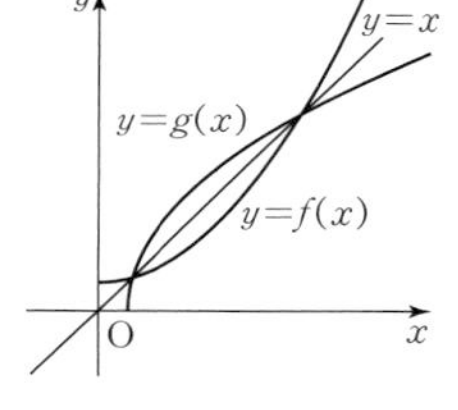

그림과 같이 두 그래프가 두 점에서 만나면 교점은 직선 $y=x$ 위에 있으므로 $y=f(x)$의 그래프와 직선 $y=x$가 두 점에서 만날 때 k의 값을 구해도 된다.

$\frac{1}{5}x^2+\frac{1}{5}k=x$에서 $x^2-5x+k=0$

이 방정식이 음이 아닌 서로 다른 두 실근을 갖는다.

$h(x)=x^2-5x+k$라 하자.

$y=h(x)$의 그래프의 축이 직선 $x=\frac{5}{2}$이므로

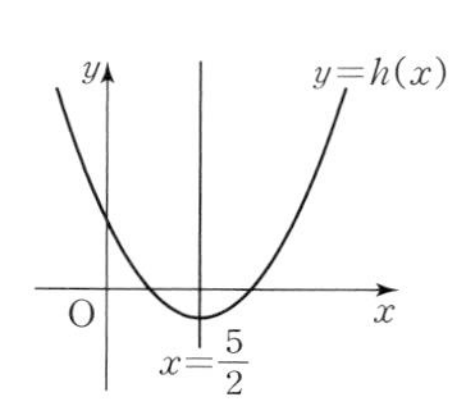

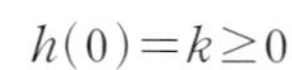

$h(0)=k\geq 0$

$D=(-5)^2-4k>0$, $k<\frac{25}{4}$

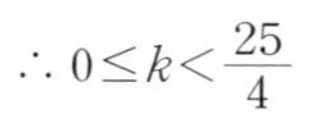

$\therefore 0\leq k<\frac{25}{4}$

정수 k는 7개이다.

답 ②

다른 풀이

$y=g(x)$의 그래프가 직선 $y=x$와 두 점에서 만날 때 k의 값을 구한다.

그림에서 $y=g(x)$의 그래프가 (i), (ii) 사이에 있거나 (i)이면 직선 $y=x$와 두 점에서 만난다.

(i)에서 $y=g(x)$의 그래프가 점 $(0,0)$을 지나므로

$g(0)=0\qquad \therefore k=0$

(ii)에서 $y=g(x)$의 그래프가 직선 $y=x$에 접하므로

$\sqrt{5x-k}=x$에서 $x^2-5x+k=0$

$D=25-4k=0$, $k=\frac{25}{4}$

(i), (ii)에서 $0\leq k<\frac{25}{4}$

34

[전략] $y=f(x)$와 $y=f^{-1}(x)$의 그래프는 직선 $y=x$에 대칭이다.
또 직선 $y=-x+k$와 직선 $y=x$는 수직이다.
이를 이용하여 선분 AB의 길이가 최소인 경우부터 찾는다.

A, B는 직선 $y=x$에 대칭이고 선분 AB는 직선 $y=x$에 수직이다.

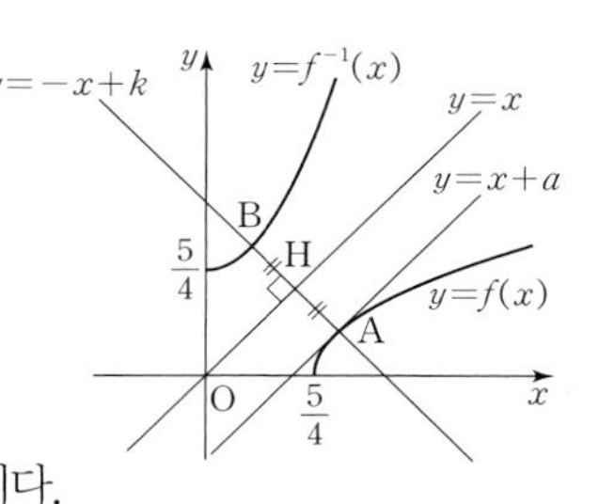

선분 AB와 직선 $y=x$의 교점을 H라 하면 $\overline{AB}=2\overline{AH}$이고, 선분 AH의 길이가 최소일 때 선분 AB의 길이는 최소이다.

곧, 직선 $y=x$에 평행한 직선이 $y=f(x)$의 그래프에 접할 때 선분 AB의 길이가 최소이다.

A에서 접하는 직선의 방정식을 $y=x+a$라 하자.

$f(x)=x+a$에서 $\frac{1}{2}\sqrt{4x-5}=x+a$

양변을 제곱하여 정리하면

$4x^2+4(2a-1)x+4a^2+5=0\qquad\cdots$ ❶

접하므로

$\frac{D}{4}=4(2a-1)^2-4(4a^2+5)=0$

$\therefore a=-1$

❶에 대입하면

$4x^2-12x+9=0$, $(2x-3)^2=0$

따라서 접점의 x좌표는 $x=\frac{3}{2}$

$f\left(\frac{3}{2}\right)=\frac{1}{2}\sqrt{4\times\frac{3}{2}-5}=\frac{1}{2}$

이므로 $A\left(\frac{3}{2},\frac{1}{2}\right)$

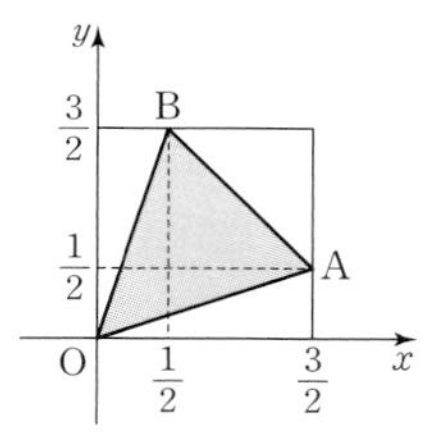

A와 B는 직선 $y=x$에 대칭이므로

$B\left(\frac{1}{2},\frac{3}{2}\right)$

$\therefore \triangle OAB=\frac{3}{2}\times\frac{3}{2}-2\times\left(\frac{1}{2}\times\frac{3}{2}\times\frac{1}{2}\right)-\frac{1}{2}\times 1\times 1$

$=1$

답 ①

35

[전략] $y=\sqrt{x}$와 $y=x^2\ (x\ge0)$은 서로 역함수이다.

따라서 $f(x)=\begin{cases}\sqrt{x} & (x\ge0)\\ x^2 & (x<0)\end{cases}$의 그래프에서

$x\ge0$인 부분과 $x<0$인 부분은 적당히 이동하면 겹쳐진다.

$y=\sqrt{x}$와 $y=x^2\ (x\ge0)$은 서로 역함수이므로 그래프는 직선 $y=x$에 대칭이다.

또 $y=x^2\ (x\ge0)$과 $y=x^2\ (x\le0)$의 그래프는 y축에 대칭이다.

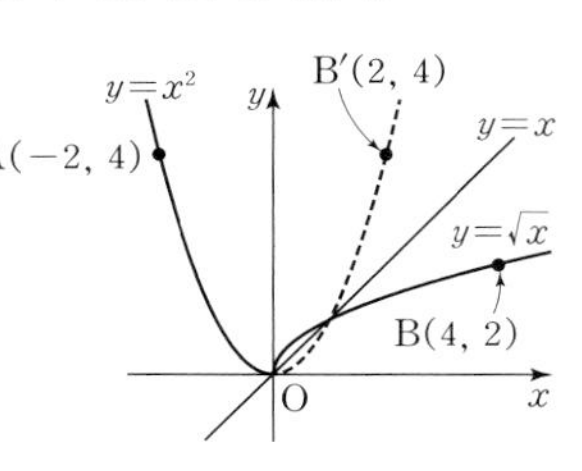

따라서 $B'(2,4)$라 하면 곡선 OA, OB, OB′은 같은 꼴이다.

그림에서 색칠한 두 부분의 넓이가 같으므로 $y=f(x)$의 그래프와 직선 $x+3y-10=0$으로 둘러싸인 부분의 넓이는 삼각형 OAB의 넓이와 같다.

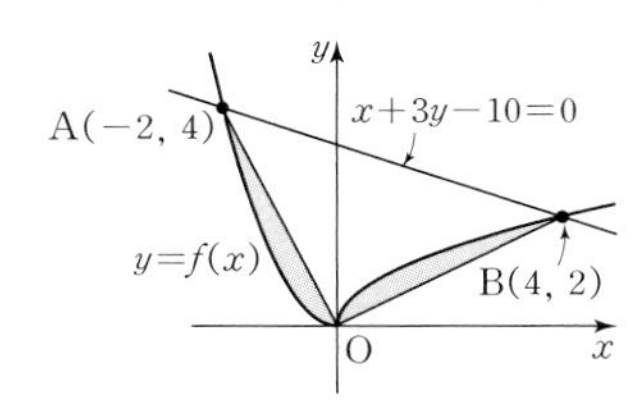

$\overline{AB}=\sqrt{(4+2)^2+(2-4)^2}$
$=2\sqrt{10}$

원점 O와 직선 $x+3y-10=0$ 사이의 거리는

$$\frac{|-10|}{\sqrt{1^2+3^2}}=\sqrt{10}$$

따라서 구하는 넓이는

$\triangle OAB=\frac{1}{2}\times\sqrt{10}\times2\sqrt{10}=10$ 답 10

36

[전략] $X\cap Y=\{2\}$임을 이용하여 $y=f(x)$가 어떤 꼴인지부터 생각한다.
그리고 $g(x)=g^{-1}(x)$이면 $y=g(x)$의 그래프는 직선 $y=x$에 대칭임을 이용한다.

$Y=\{y\,|\,y\le c\}$이므로
$X\cap Y=\{2\}$이면 오른쪽 그림과 같이 $c=2$이고 $X=\{x\,|\,x\ge2\}$이다.
따라서 $a>0$이고

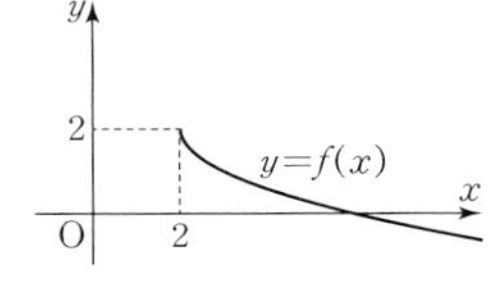

$f(x)=-\sqrt{a(x-2)}+2$

(가)에서 $y=g(x)$의 그래프는 직선 $y=x$에 대칭이고 X에서 $g(x)=f(x)$이므로 $x<2$에서 $y=g(x)$의 그래프는 $x>2$에서 $y=g(x)$의 그래프를 직선 $y=x$에 대칭이동한 꼴이다.

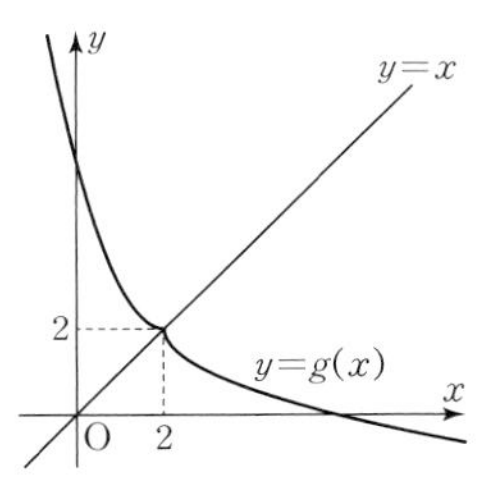

$g(0)=6$이므로 $g(6)=0$

$f(6)=0$이므로 $-\sqrt{4a}+2=0,\ a=1$

$\therefore f(x)=-\sqrt{x-2}+2\qquad \therefore b=-2$

$g(a)=g(1)=k$라 하면 $g(k)=1$이므로

$f(k)=-\sqrt{k-2}+2=1\qquad \therefore k=3$

$g(b)=g(-2)=l$이라 하면 $g(l)=-2$이므로

$f(l)=-\sqrt{l-2}+2=-2\qquad \therefore l=18$

$g(c)=g(2)=f(2)=2$

$\therefore g(a)+g(b)+g(c)=23$ 답 23

step C 최상위 문제 59~60쪽

01 ④ **02** $\sqrt{2}$ **03** 9 **04** ④

05 $\frac{2}{3}<a<\frac{3}{4}$ 또는 $\frac{4}{3}<a<\frac{3}{2}$

06 (1) 2 (2) $-\frac{33}{8}<k\le-4$ 또는 $0\le k<2$

07 (1) $a=0,\ b=-\frac{1}{3}$ (2) $0\le k<\frac{1}{2}$ **08** ①

01

[전략] $h^2,\ h^3,\ h^4,\ \cdots$을 구해 $D(h)$부터 구한다.
$D(h^2)$은 $h^2,\ h^4,\ \cdots$을 조사하고
$D(h^3)$은 $h^3,\ h^6,\ \cdots$을 조사한다.

$$h^2(x)=h(h(x))=\frac{h(x)-3}{h(x)-2}=\frac{\frac{x-3}{x-2}-3}{\frac{x-3}{x-2}-2}$$

$$=\frac{x-3-3(x-2)}{(x-3)-2(x-2)}=\frac{-2x+3}{-x+1}=\frac{2x-3}{x-1}$$

$$h^3(x)=h(h^2(x))=\frac{h^2(x)-3}{h^2(x)-2}=\frac{\frac{2x-3}{x-1}-3}{\frac{2x-3}{x-1}-2}$$

$$=\frac{(2x-3)-3(x-1)}{(2x-3)-2(x-1)}=\frac{-x}{-1}=x$$

이므로 $D(h)=3$

$h^3(x)=h^6(x)=h^9(x)=\cdots=x$이므로

$D(h^{3k})=1$ (k는 자연수)

$h^4=h\circ h^3=h,\ h^7=h\circ h^6=h,\ \cdots$이므로

$D(h)=D(h^4)=D(h^7)=\cdots=3$

$(h^2)^2=h^4=h\circ h^3=h,\ (h^2)^3=h^6=I$(항등함수)이므로

$D(h^2)=3$

또 $h^5=h^2\circ h^3=h^2,\ h^8=h^2\circ h^6=h^2,\ \cdots$이므로

$D(h^2)=D(h^5)=D(h^8)=\cdots=3$

$\therefore D(h)+D(h^2)+D(h^3)+\cdots+D(h^{100})$

$=3\times34+3\times33+1\times33=234$ 답 ④

02

[전략] 점 P는 두 점근선의 교점이다.
따라서 $y=f(x)$의 그래프가 P에 대칭이다.

$y=f(x)$의 그래프는 점근선이 직선 $x=1,\ y=k$이므로 점 P에 대칭이다.

따라서 직선 l과 $y=f(x)$의 그래프가 만나는 점 중 B가 아닌 점을 Q라 하면

$\triangle PBA\equiv\triangle PQO$ (SAS)

삼각형 PCO의 넓이가 삼각형 PBA의 넓이의 2배이므로 삼각형 PCO의 넓이는 삼각형 PQO의 넓이의 2배이다.

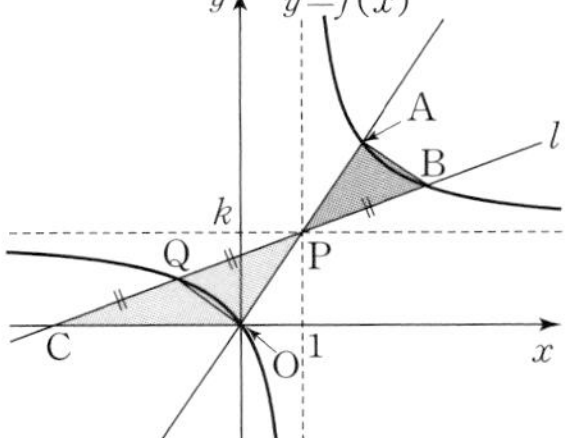

따라서 삼각형 PQO와 삼각형 CQO의 넓이가 같고, Q는 선분 CP의 중점이다.

$P(1, k)$이므로 Q의 y좌표는 $\frac{k}{2}$이다.

$Q\left(a, \frac{k}{2}\right)$라 하면 $f(a)=\frac{k}{2}$에서

$$\frac{k}{a-1}+k=\frac{k}{2},\ \frac{k}{a-1}=-\frac{k}{2}$$

$k>1$이므로 $a-1=-2$ $\quad\therefore a=-1$

$Q\left(-1, \frac{k}{2}\right)$이므로 $C(-3, 0)$

l은 기울기가 $\frac{k}{4}$이고 C를 지나므로

$$y=\frac{k}{4}(x+3) \qquad \therefore kx-4y+3k=0$$

원점과 l 사이의 거리가 1이므로

$$\frac{|3k|}{\sqrt{k^2+16}}=1,\ 9k^2=k^2+16,\ k^2=2$$

$k>1$이므로 $k=\sqrt{2}$

답 $\sqrt{2}$

03

[전략] $A\left(a, \frac{2}{a}\right)$라 하면 a는 $y=\frac{2}{x}$와 $y=-x+k$에서 $\frac{2}{x}=-x+k$의 해이다.
이를 이용하여 B, C의 좌표를 구하고
A가 직선 $y=-x+k$ 위의 점임을 이용하여 k, a의 관계를 구한다.

A의 x좌표를 a라 하면 $A\left(a, \frac{2}{a}\right)$

$y=\frac{2}{x}$와 $y=-x+k$에서

$$\frac{2}{x}=-x+k$$

$$x^2-kx+2=0 \qquad \cdots ❶$$

❶의 한 근이 a이므로 나머지 한 근을 b라 하면 근과 계수의 관계에서

$$ab=2,\ b=\frac{2}{a} \qquad \therefore B\left(\frac{2}{a}, a\right)$$

$\angle ABC=90°$이므로 직선 BC의 기울기는 1이다.
그리고 점 B를 지나므로 직선 BC의 방정식은

$$y-a=x-\frac{2}{a},\ y=x+a-\frac{2}{a} \qquad \cdots ❷$$

❷와 $y=\frac{2}{x}$에서 $\frac{2}{x}=x+a-\frac{2}{a}$

$$x^2+\left(a-\frac{2}{a}\right)x-2=0,\ \left(x-\frac{2}{a}\right)(x+a)=0$$

$$\therefore x=\frac{2}{a} \text{ 또는 } x=-a$$

B의 x좌표가 $\frac{2}{a}$이므로 C의 x좌표는 $-a$이다.

$$\therefore C\left(-a, -\frac{2}{a}\right)$$

$\overline{AC}^2=(2\sqrt{5})^2=20$이므로

$$\{a-(-a)\}^2+\left\{\frac{2}{a}-\left(-\frac{2}{a}\right)\right\}^2=4a^2+\frac{16}{a^2}=20$$

$$\therefore a^2+\frac{4}{a^2}=5$$

또 A가 직선 $y=-x+k$ 위의 점이므로

$$\frac{2}{a}=-a+k,\ k=a+\frac{2}{a}$$

$$\therefore k^2=\left(a+\frac{2}{a}\right)^2=a^2+\frac{4}{a^2}+4=9$$

답 9

Note

❶이 서로 다른 두 실근을 가지므로
$D=k^2-8>0 \qquad \therefore k<-2\sqrt{2}$ 또는 $k>2\sqrt{2}$
그래프와 직선이 제1사분면에서 만나므로 $k>2\sqrt{2}$

다른 풀이

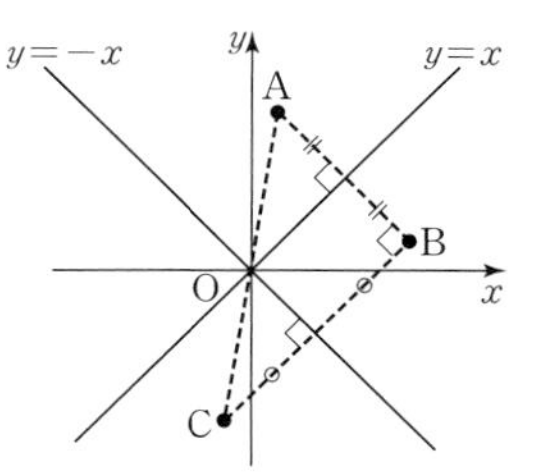

A, B는 직선 $y=x$에 대칭이고
$\angle ABC=90°$이므로
B, C는 직선 $y=-x$에 대칭이다.
따라서 $A\left(a, \frac{2}{a}\right)$라 하면

$$B\left(\frac{2}{a}, a\right),\ C\left(-a, -\frac{2}{a}\right)$$

04

[전략] $y=f(x)$와 $y=\frac{ax}{x+2}$의 그래프의 교점을 생각한다.
$f(x)=f(x+4)$이므로 $y=f(x)$의 그래프는 $-2\le x\le 2$에서의 그래프가 반복된다.
$y=\frac{ax}{x+2}$의 그래프는 a의 범위를 나누어 점근선부터 그린다.

$y=f(x)$의 그래프는 다음 그림과 같다.

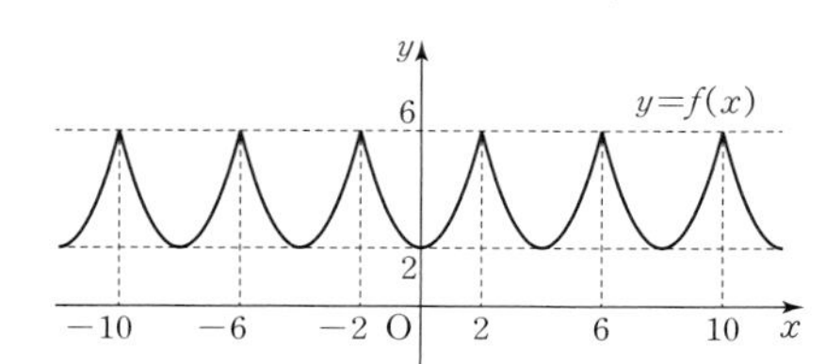

또 $y=\frac{ax}{x+2}=-\frac{2a}{x+2}+a$이므로 그래프의 점근선은 직선 $x=-2$, $y=a$이다.

(i) $a<0$일 때, $y=\frac{ax}{x+2}$의 그래프는 다음 그림과 같다.

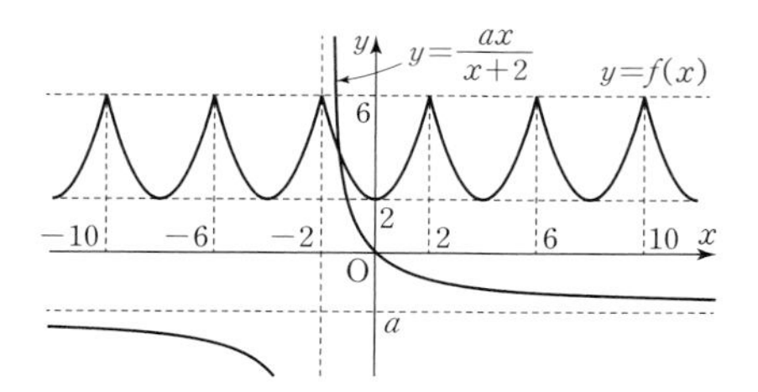

따라서 $y=f(x)$와 $y=\frac{ax}{x+2}$의 그래프는 한 점에서 만난다.

(ii) $a>0$일 때

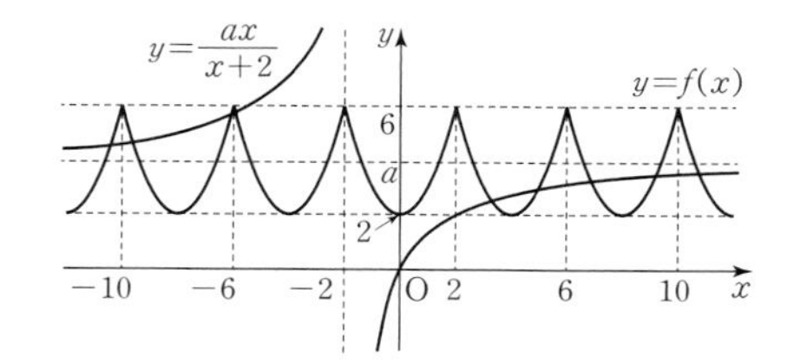

$2\le a\le 6$이면 $y=f(x)$와 $y=\frac{ax}{x+2}$의 그래프는 위의 그림과 같이 무수히 많은 점에서 만난다.
$0<a<2$ 또는 $a>6$이면 유한개의 점에서 만난다.

(iii) $a=0$이면 $y=\frac{ax}{x+2}=0$이므로 두 그래프는 만나지 않는다.

따라서 정수 a의 값은 2, 3, 4, 5, 6이고, 합은 20이다. 답 ④

05

[전략] $n \le x < n+1$ (n은 정수)일 때로 나누면 $[x]$를 간단히 할 수 있다. 직선 $y=g(x)$의 기울기 a를 변화시키면서 $y=f(x)$의 그래프와 교점의 개수를 조사한다.

⋮

$-2 \le x < -1$일 때 $f(x)=-2-\sqrt{x+2}$

$-1 \le x < 0$일 때 $f(x)=-1-\sqrt{x+1}$

$0 \le x < 1$일 때 $f(x)=-\sqrt{x}$

$1 \le x < 2$일 때 $f(x)=1-\sqrt{x-1}$

$2 \le x < 3$일 때 $f(x)=2-\sqrt{x-2}$

⋮

따라서 $y=f(x)$의 그래프는 그림에서 곡선 부분이다.

또, $y=g(x)$의 그래프는 기울기가 a이고 $(0, -1)$을 지나는 직선이다.

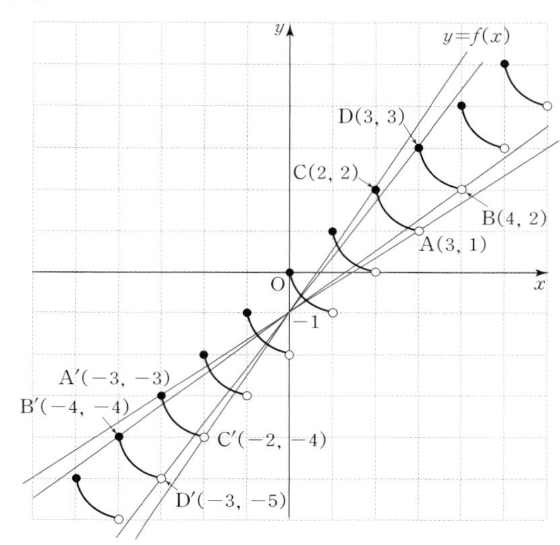

(i) 직선 $y=g(x)$가 점 A$(3, 1)$, A′$(-3, -3)$을 지날 때 $a=\frac{2}{3}$이고 교점은 5개이다.

또 직선 $y=g(x)$가 점 B$(4, 2)$, B′$(-4, -4)$를 지날 때 $a=\frac{3}{4}$이고 교점은 7개이다.

그리고 $\frac{2}{3}<a<\frac{3}{4}$일 때 교점은 6개이다.

(ii) 직선 $y=g(x)$가 점 C$(2, 2)$, C′$(-2, -4)$를 지날 때 $a=\frac{3}{2}$이고 교점은 5개이다.

또 직선 $y=g(x)$가 점 D$(3, 3)$, D′$(-3, -5)$를 지날 때 $a=\frac{4}{3}$이고 교점은 7개이다.

그리고 $\frac{4}{3}<a<\frac{3}{2}$일 때 교점은 6개이다.

(i), (ii)에서 $\frac{2}{3}<a<\frac{3}{4}$ 또는 $\frac{4}{3}<a<\frac{3}{2}$

답 $\frac{2}{3}<a<\frac{3}{4}$ 또는 $\frac{4}{3}<a<\frac{3}{2}$

06

[전략] (1) $f(x)=f^{-1}(x)$의 해는 $y=f(x)$와 $y=f^{-1}(x)$의 그래프가 만나는 점의 x좌표이다.

(2) $y=f(x)$와 $y=g(x)$의 그래프가 두 점에서 만날 조건을 찾으면 된다. 이때 k 값의 범위를 나누어 생각한다.

(1) 방정식 $f(x)=f^{-1}(x)$의 해는 $y=f(x)$와 $y=f^{-1}(x)$의 그래프가 만나는 점의 x좌표이다.

오른쪽 그림과 같이 $y=f(x)$와 $y=f^{-1}(x)$의 그래프의 교점은 $y=f(x)$의 그래프와 직선 $y=x$의 교점과 같다.

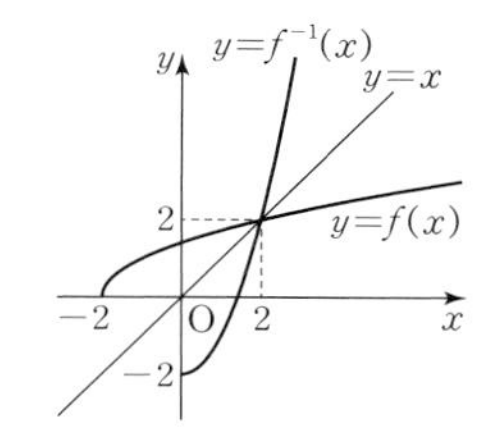

$f(x)=x$에서 $\sqrt{x+2}=x$

양변을 제곱하여 정리하면

$x^2-x-2=0$ $\therefore x=-1$ 또는 $x=2$

이 중에서 $f(x)=f^{-1}(x)$를 만족시키는 값은 $x=2$

(2) $y=f(x)$와 $y=g(x)$의 그래프가 서로 다른 두 점에서 만날 조건을 찾으면 된다.

$g(x)=\begin{cases} 2x-k & (x \ge k) \\ k & (x<k) \end{cases}$이므로 $y=g(x)$의 그래프는 그림에서 꺾은 선이다.

(i) $k>0$일 때 $y=g(x)$의 꺾인 점 (k, k)가 곡선 $y=\sqrt{x+2}$의 아래 있으면 된다.

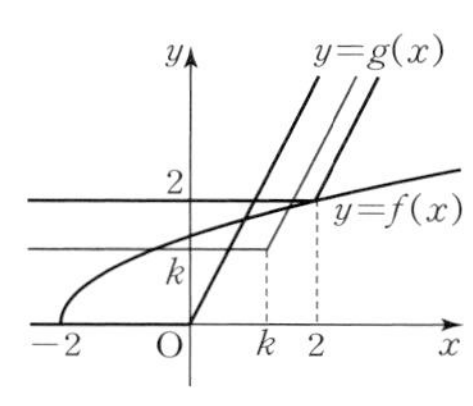

$f(k)=k$에서

$\sqrt{k+2}=k$ $\therefore k=2$

또 $k=0$일 때도 두 점에서 만나므로 $0 \le k < 2$

(ii) $k<0$일 때 직선 $y=2x-k$가 곡선 $y=\sqrt{x+2}$와 두 점에서 만나면 된다.

$y=2x-k$가 점 $(-2, 0)$을 지날 때 $k=-4$

$y=2x-k$와 곡선 $y=\sqrt{x+2}$가 접할 때

$2x-k=\sqrt{x+2}$

제곱하여 정리하면 $4x^2-(4k+1)x+k^2-2=0$

접하므로

$$D=(4k+1)^2-16(k^2-2)=0,\ k=-\frac{33}{8}$$

$$\therefore -\frac{33}{8}<k \le -4$$

(i), (ii)에서 $-\frac{33}{8}<k \le -4$ 또는 $0 \le k < 2$

답 (1) 2 (2) $-\frac{33}{8}<k \le -4$ 또는 $0 \le k < 2$

07

[전략] (1) $y=\frac{4x+a}{2x+1}$와 $y=\sqrt{2x-1}-b$의 그래프를 그려 $f(x)$가 일대일대응일 조건을 찾는다.

(2) 직선 $y=x+k$가 $y=\frac{4x+a}{2x+1}$ 또는 $y=\sqrt{2x-1}-b$의 그래프와 접할 때를 기준으로 나누어 생각한다.

$f_1(x)=\frac{4x+a}{2x+1}$, $f_2(x)=\sqrt{2x-1}-b$라 하자.

(1) $y=f_2(x)$의 그래프는 $y=\sqrt{2x}$의 그래프를 x축 방향으로 $\frac{1}{2}$만큼, y축 방향으로 $-b$만큼 평행이동한 것이다.

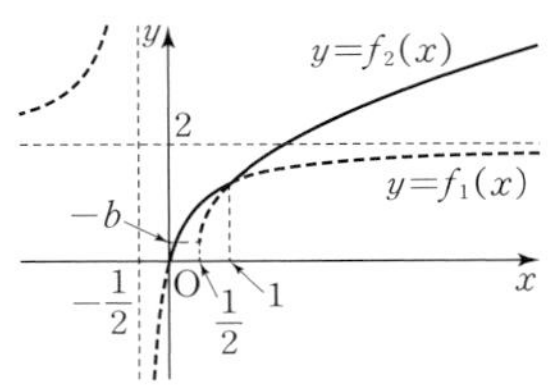

$f_1(x)=\frac{a-2}{2x+1}+2$이므로 $y=f_1(x)$의 그래프의 점근선은 직선 $x=-\frac{1}{2}$, $y=2$이다.

X에서 X로 정의된 $f(x)$의 역함수가 있으면 $f(x)$가 일대일 대응이므로

$a-2<0$, $f_1(0)=0$, $f_1(1)=f_2(1)$

$f_1(0)=0$에서 $a=0$

$f_1(1)=f_2(1)$에서 $\frac{4+a}{3}=1-b$ $\quad\therefore b=-\frac{1}{3}$

(2) $f_1(x)=\frac{4x}{2x+1}$, $f_2(x)=\sqrt{2x-1}+\frac{1}{3}$이다.

(ⅰ) 직선 $y=x+k$와 $y=f_1(x)$의 그래프가 접할 때

$x+k=\frac{4x}{2x+1}$에서 $(x+k)(2x+1)=4x$

$2x^2+(2k-3)x+k=0$ $\quad\cdots$ ❶

접하므로

$D=(2k-3)^2-8k=0$

$(2k-1)(2k-9)=0$

$x\ge-\frac{1}{2}$에서 직선과 $y=f_1(x)$의 그래프가 접하므로 $k=\frac{1}{2}$

❶에 대입하면 $2x^2-2x+\frac{1}{2}=0$, $2\left(x-\frac{1}{2}\right)^2=0$

따라서 접점의 좌표는 $\left(\frac{1}{2}, 1\right)$이다.

(ⅱ) 직선 $y=x+k$와 $y=f_2(x)$의 그래프가 접할 때

$x+k=\sqrt{2x-1}+\frac{1}{3}$에서 $x+k-\frac{1}{3}=\sqrt{2x-1}$

$\left(x+k-\frac{1}{3}\right)^2=2x-1$

$x^2+2\left(k-\frac{4}{3}\right)x+k^2-\frac{2}{3}k+\frac{10}{9}=0$ $\quad\cdots$ ❷

접하므로

$\frac{D}{4}=\left(k-\frac{4}{3}\right)^2-\left(k^2-\frac{2}{3}k+\frac{10}{9}\right)=0$ $\quad\therefore k=\frac{1}{3}$

❷에 대입하면 $x^2-2x+1=0$, $(x-1)^2=0$

따라서 접점의 좌표는 $\left(1, \frac{4}{3}\right)$이다.

(ⅰ), (ⅱ)에서 직선 $y=x+k$가 $y=f(x)$의 그래프에 접하는 경우는 그림과 같다.

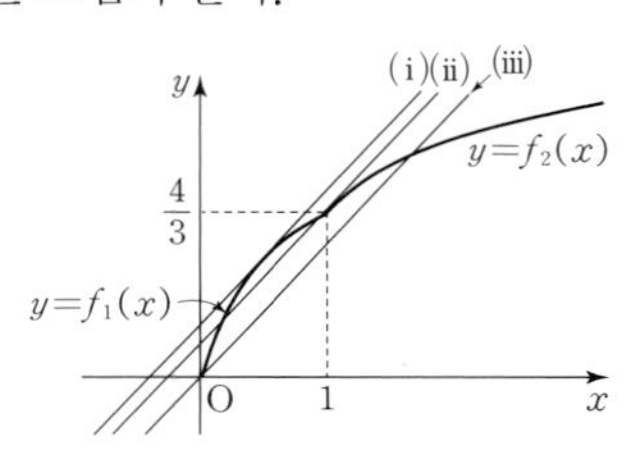

직선 $y=x+k$가

(ⅰ)과 (ⅱ) 사이에 있을 때 교점이 2개

(ⅱ)에 있을 때 교점이 2개

(ⅱ)와 (ⅲ) 사이에 있을 때 교점이 2개

(ⅲ)에 있을 때 $k=0$이고 교점이 2개

$\therefore 0\le k<\frac{1}{2}$

답 (1) $a=0$, $b=-\frac{1}{3}$ (2) $0\le k<\frac{1}{2}$

08

[전략] $x>n$이면 $f(x)>n$이고 $f(n+1)=n+1$이므로
(나)에서 b는 n 이하의 자연수이다.
따라서 $g(a)<n$, $g(a)<n-1$, $\cdots$인 경우를 찾아야 한다.
$y=f(x)$와 $y=g(x)$의 그래프를 그리고 생각한다.

다음 그림에서 점 찍은 부분에 존재하는 점 $\mathrm{P}(a, b)$의 개수가 A_n이다.

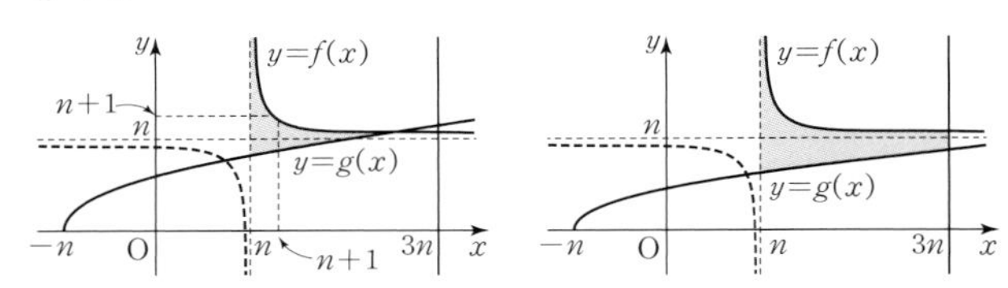

$y=f(x)$의 점근선이 직선 $x=n$, $y=n$이므로

$n<a\le3n$이면 $n<f(a)$이고 $f(n+1)=n+1$이므로

$b<f(a)$이면 가능한 b는 n, $n-1$, $\cdots$이다.

또 위 왼쪽 그림과 같이 $g(n+1)\le n$이어야 $g(a)<b$인 정수 a, b가 있다.

곧, $\sqrt{2n+1}\le n$, $2n+1\le n^2$

n은 자연수이므로 $n\ne1, 2$

(ⅰ) $n=3$일 때

$f(x)=\frac{1}{x-3}+3$, $g(x)=\sqrt{x+3}$이고 $g(6)=3$이므로 조건을 만족시키는 점 $\mathrm{P}(a, b)$는 $(4, 3)$, $(5, 3)$이다.

$\therefore A_3=2$

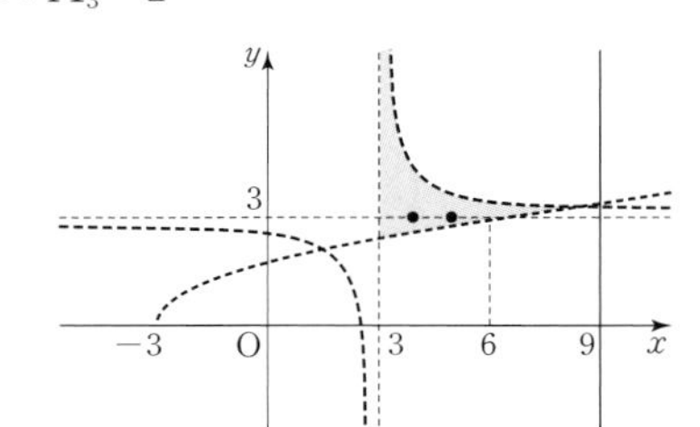

(ⅱ) $n=4$일 때

$f(x)=\frac{1}{x-4}+4$, $g(x)=\sqrt{x+4}$이고 $g(12)=4$이므로 조건을 만족시키는 점 $\mathrm{P}(a, b)$는 $(5, 4)$, $(6, 4)$, $(7, 4)$, $(8, 4)$, $(9, 4)$, $(10, 4)$, $(11, 4)$이다. $\quad\therefore A_4=7$

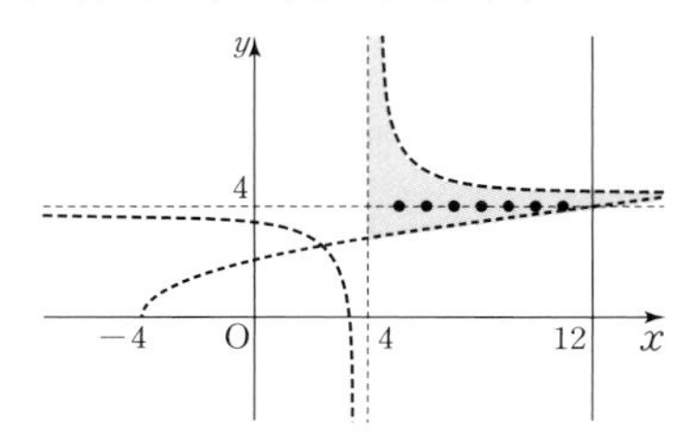

(iii) $n=5$일 때

$g(5)=\sqrt{10}<5$, $g(15)=\sqrt{20}<5$이므로

$P(a, b)=(6, 5), (7, 5), \cdots, (15, 5)$는 (나)를 만족시킨다.

또 $g(11)=4$이므로 $P(a, b)=(6, 4), (7, 4), (8, 4), (9, 4), (10, 4)$도 (나)를 만족시킨다.

$\therefore A_5=15$

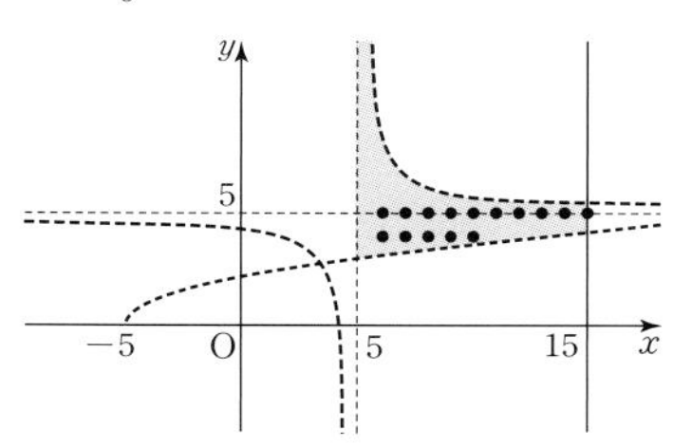

(iv) $n\geq 6$일 때

$g(n)=\sqrt{2n}<n$, $g(3n)=\sqrt{4n}<n$이므로

$b=n$이면 (나)를 만족시킨다.

또 $g(n)=\sqrt{2n}<n-1$, $g(3n)=\sqrt{4n}<n-1$이므로

$b=n-1$도 (나)를 만족시킨다.

따라서 (나)를 만족시키는 $P(a, b)$는

$(n+1, n), (n+2, n), \cdots, (3n, n)$

$(n+1, n-1), (n+2, n-1), \cdots, (3n, n-1)$

을 포함하므로 $2n\times 2$(개) 이상이다. $\therefore A_n\geq 4n$

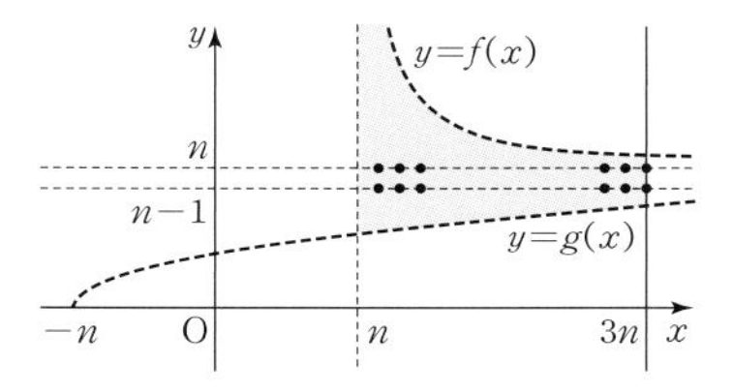

(i)~(iv)에서 $n\leq A_n\leq 3n$인 A_n의 값의 합은

$A_4+A_5=7+15=22$

답 ①

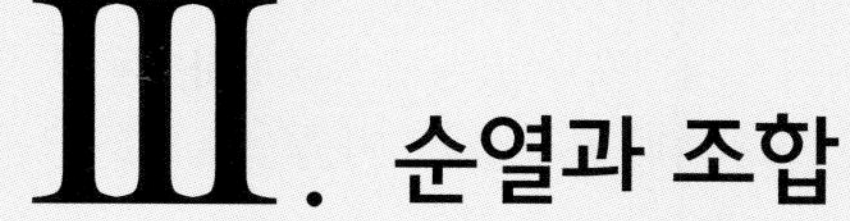

III. 순열과 조합

05. 순열과 조합

step A 기본 문제 63~67쪽

01 ①	**02** ⑤	**03** ②	**04** ④	**05** ③
06 ④	**07** ④	**08** ①	**09** 7	**10** ④
11 ③	**12** 15	**13** 9	**14** ④	**15** 84
16 30	**17** 5	**18** ⑤	**19** ③	**20** 48
21 144	**22** 96	**23** ④	**24** ③	**25** ③
26 ④	**27** ②	**28** 168	**29** ②	**30** ⑤
31 ②	**32** ①	**33** ①	**34** ④	**35** ④
36 ④	**37** 200	**38** ①	**39** ②	**40** 8

01

$x+y$에서 x나 y를 뽑는 경우 2가지 $\cdots$ ❶

❶의 각 경우에 대하여

$a+b$에서 a나 b를 뽑는 경우 2가지 $\cdots$ ❷

❶, ❷의 각 경우에 대하여

$p+q+r$에서 p나 q나 r를 뽑는 경우 3가지

따라서 항의 개수는 $2\times 2\times 3=12$

답 ①

02

$72=2^3\times 3^2$이므로 약수는 다음과 같다.

$\times$	1	2	2^2	2^3
1	1	1×2	1×2^2	1×2^3
3	3×1	3×2	3×2^2	3×2^3
3^2	$3^2\times 1$	$3^2\times 2$	$3^2\times 2^2$	$3^2\times 2^3$

약수의 개수는 $(3+1)\times(2+1)=12$

약수의 합은

$(1+2+2^2+2^3)+3(1+2+2^2+2^3)+3^2(1+2+2^2+2^3)$

$=(1+2+2^2+2^3)(1+3+3^2)=15\times 13=195$

$\therefore a=12,\ b=195,\ a+b=207$

답 ⑤

Note

위와 같이 생각하면 $p^aq^br^c$ (p, q, r는 서로 다른 소수)의

양의 약수의 개수는 $(a+1)(b+1)(c+1)$

양의 약수의 합은 $(1+p+\cdots+p^a)(1+q+\cdots+q^b)(1+r+\cdots+r^c)$

03

$21=3\times 7$이므로 $360=2^3\times 3^2\times 5$의 약수 중 21과 서로소인 자연수는 360의 약수 중 3의 배수가 아닌 수이다.

따라서 360의 약수 중 3의 배수가 아닌 수는 $2^3\times 5$의 약수이다.

그리고 $2^3\times 5$의 약수의 개수는 $4\times 2=8$

답 ②

04

100원짜리 동전 1개, 50원짜리 동전 3개로 지불할 수 있는 금액은 50원짜리 동전 5개로 지불할 수 있는 금액과 같다.
50원짜리 동전 5개, 10원짜리 동전 4개로 지불할 수 있는 금액의 수는 $(5+1)(4+1)=30$
0원을 지불하는 것은 제외하므로 $30-1=29$ 답 ④

05

천의 자리, 백의 자리, 십의 자리 숫자가 각각 5개씩 가능하고, 일의 자리 숫자는 2 또는 4만 가능하므로

$5\times5\times5\times2=250$ 답 ③

06

3의 배수는 3, 6, 9, ⋯, 30이므로 10개
5의 배수는 5, 10, ⋯, 30이므로 6개
이 중 중복되는 수는 15의 배수인 15, 30이므로 2개
따라서 3의 배수 또는 5의 배수가 적힌 카드가 나오는 경우의 수는

$10+6-2=14$ 답 ④

07

(i) 합이 3인 경우: (1, 2), (2, 1)
(ii) 합이 6인 경우: (1, 5), (2, 4), (3, 3), (4, 2), (5, 1)
(iii) 합이 9인 경우: (3, 6), (4, 5), (5, 4), (6, 3)
(iv) 합이 12인 경우: (6, 6)
(i)~(iv)에서 $2+5+4+1=12$ 답 ④

08

$z=1$일 때, $x+2y=12$

$\therefore (x, y)=(6, 3), (4, 4), (2, 5)$

$z=2$일 때, $x+2y=9$

$\therefore (x, y)=(5, 2), (3, 3), (1, 4)$

$z=3$일 때, $x+2y=6$

$\therefore (x, y)=(4, 1), (2, 2)$

$z=4$일 때, $x+2y=3$

$\therefore (x, y)=(1, 1)$

$z\geq5$인 경우는 없다.
따라서 순서쌍 (x, y, z)의 개수는 $3+3+2+1=9$ 답 ①

09

(i) 집에서 도서관으로 바로 가는 방법의 수는 3
(ii) 집에서 학교를 거쳐 도서관으로 가는 방법의 수는

$2\times2=4$

(i), (ii)에서 $3+4=7$ 답 7

10

(i) A → B → C → D로 가는 방법의 수는 $4\times2\times3=24$
(ii) A → C → D로 가는 방법의 수는 $1\times3=3$
(iii) A → D로 가는 방법의 수는 2
(i), (ii), (iii)에서 $24+3+2=29$ 답 ④

11

4명의 학생을 A, B, C, D라 하고 각 학생의 시험지를 a, b, c, d라 하자.
A가 b를 채점하는 경우는 오른쪽과 같이 3가지이다.
A가 c, d를 채점하는 경우도 각각 3가지씩이므로 $3\times3=9$

A B C D
b − $a-d-c$
b − $c-d-a$
b − $d-a-c$

답 ③

12

A에서 B, D, E로 갈 수 있다.

A − B
A − D − C − B
A − D − C − G − F − B
A − D − C − G − H − E − F − B
A − D − H − E − F − B
A − D − H − E − F − G − C − B
A − D − H − G − F − B
A − D − H − G − C − B

A − E인 경우의 수는 A − D인 경우의 수와 같다.

$\therefore 1+2\times7=15$ (가지) 답 15

13

가능한 백의 자리 숫자는 3 또는 4이다.
각각의 경우 십의 자리와 일의 자리 숫자를 구하면 다음과 같다.

백의 자리	십의 자리	일의 자리
3	2	0
		1
		4
	4	2
4	2	0
		1
		3
	3	1
		2

따라서 9개 답 9

14

영역을 그림과 같이 A, B, C, D, E라 하자.

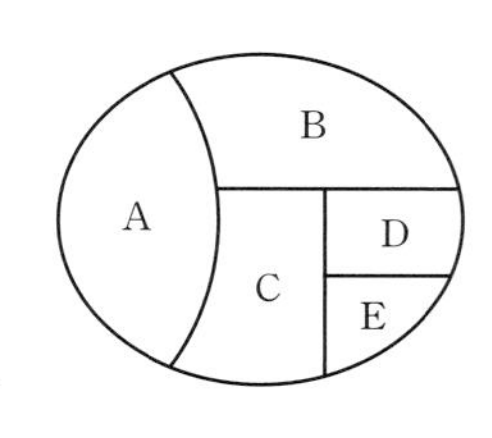

가장 많이 접하고 있는 C부터 색칠한다.
C에 칠할 수 있는 색은 4가지
B에 칠할 수 있는 색은 C에 칠한 색을 뺀 3가지
D에 칠할 수 있는 색은 C, B에 칠한 색을 뺀 2가지
E에 칠할 수 있는 색은 C, D에 칠한 색을 뺀 2가지
A에 칠할 수 있는 색은 C, B에 칠한 색을 뺀 2가지
따라서 $4\times3\times2\times2\times2=96$(가지) 답 ④

15

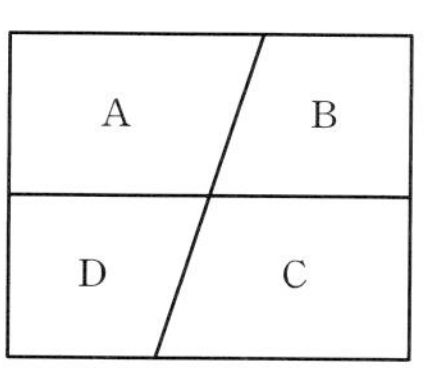

영역을 그림과 같이 A, B, C, D라 하자.

(i) A, C에 같은 색을 칠하는 경우

A, C에 칠할 수 있는 색은 4가지

B에 칠할 수 있는 색은 A에 칠한 색을 뺀 3가지

D에 칠할 수 있는 색도 A에 칠한 색을 뺀 3가지

$\therefore 4\times3\times3=36$ (가지)

(ii) A, C에 다른 색을 칠하는 경우

A에 칠할 수 있는 색은 4가지

B에 칠할 수 있는 색은 A에 칠한 색을 뺀 3가지

C에 칠할 수 있는 색은 A, B에 칠한 색을 뺀 2가지

D에 칠할 수 있는 색은 A, C에 칠한 색을 뺀 2가지

$\therefore 4\times3\times2\times2=48$ (가지)

(i), (ii)에서 $36+48=84$ (가지) 답 84

16

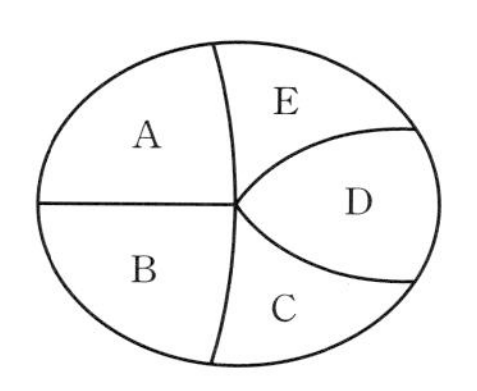

그림과 같이 영역을 A, B, C, D, E라 하고 세 색을 a, b, c라 하자.

A에 a를 칠하는 경우

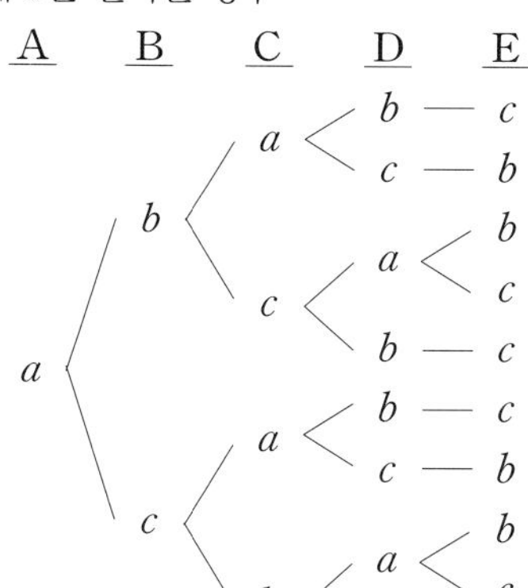

A에 b, c를 칠하는 경우도 있으므로 $3\times10=30$(가지) 답 30

17

${}_{n}P_{3}=2\times{}_{n+1}P_{2}$에서

$n(n-1)(n-2)=2(n+1)n$

$n\{(n-1)(n-2)-2(n+1)\}=0$

$n(n^2-5n)=0,\ n^2(n-5)=0$

n은 자연수이므로 $n=5$ 답 5

18

(i) ${}_{12}C_{r+1}={}_{12}C_{r^2-1}$에서

$r+1=r^2-1,\ r^2-r-2=0$

r는 자연수이므로 $r=2$

(ii) ${}_{12}C_{r+1}={}_{12}C_{12-r-1}$이므로 주어진 식은

${}_{12}C_{12-r-1}={}_{12}C_{r^2-1}$

$12-r-1=r^2-1,\ r^2+r-12=0$

r는 자연수이므로 $r=3$

(i), (ii)에서 r의 값의 합은 $2+3=5$ 답 ⑤

19

천의 자리에 올 수 있는 숫자는 0을 제외한 5개이고,

남은 숫자 5개 중에서 3개를 뽑아 나머지 자리에 나열하는 경우의 수는 ${}_{5}P_{3}$이다.

$\therefore 5\times{}_{5}P_{3}=5\times(5\times4\times3)=300$ 답 ③

20

1, 2, 3, 4, 5, 6 중 3의 배수는 3과 6이므로

□□□3□6 또는 □□□6□3 꼴이다.

나머지 네 자리에 1, 2, 4, 5를 나열하는 방법의 수는 각각

$4!=4\times3\times2\times1=24$

$\therefore 2\times24=48$ 답 48

21

그림에서 짝수 2, 6은 ○에 와야 한다.

3개의 ○에 2, 6을 나열하는 방법의 수는

${}_{3}P_{2}=3\times2=6$

남은 1개의 ○와 3개의 □에 1, 3, 5, 7을 나열하는 방법의 수는

$4!=4\times3\times2\times1=24$

$\therefore 6\times24=144$ 답 144

22

각 자리 숫자의 합이 3의 배수이다.

0, 1, 2, 3, 4, 5 중에서

(i) 0을 포함하고 합이 3의 배수인 숫자 4개는

(0, 1, 2, 3), (0, 1, 3, 5), (0, 2, 3, 4), (0, 3, 4, 5)

각각에서 만들 수 있는 네 자리 자연수의 개수는

$3\times3!=18$

$\therefore 4\times18=72$

(ii) 0을 포함하지 않고 합이 3의 배수인 숫자 4개는

(1, 2, 4, 5)이고, 만들 수 있는 네 자리 자연수의 개수는

$4!=24$

(i), (ii)에서 $72+24=96$ 답 96

23

남자 3명 중에서 2명이 양 끝에 서는 경우의 수는

${}_{3}P_{2}=3\times2=6$

나머지 5명이 가운데에 서는 경우의 수는

$5!=5\times4\times3\times2\times1=120$

$\therefore 6\times120=720$ 답 ④

24
소설책 4권을 한 묶음으로 보고 소설책과 시집 2권을 나열하는 경우의 수는
$3!=3\times2\times1=6$
묶음 안에서 소설책 4권을 나열하는 경우의 수는
$4!=4\times3\times2\times1=24$
$\therefore 6\times24=144$
답 ③

25
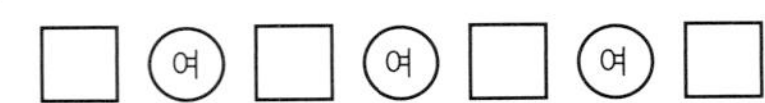

여학생 3명이 한 줄로 선 다음 □ 4곳 중 3곳에 남학생이 한 명씩 서면 된다.
여학생 3명이 한 명씩 서는 경우의 수는
$3!=3\times2\times1=6$
□ 중 3곳에 남학생이 한 명씩 서는 경우의 수는
${}_4P_3=4\times3\times2=24$
$\therefore 6\times24=144$
답 ③

26
a□□□ 꼴의 문자열은 ${}_5P_3=5\times4\times3=60$(개)
b□□□ 꼴의 문자열은 ${}_5P_3=60$(개)
c□□□ 꼴의 문자열은 ${}_5P_3=60$(개)
da□□ 꼴의 문자열은 ${}_4P_2=4\times3=12$(개)
dba□, dbc□ 꼴의 문자열은 각각 3개
$dbea$, $dbec$의 순이므로
$60+60+60+12+3\times2+2=200$(번째)
답 ④

27
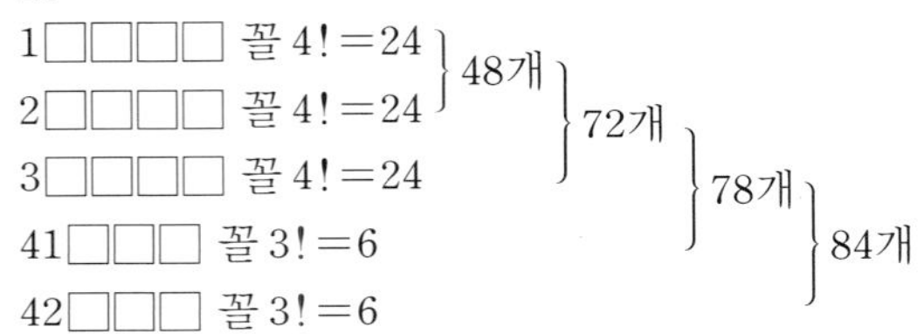

따라서 85번째 수는 43125, 86번째 수는 43152이므로
일의 자리 숫자는 2이다.
답 ②

28
1학년 8명에서 6명을 뽑는 방법의 수는
$${}_8C_6={}_8C_2=\frac{8\times7}{2\times1}=28$$
2학년 6명에서 5명을 뽑는 방법의 수는 ${}_6C_5={}_6C_1=6$
$\therefore 28\times6=168$
답 168

29
10명 중에서 회장 1명을 뽑는 방법의 수는 10
나머지 9명 중에서 부회장 2명을 뽑는 방법의 수는
$${}_9C_2=\frac{9\times8}{2\times1}=36$$
$\therefore 10\times36=360$
답 ②

30
A, I가 자리를 먼저 정하고 나머지 문자를 나열한다.
□□□□□□
위의 6개의 자리에서 A, I가 있을 2곳을 정하고 앞에 A를, 뒤에 I를 나열하는 경우의 수는 ${}_6C_2=\frac{6\times5}{2\times1}=15$
나머지 자리에 M, T, C, S를 나열하는 경우의 수는
$4!=4\times3\times2\times1=24$
$\therefore 15\times24=360$
답 ⑤

31
뽑은 카드 5장 중 홀수는 적어도 한 장 있다.
따라서 홀수가 2장 또는 4장이면 합이 짝수이다.
(ⅰ) 홀수가 2장일 때 짝수는 3장이므로
$${}_4C_2\times{}_4C_3={}_4C_2\times{}_4C_1=\frac{4\times3}{2\times1}\times4=24$$
(ⅱ) 홀수가 4장일 때 짝수는 1장이므로
$${}_4C_4\times{}_4C_1=1\times4=4$$
(ⅰ), (ⅱ)에서 $24+4=28$
답 ②

32
3의 배수의 합은 3의 배수이다.
또 3으로 나눈 나머지가 1인 수와 2인 수의 합은 3의 배수이다.
3으로 나눈 나머지가 0, 1, 2인 수의 집합을 각각 A_0, A_1, A_2라 하면
$A_0=\{3, 6, 9, 12, 15\}$, $A_1=\{1, 4, 7, 10, 13\}$
$A_2=\{2, 5, 8, 11, 14\}$
(ⅰ) A_0에서 두 수를 뽑는 경우의 수는 ${}_5C_2=\frac{5\times4}{2\times1}=10$
(ⅱ) A_1과 A_2에서 1개씩 뽑는 경우의 수는 $5\times5=25$
(ⅰ), (ⅱ)에서 $10+25=35$
답 ①

33
점 7개에서 2개를 뽑는 경우의 수는 ${}_7C_2$이다.
그런데 한 변 위에 있는 점들 중에서 2개를 뽑아 직선을 만들면 모두 같은 직선이므로, 각 변에서 2개를 뽑아 만들 수 있는 직선은 하나이다.
$$\therefore {}_7C_2-({}_3C_2-1)-({}_4C_2-1)-({}_3C_2-1)$$
$$=\frac{7\times6}{2}-\frac{3\times2}{2}-\frac{4\times3}{2}-\frac{3\times2}{2}+3=12$$
답 ①

34
점 7개에서 3개를 뽑는 경우의 수는 ${}_7C_3$이다.
그런데 한 직선 위에 있는 점들에서 3개를 뽑는 경우는 삼각형을 만들 수 없다.
$$\therefore {}_7C_3-{}_4C_3={}_7C_3-{}_4C_1=\frac{7\times6\times5}{3\times2\times1}-4=31$$
답 ④

35

7개에서 2개를 뽑고, 나머지 5개에서 2개를 뽑고, 나머지 3개에서 3개를 뽑는 방법의 수는

$_7C_2\times{_5C_2}\times{_3C_3}$

개수가 같은 것이 두 묶음이므로

$_7C_2\times{_5C_2}\times{_3C_3}\times\frac{1}{2!}$

세 묶음을 3명에게 나누어 주므로

$_7C_2\times{_5C_2}\times{_3C_3}\times\frac{1}{2!}\times3!=21\times10\times1\times\frac{1}{2}\times6=630$

답 ④

36

특정한 원소 2개를 a, b라 하자.

(i) a, b를 포함한 부분집합의 원소가 3개일 때

a, b를 뺀 원소 6개를 1개, 3개, 2개로 나눈 후 a, b를 원소가 1개인 부분집합에 넣으면 되므로 경우의 수는

$_6C_1\times{_5C_3}\times{_2C_2}=6\times10\times1=60$

(ii) a, b를 포함한 부분집합의 원소가 2개일 때

a, b를 뺀 원소 6개를 3개, 3개로 나누면 되므로 경우의 수는

$_6C_3\times{_3C_3}\times\frac{1}{2!}=20\times1\times\frac{1}{2}=10$

(i), (ii)에서 $60+10=70$

답 ④

37

여학생 5명을 1호실에 3명, 2호실에 2명 배정하는 방법의 수는

$_5C_3\times{_2C_2}=10\times1=10$

남학생 6명을 3호실과 4호실에 3명씩 배정하는 방법의 수는

$_6C_3\times{_3C_3}\times\frac{1}{2!}\times2!=20\times1\times\frac{1}{2}\times2=20$

$\therefore 10\times20=200$

답 200

다른 풀이

1호실 여학생 3명과 3호실 남학생 3명만 배정하면 나머지 여학생은 2호실에, 나머지 남학생은 4호실에 배정된다.

$\therefore {_5C_3}\times{_6C_3}=10\times20=200$

38

8명을 2명, 3명, 3명의 세 조로 나누는 방법의 수는

$_8C_2\times{_6C_3}\times{_3C_3}\times\frac{1}{2!}=28\times20\times1\times\frac{1}{2}=280$

6개의 층 중에서 8명이 내릴 3개의 층을 정하는 방법의 수는

$_6C_3=20$

먼저 2명인 조가 내리고 나머지 2개의 층에서 3명인 두 조가 내리는 방법의 수는 2

$\therefore 280\times20\times2=11200$

답 ①

39

$f(1)=1$일 때 $f(2)=6$이고

$f(3)$, $f(4)$는 Y의 나머지 원소 4개 중 2개의 값이므로

경우의 수는 $_4P_2=12$

$f(1)=2, 3, 4, 5, 6$인 경우도 $f(2)$는 따라 정해지고

$f(3)$, $f(4)$는 나머지 Y의 원소 4개 중 2개의 값이다.

$\therefore 6\times12=72$

답 ②

40

(i) $f(1)<f(2)<f(3)<f(4)=5$

이므로 Y의 원소 1, 2, 3, 4 중에서 3개를 뽑으면 크기 순으로 $f(1)$, $f(2)$, $f(3)$의 값이다. 따라서 경우의 수는

$_4C_3=4$

(ii) $f(5)=6$ 또는 7이므로 경우의 수는 2

(i), (ii)에서 $4\times2=8$

답 8

step B 실력 문제 68~73쪽

01 3630	**02** ⑤	**03** 9	**04** 72	**05** 30
06 ⑤	**07** ①	**08** 11	**09** ⑤	**10** ④
11 ③	**12** 7834	**13** ①	**14** 36	**15** 1440
16 24	**17** 276	**18** ④	**19** ⑤	**20** 126
21 360	**22** ③	**23** ③	**24** ⑤	**25** 6300
26 ④	**27** ①	**28** ②	**29** ①	**30** 81
31 ⑤	**32** 75	**33** 315	**34** 90	**35** 1379
36 ④				

01

[전략] 10의 배수이므로 2와 5를 적어도 하나씩 포함한 약수만의 합을 생각한다.

$2^2\times5\times9^k=2^2\times5\times3^{2k}$의 약수가 30개이므로

$3\times2\times(2k+1)=30 \qquad \therefore k=2$

10의 배수이면 소인수 중 2와 5를 적어도 하나씩 포함하므로

$2^2\times5\times3^4$의 약수 중 10의 배수의 합은

$(2+2^2)\times5\times(1+3+3^2+3^3+3^4)=3630$

답 3630

02

[전략] 각 변의 성냥개비의 개수를 x, y, z $(x\ge y\ge z)$라 하면 $x+y+z=20$, $x<y+z$이다. 가능한 x의 값부터 찾는다.

각 변의 성냥개비의 개수를 x, y, z $(x\ge y\ge z)$라 하자.

성냥개비가 20개이므로 $x+y+z=20$ … ❶

삼각형이므로 $x<y+z$ … ❷

❶에서 $3x\ge20$이므로 $x\ge7$

$y+z=20-x$이므로 ❷에 대입하면

$x<20-x \qquad \therefore x<10$

따라서 가능한 x의 값은 7, 8, 9이다.

(i) $x=7$일 때 $(y, z)=(7, 6)$

(ii) $x=8$일 때 $(y, z)=(8, 4), (7, 5), (6, 6)$

(iii) $x=9$일 때 $(y, z)=(9, 2), (8, 3), (7, 4), (6, 5)$

따라서 서로 다른 삼각형의 개수는 8이다.

답 ⑤

03

[전략] 주어진 이차방정식이 실근을 가질 조건은

$D=b^2-4a\times 3c\geq 0$

$b=6, 5, 4, \cdots$일 때 a, c의 값을 구한다.

$a\neq 0$이므로 방정식 $ax^2+bx+3c=0$이 실근을 가지면

$D=b^2-4a\times 3c\geq 0, b^2-12ac\geq 0$ ⋯ ❶

(i) $b=6$일 때 $36-12ac\geq 0$, $ac\leq 3$

$ac=1$ 또는 $ac=2$ 또는 $ac=3$이므로

$(a, c)=(1, 1), (1, 2), (2, 1), (1, 3), (3, 1)$

(ii) $b=5$일 때 $25-12ac\geq 0$, $ac\leq \frac{25}{12}$

$ac=1$ 또는 $ac=2$이므로

$(a, c)=(1, 1), (1, 2), (2, 1)$

(iii) $b=4$일 때 $16-12ac\geq 0$, $ac\leq \frac{4}{3}$

$ac=1$이므로 $(a, c)=(1, 1)$

(iv) $b\leq 3$일 때 ❶이 성립하는 a, c의 값은 없다.

(i)~(iv)에서 $5+3+1=9$ 답 9

04

[전략] 맨 위나 맨 아래 오른쪽 사각형에 빨간색을 칠한 다음 가능한 경우를 모두 찾는다.

빨간색, 파란색, 노란색을 각각 a, b, c라 하자.

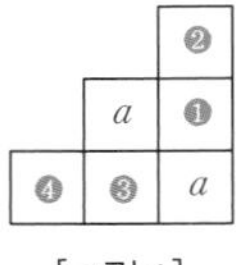

[그림 1]

		❷
	b	❶
❹	❸	a

[그림 2]

맨 아래 오른쪽에 a를 칠한다고 하자.

(i) [그림 1]과 같은 경우

❶은 b 또는 c이고 ❷는 ❶에 칠하지 않는 색 2개가 가능하다.

❸, ❹도 마찬가지이므로 방법의 수는

$2\times 2\times 2\times 2=16$

(ii) [그림 2]와 같은 경우

❶, ❸은 c이고 ❷, ❹는 a 또는 b가 가능하므로 방법의 수는 $2\times 2=4$이다.

또 [그림 2]에서 b 대신 c인 경우의 수도 4이므로 방법의 수는

$4+4=8$

따라서 맨 아래 오른쪽에 b, c를 칠하는 방법의 수도 (i), (ii)와 같으므로 $3\times(16+8)=72$ 답 72

다른 풀이

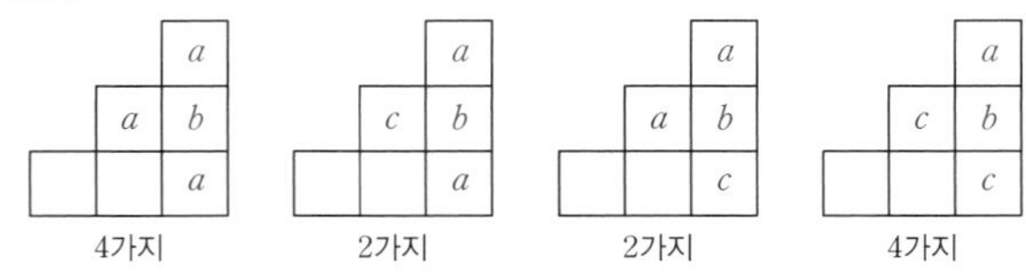

첫 행에 a, 두 번째 행의 두 번째 칸에 b를 칠하는 경우 가능한 경우는 위와 같이 $4+2+2+4=12$ (가지)

첫 행과 두 번째 행의 두 번째 칸에 칠하는 색을 정하는 방법은 $3\times 2=6$ (가지)

$\therefore 6\times 12=72$ (가지)

05

[전략] 맨 위와 맨 아래 사각형의 색을 정하고 나머지 경우를 생각하거나 가운데 사각형의 색을 정하고 나머지 경우를 생각한다.

세 가지 색을 각각 a, b, c라 하자.

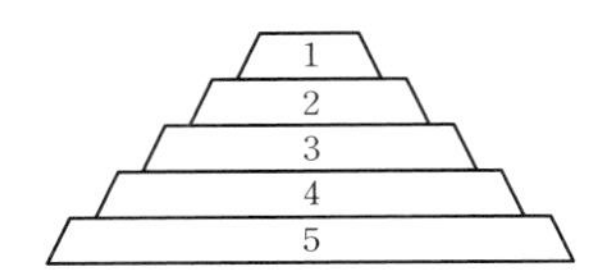

1, 5에 각각 a, b를 칠한다고 하자.

(i) 2에 b를 칠하는 경우

3, 4에는 a, c 또는 c, a를 칠할 수 있다.

(ii) 2에 c를 칠하는 경우

3, 4에는 a, c 또는 b, c 또는 b, a를 칠할 수 있다.

1, 5에 칠하는 방법의 수가 ${}_3P_2=6$이므로 구하는 방법의 수는

$6\times(2+3)=30$ 답 30

다른 풀이

1, 2에 a, b를 칠하는 경우는

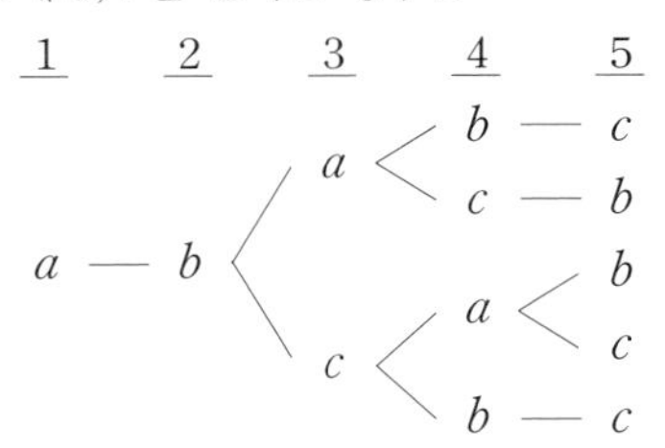

이므로 5가지

1, 2에서 칠하는 색을 정하는 방법이 ${}_3P_2=6$이므로

$6\times 5=30$ (가지)

06

[전략] 먼저 이웃한 2개 지역을 정한 다음 5명이 조사할 지역을 정한다.

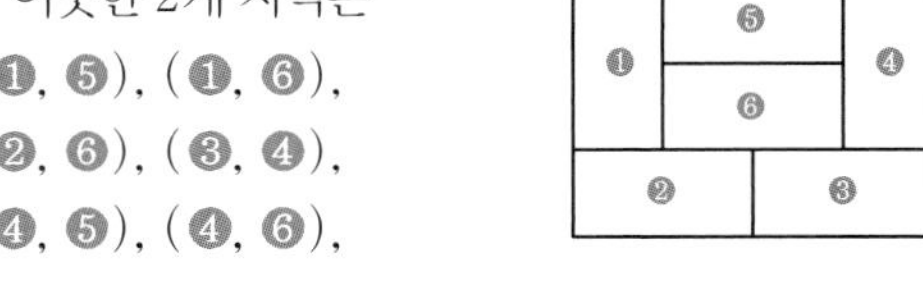

오른쪽 그림에서 이웃한 2개 지역은

(❶, ❷), (❶, ❺), (❶, ❻),
(❷, ❸), (❷, ❻), (❸, ❹),
(❸, ❻), (❹, ❺), (❹, ❻),
(❺, ❻)

이므로 10개이다.

이웃한 2개 지역을 조사하는 사람을 정하는 경우의 수는 5, 나머지 4개 지역을 조사하는 4명을 정하는 경우의 수는 $4!$

$\therefore 10\times 5\times 4!=1200$ 답 ⑤

Note

이웃한 지역을 하나로 보고 5개 지역을 조사하는 5명을 정하는 방법의 수를 구한다고 생각해도 된다.

07

[전략] 맨 아래 칸에 상품을 하나씩 진열할 때, 나머지 상품을 진열할 수 있는 경우의 수부터 구한다.

세 종류의 상품 3개씩을 각각 aaa, bbb, ccc라 하자.

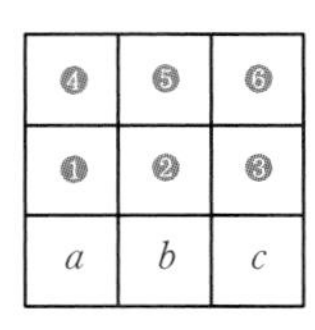

그림과 같이 맨 아래 칸에 a, b, c를 하나씩 진열한다고 하자.

❶, ❷, ❸에 가능한 경우는

b, c, a 또는 c, a, b

(ⅰ) b, c, a일 때 ❹, ❺, ❻에는 a, b, c 또는 c, a, b가 가능하다.
(ⅱ) c, a, b일 때 ❹, ❺, ❻에는 a, b, c 또는 b, c, a가 가능하다.
맨 아래 칸에 a, b, c를 진열하는 방법의 수는 $3!=6$이므로

$6\times(2+2)=24$ 답 ①

08

[전략] 국어가 1교시, 2교시, 3교시일 때 각각 가능한 경우를 생각한다.

국어가 1교시일 때 수학은 3교시 또는 4교시이다.
국어가 2교시일 때 수학은 1교시 또는 3교시 또는 4교시이다.
국어가 3교시일 때 수학은 1교시 또는 4교시이다.
각 경우 영어를 생각하면 다음 표와 같다.

1	2	3	4
국	영	수	×
	×	수	영
	영	×	수
	×	영	수

1	2	3	4
수	국	영	×
수		×	영
×		수	영
×		영	수

1	2	3	4
수	영	국	×
수	×		영
×	영		수

$\therefore\ 4+4+3=11$ 답 11

09

[전략] 두 수의 곱으로 가능한 값부터 구한다.

$A=\{1, 2, 3, 4, 6, 12\}$이다.
원소 4개를 □○○□와 같이 나열한다고 하자.
(ⅰ) □가 1, 6일 때 ○는 2, 3이므로 경우의 수는 $2!\times2!=4$
또 □가 2, 3이고 ○가 1, 6일 수도 있다.
따라서 두 수의 곱이 6인 경우의 수는 $4\times2=8$
(ⅱ) □가 1, 12일 때 ○는 2, 6 또는 3, 4가 가능하므로 경우의 수는
$2!\times2!+2!\times2!=8$
또 □가 2, 6 또는 3, 4인 경우도 마찬가지이므로
두 수의 곱이 12인 경우의 수는 $8\times3=24$
(ⅲ) □가 2, 12일 때 ○는 4, 6이므로 경우의 수는 $2!\times2!=4$
또 □가 4, 6이고 ○가 2, 12일 수도 있다.
따라서 두 수의 곱이 24인 경우의 수는 $4\times2=8$
(ⅰ), (ⅱ), (ⅲ)에서 $8+24+8=40$ 답 ⑤

10

[전략] 1일차에 한 관광명소를 방문했다 하고 가능한 경우의 수부터 구한다.

가 볼 만한 관광명소 5곳을 a, b, c, d, e라 하고 진아와 준희가 1일차에 a에 방문했다고 하자.
진아가 2, 3일차에 방문할 수 있는 관광명소의 종류는

${}_4P_2=12$ (가지)

준희는 진아가 2일차 또는 3일차에 방문한 2곳 중 하나를 진아와 다른 날에 방문해야 하고, 나머지 하루는 진아가 방문하지 않은 2곳 중 한 곳에 방문해야 하므로 $2\times2=4$ (가지)
따라서 진아와 준희가 1일차에 a를 방문하는 경우의 수는

$12\times4=48$

1, 2, 3일차 중 하루 같은 곳에 방문하고, 같은 곳은 5곳 중 한 곳이므로

$3\times5\times48=720$ (가지) 답 ④

11

[전략] 적어도 한쪽 끝에 모음이 오는 경우의 수는 전체 경우의 수에서 양쪽 끝에 자음이 오는 경우의 수를 뺀 것이다.
모음이나 자음의 개수를 x라 하고 경우의 수를 구한다.

적어도 한쪽 끝에 모음이 오는 경우의 수는 전체 경우의 수에서 양쪽 끝에 자음이 오는 경우의 수를 뺀 것이다.
자음의 개수를 x라 하자.
양쪽 끝에 자음이 오는 경우의 수는 자음 2개를 양쪽 끝에 나열하는 경우의 수와 나머지 알파벳 6개 중에서 2개를 가운데 나열하는 경우의 수의 곱이므로

${}_xP_2\times(6\times5)$

적어도 한쪽 끝에 모음이 오는 경우의 수가 1080이므로

${}_8P_4-{}_xP_2\times(6\times5)=1080$
$8\times7\times6\times5-x(x-1)\times6\times5=1080$
$8\times7-x(x-1)=36,\ x^2-x-20=0$

$x>0$이므로 $x=5$
따라서 모음은 3개이다. 답 ③

12

[전략] 백의 자리, 십의 자리, 일의 자리가 0, 1, 2, 3, 4인 수가 몇 개인지 구하면 각 자리 수의 합을 구할 수 있다.

(ⅰ) □□0 꼴인 경우
세 자리 자연수의 개수는 1, 2, 3, 4에서 2개를 뽑아 일렬로 나열하는 경우의 수이므로 ${}_4P_2=12$
12개의 수에서 백의 자리가 1, 2, 3, 4인 수의 개수가 같으므로 1, 2, 3, 4인 수는 3개씩이다.
십의 자리도 백의 자리와 같고 일의 자리는 0이므로 합은
$(1+2+3+4)\times100\times3+(1+2+3+4)\times10\times3$
$=3300$ … ㉮
(ⅱ) □□2 꼴인 경우
백의 자리에는 0이 올 수 없으므로 세 자리 자연수의 개수는
$3\times3=9$
9개의 수에서 백의 자리가 1, 3, 4인 수의 개수가 같으므로 1, 3, 4인 수는 3개씩이다.
또 십의 자리가 0인 수는 3개이고, 1, 3, 4인 수는 각각 2개씩이므로 합은
$(1+3+4)\times100\times3+(1+3+4)\times10\times2+2\times9$
$=2578$ … ㉯
(ⅲ) □□4 꼴인 경우
백의 자리에는 0이 올 수 없으므로 세 자리 자연수의 개수는
$3\times3=9$
9개의 수에서 백의 자리가 1, 2, 3인 수는 3개씩이다. 또 십의 자리가 0인 수는 3개, 1, 2, 3인 수는 각각 2개씩이므로 합은
$(1+2+3)\times100\times3+(1+2+3)\times10\times2+4\times9$
$=1956$ … ㉰
(ⅰ), (ⅱ), (ⅲ)에서 $3300+2578+1956=7834$ … ㉱

단계	채점 기준	배점
㉮	일의 자리가 0인 세 자리 자연수의 합 구하기	30%
㉯	일의 자리가 2인 세 자리 자연수의 합 구하기	30%
㉰	일의 자리가 4인 세 자리 자연수의 합 구하기	30%
㉱	㉮, ㉯, ㉰의 합 구하기	10%

답 7834

13

[전략] 여학생끼리는 2명, 4명, 6명, 8명이 이웃하므로 여학생을 2명씩 묶어 생각한다.

여학생이 일렬로 서는 경우의 수는 $8!$이다.

여학생(○)을 두 명씩 묶을 때 남학생은 □ 중 2곳에 1명씩 서면 되므로 경우의 수는

$8!\times{}_5P_2=20\times8!$ $\therefore A=20$

답 ①

14

[전략] A, B가 2인용 소파에 앉는 경우와 3인용 소파에 앉는 경우로 나누어 생각한다.

다섯 명을 A, B, C, D, E라 하자.

(i) A, B가 2인용 소파에 앉는 경우

A, B가 2인용 소파에 앉는 경우의 수는 $2!=2$

C, D, E가 3인용 소파에 앉는 경우의 수는 $3!=6$

$\therefore 2\times6=12$ … ㉮

(ii) A, B가 3인용 소파에 앉는 경우

3인용 소파에 앉을 1명을 뽑고 A, B가 이웃하게 3인용 소파에 앉는 경우의 수는 $3\times2!\times2!=12$

2인용 소파에 나머지 두 명이 앉는 경우의 수는 $2!=2$

$\therefore 12\times2=24$ … ㉯

(i), (ii)에서 $12+24=36$ … ㉰

단계	채점 기준	배점
㉮	A, B가 2인용 소파에 이웃하여 앉는 경우의 수 구하기	30%
㉯	A, B가 3인용 소파에 이웃하여 앉는 경우의 수 구하기	40%
㉰	㉮, ㉯의 합 구하기	30%

Note

답 36

(ii)에서 A, B가 이웃하게 3인용 소파에 앉는 경우의 수는 $2\times2!$

C, D, E가 나머지 세 자리에 앉는 경우의 수는 $3!$

따라서 $2\times2!\times3!=24$로 계산해도 된다.

15 빈출

[전략] 빈 자리에 선생님 1명이 앉는다고 생각해도 된다. 남학생 3명과 여학생 3명, 선생님 1명이 일렬로 선 다음 의자에 차례로 앉는다고 생각하자.

빈 자리에 선생님 1명이 앉는다고 생각해도 된다.

남학생 3명, 선생님 1명이 일렬로 서는 경우의 수는 $4!=24$

남학생과 선생님 사이와 양 끝의 5곳 중 3곳에 여학생 3명이 서는 경우의 수는 ${}_5P_3=60$

$\therefore 24\times60=1440$

답 1440

16

[전략] 조건을 만족시키는 숫자 5개부터 구한다.

(가)에서 비밀번호는 홀수 2개, 짝수 3개이거나 홀수 3개, 짝수 2개이다.

(나)에서 홀수는 3개일 수 없으므로 비밀번호는 홀수 2개, 짝수 3개이다.

이때 짝수는 2, 4, 6이고 합이 12이므로 5개 숫자의 합이 10의 배수이면 홀수의 합은 8이다.

(i) 홀수가 1, 7일 때

2, 4, 6을 일렬로 나열하는 경우의 수는 $3!=6$

짝수 사이에 1, 7을 일렬로 나열하는 경우의 수는 $2!=2$

$\therefore 6\times2=12$

(ii) 홀수가 3, 5인 경우도 (i)과 같으므로 경우의 수는 12

(i), (ii)에서 $12+12=24$

답 24

17

[전략] 5가 1번, 2번, 3번 나오는 경우로 나누어 생각한다.

(i) 5가 한 번 나오는 경우

1, 2, 3, 4, 5를 나열하는 경우의 수이므로

$5!=120$ (개) … ㉮

(ii) 5가 두 번 나오는 경우

5○5○○, 5○○5○, 5○○○5, ○5○5○, ○5○○5, ○○5○5 꼴이 가능하고 ○에 1, 2, 3, 4 중 세 개를 나열하면 되므로

$6\times4\times3\times2=144$ (개) … ㉯

(iii) 5가 세 번 나오는 경우

5○5○5 꼴이고 ○에 1, 2, 3, 4 중 두 개를 나열하면 되므로

$4\times3=12$ (개) … ㉰

(i), (ii), (iii)에서 $120+144+12=276$ (개) … ㉱

단계	채점 기준	배점
㉮	5가 한 번 나오는 자연수의 개수 구하기	30%
㉯	5가 두 번 나오는 자연수의 개수 구하기	30%
㉰	5가 세 번 나오는 자연수의 개수 구하기	30%
㉱	㉮, ㉯, ㉰의 합 구하기	10%

답 276

18

[전략] 남학생 2명, 여학생 1명 또는 남학생 1명, 여학생 2명을 뽑는 경우의 수를 각각 구한다.

(i) 남학생이 1명이거나 여학생이 1명인 경우

대표를 뽑는 경우의 수는

${}_1C_1\times{}_{14}C_2=1\times91=91$

따라서 성립하지 않는다.

(ii) 남학생이 2명이거나 여학생이 2명인 경우

대표를 뽑는 경우의 수는

${}_2C_1\times{}_{13}C_2+{}_2C_2\times{}_{13}C_1=2\times78+1\times13=169$

따라서 성립하지 않는다.

(iii) 남학생과 여학생이 모두 3명 이상인 경우

남학생 수를 n이라 할 때 남학생 2명, 여학생 1명을 뽑는 경우의 수는 ${}_{n}C_{2}\times{}_{15-n}C_{1}$이고, 남학생 1명, 여학생 2명을 뽑는 경우의 수는 ${}_{n}C_{1}\times{}_{15-n}C_{2}$이다.

경우의 수가 286이므로

$${}_{n}C_{2}\times{}_{15-n}C_{1}+{}_{n}C_{1}\times{}_{15-n}C_{2}=286$$

$$\frac{n(n-1)}{2}\times(15-n)+n\times\frac{(15-n)(14-n)}{2}=286$$

$$\frac{n(15-n)}{2}(n-1+14-n)=286$$

$$n(15-n)=44,\ n^2-15n+44=0$$

$$\therefore n=4 \text{ 또는 } n=11$$

따라서 남학생과 여학생은 4명, 11명 또는 11명, 4명이고,
차는 $11-4=7$ 답 ④

19

[전략] 남학생, 여학생을 합하여 4명을 뽑는 경우와
4명에게 책 4권을 1권씩 나누어 주는 경우를 생각한다.

(i) 남학생 3명, 여학생 1명을 뽑고 4명에게 책 4권을 각각 1권씩 나누어 주는 경우의 수는

$${}_{5}C_{3}\times{}_{3}C_{1}\times4!=10\times3\times24=720$$

(ii) 남학생 2명, 여학생 2명을 뽑고 4명에게 책 4권을 각각 1권씩 나누어 주는 경우의 수는

$${}_{5}C_{2}\times{}_{3}C_{2}\times4!=10\times3\times24=720$$

(iii) 남학생 1명, 여학생 3명을 뽑고 4명에게 책 4권을 각각 1권씩 나누어 주는 경우의 수는

$${}_{5}C_{1}\times{}_{3}C_{3}\times4!=5\times1\times24=120$$

(i), (ii), (iii)에서 $720+720+120=1560$ 답 ⑤

다른 풀이

남학생만 4명 뽑는 경우의 수는 ${}_{5}C_{4}$이므로
여학생을 적어도 한 명 포함하여 4명을 뽑는 경우의 수는
${}_{8}C_{4}-{}_{5}C_{4}$이다.

$$\therefore ({}_{8}C_{4}-{}_{5}C_{4})\times4!=1560$$

20

[전략] 한 업종에서 회사를 2개 뽑고, 나머지 업종에서 회사를 1개씩 뽑으면 된다.

(i) 증권 회사 2개, 통신 회사 1개, 건설 회사 1개에 원서를 내는 경우의 수는

$${}_{3}C_{2}\times{}_{3}C_{1}\times{}_{4}C_{1}=3\times3\times4=36$$

(ii) 증권 회사 1개, 통신 회사 2개, 건설 회사 1개에 원서를 내는 경우의 수는

$${}_{3}C_{1}\times{}_{3}C_{2}\times{}_{4}C_{1}=3\times3\times4=36$$

(iii) 증권 회사 1개, 통신 회사 1개, 건설 회사 2개에 원서를 내는 경우의 수는

$${}_{3}C_{1}\times{}_{3}C_{1}\times{}_{4}C_{2}=3\times3\times6=54$$

(i), (ii), (iii)에서 $36+36+54=126$ 답 126

Note

증권 회사 3개 중 1개, 통신 회사 3개 중 1개, 건설 회사 4개 중 1개를 뽑고 나머지 7개 회사 중에서 1개를 뽑는다고 생각해서 ${}_{3}C_{1}\times{}_{3}C_{1}\times{}_{4}C_{1}\times{}_{7}C_{1}$과 같이 생각해서는 안된다.
증권 회사를 a_1, a_2, a_3, 통신 회사를 b_1, b_2, b_3, 건설 회사를 c_1, c_2, c_3, c_4라 할 때 이와 같이 계산하면, 예를 들어
a_1, b_1, c_1을 뽑고 나머지 7개에서 a_2를 뽑은 경우와
a_2, b_1, c_1을 뽑고 나머지 7개에서 a_1을 뽑은 경우가
중복된다.

21

[전략] 각 자리의 숫자의 합이 짝수인 경우이다.
따라서 가운데 세 자리 숫자의 합이 짝수인지 홀수인지부터 확인한다.

2□□□0 꼴이므로 2와 □에 들어가는 숫자의 합이 짝수이다.

(i) □의 숫자가 모두 짝수인 경우

0, 2, 4, 6, 8에서 3개를 뽑아 나열하는 경우이므로 경우의 수는

$${}_{5}P_{3}=60$$

(ii) □의 숫자가 1개는 짝수, 2개는 홀수인 경우

0, 2, 4, 6, 8에서 1개를 뽑고 1, 3, 5, 7, 9에서 2개를 뽑은 다음 3개를 나열하는 경우이므로 경우의 수는

$$5\times{}_{5}C_{2}\times3!=5\times10\times6=300$$

(i), (ii)에서 $60+300=360$ 답 360

22

[전략] 전체 경우에서 홀수나 4의 배수가 아닌 2의 배수가 되는 경우를 뺀다.
또는 4를 포함하는 경우와 4를 포함하지 않는 경우로 나눈다.

(i) 곱이 홀수인 경우

홀수만 3번 나오는 경우이므로 $3\times3\times3=27$ (가지)

(ii) 곱이 4의 배수가 아닌 2의 배수인 경우

2 또는 6이 한 번, 홀수가 2번 나오는 경우이고,
2 또는 6이 나오는 위치를 정하는 경우의 수가 ${}_{3}C_{1}$이므로

$$2\times{}_{3}C_{1}\times3\times3=54 \text{ (가지)}$$

전체 경우의 수가 6^3이므로

$$6^3-(27+54)=135 \text{ (가지)}$$ 답 ③

다른 풀이

(i) 4를 포함하는 경우

4가 한 번 나오는 경우의 수는 4가 나오는 순서를 정하고 나머지 두 번은 4가 아닌 수가 나오는 경우의 수이므로

$$3\times5\times5=75$$

4가 두 번 나오는 경우의 수는 ${}_{3}C_{2}\times5=15$

4가 세 번 나오는 경우의 수는 1

$$\therefore 75+15+1=91$$

(ii) 4를 포함하지 않는 경우

2 또는 6을 두 번 포함하는 경우의 수는 2 또는 6이 나오는 순서를 정하고 나머지는 홀수가 나오는 경우의 수이므로

$${}_{3}C_{2}\times2\times2\times3=36$$

2 또는 6을 세 번 포함하는 경우의 수는 $2\times2\times2=8$

$$\therefore 36+8=44$$

(i), (ii)에서 $91+44=135$

23

[전략] 예를 들어 세 수를 뽑아 큰 순서로 나열하면 나열하는 방법이 정해져 있으므로 세 수를 뽑는 조합을 생각하면 된다.

$abcde$가 5의 배수이고 e가 0이 아니므로 $e=5$이다.

(i) $c=1$이면 d는 2, 3, 4가 가능하고 1보다 크고 d, e가 아닌 두 수를 뽑아 큰 수를 a, 작은 수를 b라 하면 경우의 수는

$3\times{}_6C_2=3\times15=45$

(ii) $c=2$이면 d는 3, 4가 가능하고 2보다 크고 d, e가 아닌 두 수를 뽑아 큰 수를 a, 작은 수를 b라 하면 경우의 수는

$2\times{}_5C_2=2\times10=20$

(iii) $c=3$이면 d는 4이고, 3보다 크고 d, e가 아닌 두 수를 뽑아 큰 수를 a, 작은 수를 b라 하면 경우의 수는

${}_4C_2=6$

(i), (ii), (iii)에서 $45+20+6=71$

답 ③

24

[전략] 가장 작은 수가 1, 2, 3, …일 때로 나누어 경우의 수를 각각 구한다.

뽑은 세 수를 a, b, c $(a<b<c)$라 하면 a는 6 이하의 자연수이다.

(i) $a=1$일 때 b, c는 어떤 수이어도 되므로 경우의 수는 ${}_7C_2=21$

(ii) $a=2$일 때 $b\times c$가 짝수이므로 $b\times c$가 될 수 있는 전체 경우의 수에서 $b\times c$가 홀수가 되는 경우의 수를 빼면 된다.

따라서 경우의 수는 ${}_6C_2-{}_3C_2=15-3=12$

(iii) $a=3$일 때 $b\times c$가 3의 배수이므로 b 또는 c가 6이다.

$b=6$일 때 $c=7$ 또는 $c=8$이고, $c=6$일 때 $b=4$ 또는 $b=5$이다. 따라서 경우의 수는 $2+2=4$

(iv) $a=4$일 때 $b\times c$가 4의 배수이므로 b 또는 c가 8이다.

$b=8$인 경우는 없고, $c=8$일 때 $b=5$ 또는 $b=6$ 또는 $b=7$이다. 따라서 경우의 수는 3

(v) $a=5$일 때 $b\times c$가 5의 배수일 수 없다.

(vi) $a=6$일 때 $b\times c$가 6의 배수일 수 없다.

(i)~(vi)에서 $21+12+4+3=40$

답 ⑤

25

[전략] 합이 홀수이므로 홀수는 홀수 개이다.
또 곱이 8의 배수이므로 짝수의 곱이 8의 배수이다.

합이 홀수이므로 홀수의 개수는 1, 3, 5이다. 그런데 곱이 8의 배수이므로 원소가 모두 홀수일 수는 없다. … ㉮

(i) 홀수가 1개일 때 짝수가 4개이므로 8의 배수이다.

홀수를 뽑은 경우의 수는 ${}_{10}C_1=10$

짝수를 뽑은 경우의 수는 ${}_{10}C_4=210$

따라서 부분집합의 개수는 $10\times210=2100$ … ㉯

(ii) 홀수가 3개일 때 짝수는 2개이다.

홀수를 3개 뽑는 경우의 수는 ${}_{10}C_3=120$

짝수에서 2개를 뽑을 때, 2, 6, 10, 14, 18에서 2개를 뽑는 경우만 8의 배수가 아니므로 8의 배수가 되게 짝수 2개를 뽑는 경우의 수는 ${}_{10}C_2-{}_5C_2=35$

따라서 부분집합의 개수는 $120\times35=4200$ … ㉰

(i), (ii)에서 $2100+4200=6300$ … ㉱

단계	채점 기준	배점
㉮	홀수인 원소가 1개 또는 3개임을 알기	10%
㉯	홀수가 1개일 때 원소의 곱이 8의 배수인 집합의 개수 구하기	40%
㉰	홀수가 3개일 때 원소의 곱이 8의 배수인 집합의 개수 구하기	40%
㉱	㉮, ㉯, ㉰의 합 구하기	10%

답 6300

26

[전략] $n(A-B)=2$인 경우의 수에서 $1\in(A\cap B)$인 경우의 수를 뺀다.

(i) $n(A-B)=2$일 때

$A-B$의 원소 2개를 뽑는 경우의 수는 ${}_6C_2=15$

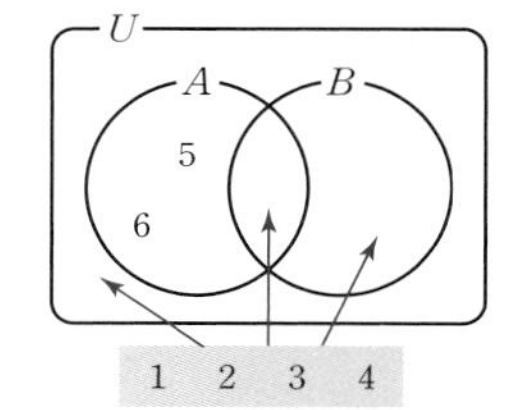

나머지 원소 4개는 각각 $A\cap B$, $B-A$, $(A\cup B)^C$ 중 하나의 원소이므로 경우의 수는

$3\times3\times3\times3=81$

따라서 순서쌍 (A, B)의 개수는

$15\times81=1215$

(ii) $n(A-B)=2$이고 $1\in(A\cap B)$일 때

$A-B$의 원소 2개를 뽑는 경우의 수는 ${}_5C_2=10$

나머지 원소 3개는 각각 $A\cap B$, $B-A$, $(A\cup B)^C$ 중 하나의 원소이므로 경우의 수는 $3\times3\times3=27$

따라서 순서쌍 (A, B)의 개수는

$10\times27=270$

(i), (ii)에서 $1215-270=945$

답 ④

Note
$1\in(A-B)$, $1\in(B-A)$, $1\in(A\cup B)^C$일 때로 나누어 풀어도 된다.

27

[전략] 가로선 2개와 세로선 2개를 뽑으면 평행사변형 하나가 정해진다.

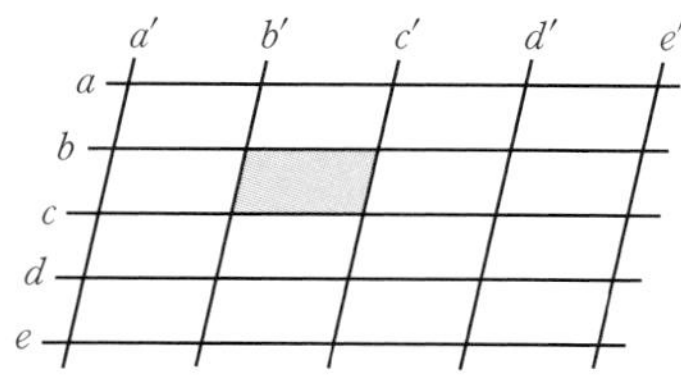

(i) 가로선 a, b, c, d, e 중 2개와 세로선 a', b', c', d', e' 중 2개를 뽑으면 평행사변형이 하나 정해진다.

$\therefore {}_5C_2\times{}_5C_2=10\times10=100$ (개)

(ii) 색칠한 평행사변형을 포함하려면 가로선 a, b 중 하나와 c, d, e 중 하나를 뽑고 세로선 a', b' 중 하나와 c', d', e' 중 하나를 뽑으면 되므로 $(2\times3)\times(2\times3)=36$ (개)

(i), (ii)에서 $100+36=136$ (개)

답 ①

28

[전략] 만나는 두 선분은 사각형의 두 대각선이라 생각할 수 있다.

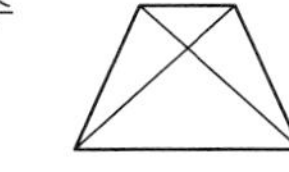

선분 AB 위에서 점 2개, 선분 CD 위에서 점 2개를 뽑아 사각형을 생각하면 대각선이 만나는 두 선분이다.

$\therefore {}_4C_2 \times {}_5C_2 = 6 \times 10 = 60$

답 ②

29

[전략] 원에 내접하는 직사각형의 대각선은 원의 지름임을 이용한다.

원 위의 세 점은 일직선 위에 있지 않으므로 n개에서 3개를 뽑는 조합의 수가 삼각형의 개수이다.

${}_nC_3 = 56$에서 $\dfrac{n(n-1)(n-2)}{3!} = 56$

$n(n-1)(n-2) = 8 \times 7 \times 6 \qquad \therefore n = 8$

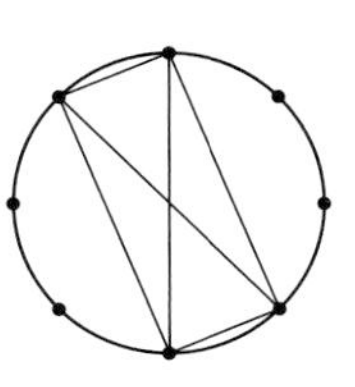

그림과 같이 네 점을 연결하는 사각형이 직사각형이면 대각선은 원의 지름이다. 2개의 점을 연결할 때 지름은 4개이고, 이 중 2개를 뽑으면 8개의 점 중 네 점을 연결하여 얻을 수 있는 직사각형이다.

따라서 직사각형의 개수는 ${}_4C_2 = 6$

답 ①

다른 풀이

8개의 점 중 2개를 뽑아 지름이 아닌 현을 만들면 직사각형을 하나 만들 수 있다.

지름이 아닌 현의 개수는 ${}_8C_2 - 4 = 28 - 4 = 24$이고 직사각형의 변이 4개이므로 직사각형은 4번씩 중복된다.

따라서 직사각형의 개수는 $24 \div 4 = 6$

30

[전략] 아시아 국가만으로 이루어진 그룹이 2개인 경우와 1개인 경우로 나누어 구한다.
또는 전체 경우의 수에서 아시아 국가만으로 이루어진 그룹이 없는 경우의 수를 뺀다.

(i) 아시아 국가만으로 이루어진 그룹이 2개인 경우

아시아 4개국과 아프리카 4개국을 각각 2그룹씩 나누면 되므로 경우의 수는

$$\left({}_4C_2 \times {}_2C_2 \times \frac{1}{2!}\right) \times \left({}_4C_2 \times {}_2C_2 \times \frac{1}{2!}\right)$$

$$= 6 \times 1 \times \frac{1}{2} \times 6 \times 1 \times \frac{1}{2} = 9$$

(ii) 아시아 국가만으로 이루어진 그룹이 1개인 경우

아시아 2개국을 뽑고 남은 아시아 2개국에 아프리카 2개국을 뽑아 대응시키고 나머지 아프리카 2개국을 한 그룹으로 만들면 된다.

따라서 경우의 수는 ${}_4C_2 \times {}_4P_2 \times 1 = 6 \times 12 \times 1 = 72$

(i), (ii)에서 $9 + 72 = 81$

답 81

다른 풀이

(i) 8개국을 2개국씩 4개의 그룹으로 나누는 경우의 수는

$${}_8C_2 \times {}_6C_2 \times {}_4C_2 \times {}_2C_2 \times \frac{1}{4!} = 28 \times 15 \times 6 \times 1 \times \frac{1}{24} = 105$$

(ii) 각 그룹에 아시아 국가가 1개씩 모두 포함된 경우의 수는 아시아 국가의 집합에서 아프리카 국가의 집합으로의 일대일대응의 개수와 같으므로 $4! = 24$

(i)에서 (ii)의 경우의 수를 빼면 $105 - 24 = 81$

31

[전략] 5명을 3조로 나눈 다음 각 조가 내릴 층을 정한다.

5명을 같은 층에서 내릴 1명, 1명, 3명 또는 1명, 2명, 2명으로 나누는 경우의 수는

$${}_5C_1 \times {}_4C_1 \times {}_3C_3 \times \frac{1}{2!} + {}_5C_1 \times {}_4C_2 \times {}_2C_2 \times \frac{1}{2!}$$

$$= 5 \times 4 \times 1 \times \frac{1}{2} + 5 \times 6 \times 1 \times \frac{1}{2}$$

$$= 10 + 15 = 25$$

3조가 5개 층 중 내릴 3개 층을 정하는 경우의 수는 ${}_5P_3 = 60$

$\therefore 25 \times 60 = 1500$

답 ⑤

32

[전략] 3명, 5명 또는 4명, 4명의 2개의 조로 나누어야 한다.
그리고 남학생이 각 조에 1명은 포함되는 경우를 생각하기 어려우면 남학생 3명이 한 조에 포함되는 경우를 이용하여 경우의 수를 구한다.

3명, 5명 또는 4명, 4명으로 나눌 수 있다.

(i) 3명, 5명으로 조를 나누는 경우

전체 경우는 ${}_8C_3 \times {}_5C_5 = 56 \times 1 = 56$ (가지)

남학생 3명이 3명인 조에 속하는 경우는 1 (가지)

남학생 3명이 5명인 조에 속하는 경우는 여학생 5명을 2명, 3명으로 나눈 다음 여학생이 2명인 조에 남학생 3명이 속하는 경우와 같으므로

${}_5C_2 \times {}_3C_3 = 10 \times 1 = 10$ (가지)

$\therefore 56 - 1 - 10 = 45$ (가지) … ㉮

(ii) 4명, 4명으로 조를 나누는 경우

전체 경우는

$${}_8C_4 \times {}_4C_4 \times \frac{1}{2!} = 70 \times 1 \times \frac{1}{2} = 35 \text{ (가지)}$$

남학생 3명이 한 조에 속하는 경우는 여학생 5명을 1명, 4명으로 나눈 다음 여학생이 1명인 조에 남학생 3명이 속하는 경우와 같으므로

${}_5C_1 \times {}_4C_4 = 5 \times 1 = 5$ (가지)

$\therefore 35 - 5 = 30$ (가지) … ㉯

(i), (ii)에서 $45 + 30 = 75$ (가지) … ㉰

단계	채점 기준	배점
㉮	3명, 5명으로 조를 나누는 방법의 수 구하기	40%
㉯	4명, 4명으로 조를 나누는 방법의 수 구하기	50%
㉰	㉮, ㉯의 합 구하기	10%

답 75

33

[전략] A에 속하는 4팀과 B에 속하는 3팀을 정하는 방법부터 생각한다.

A에 속하는 4팀을 뽑는 경우의 수는 ${}_7C_4=35$

A에 속하는 4팀을 2팀씩 묶는 경우의 수는

$${}_4C_2\times{}_2C_2\times\frac{1}{2!}=6\times1\times\frac{1}{2}=3$$

B에 속하는 3팀에서 부전승으로 올라가는 팀을 정하는 경우의 수는 ${}_3C_1=3$

따라서 대진표의 가짓수는 $35\times3\times3=315$ 답 315

Note

대진표에서 다음 두 경우는 같다고 생각한다.

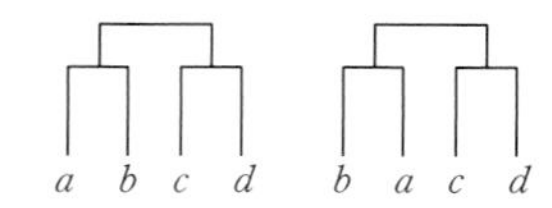

다음도 같다고 생각한다.

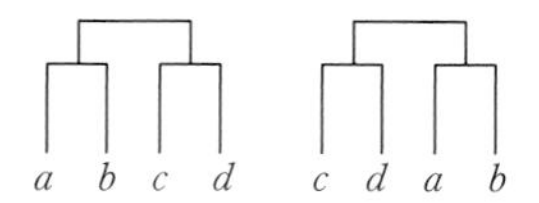

34

[전략] 예를 들어 국어를 1번째, 3번째 제출한다고 하면
1번째는 국어 A를, 3번째는 국어 B를 제출해야 한다.

그림과 같이 제출하는 순서를 칸으로 나타내어 보자.

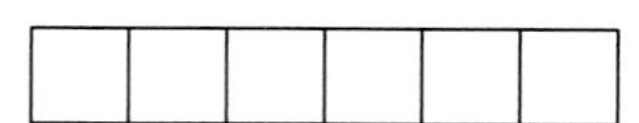

6개의 과제를 제출할 때, 국어 과제에 해당하는 칸을 2개 정하면 앞의 칸은 국어 A, 뒤의 칸은 국어 B이다.

남은 칸에서 수학 과제에 해당하는 칸을 2개 정하면 앞의 칸은 수학 A, 뒤의 칸은 수학 B이다.

남은 칸에서 앞은 영어 A, 뒤는 영어 B이다.

따라서 경우의 수는 ${}_6C_2\times{}_4C_2\times{}_2C_2=15\times6\times1=90$ 답 90

35

[전략] $f(3)=2, 4, 6$일 때로 나누어 가능한 f의 개수를 각각 구한다.

(i) $f(3)=2$일 때

$f(1)=f(2)=1$이고 $f(4), f(5), f(6), f(7)$은 3, 4, 5, 6, 7 중 하나이다.

따라서 f의 개수는 $1\times(5\times5\times5\times5)=625$

(ii) $f(3)=4$일 때

$f(1), f(2)$는 1, 2, 3 중 하나이고 $f(4), f(5), f(6), f(7)$은 5, 6, 7 중 하나이다.

따라서 f의 개수는 $(3\times3)\times(3\times3\times3\times3)=729$

(iii) $f(3)=6$일 때

$f(1), f(2)$는 1, 2, 3, 4, 5 중 하나이고

$f(4)=f(5)=f(6)=f(7)=7$이므로 f의 개수는

$(5\times5)\times1=25$

(i), (ii), (iii)에서 $625+729+25=1379$ 답 1379

36

[전략] f가 일대일대응이므로 $n(A)=n(B)$이다.
그리고 가능한 $A\cap B$의 원소부터 생각한다.

일대일대응이고, $n(U)=7$, $n(A\cap B)=1$이므로 $n(A)=n(B)=4$이다.

$A\cap B$의 원소는 U의 원소 중 하나이므로 7가지

A의 원소는 U에서 $A\cap B$의 원소가 아닌 원소를 3개 뽑으면 되므로 가능한 A의 개수는 ${}_6C_3=20$

이때 남은 원소는 B의 원소이다.

$n(A)=n(B)=4$이면 일대일대응의 개수는 $4!$

따라서 일대일대응의 개수는 $7\times20\times24=3360$ 답 ④

step C 최상위 문제 74~75쪽

01 576 **02** 64 **03** 64 **04** ① **05** ③
06 528 **07** 50 **08** 495

01

[전략] 첫 번째 줄에 모자 A, B, C, D를 하나씩 건 경우
두 번째 줄과 세 번째 줄에 가능한 경우를 구한다.

다음과 같이 첫 번째 줄에 A, B, C, D를 걸고 두 번째 줄 첫 번째 칸에 B를 건 경우

A	B	C	D
B	❶	❷	❸
❹	❺	❻	❼

(i) ❶이 A인 경우 ❷는 D, ❸은 C이다.

❹가 C이면 ❺, ❻, ❼은 D, A, B 또는 D, B, A이므로 2가지

❹가 D이면 ❺, ❻, ❼은 C, A, B 또는 C, B, A이므로 2가지

(ii) ❶이 C인 경우 ❷는 D, ❸은 A이다.

❹가 C이면 ❺, ❻, ❼은 D, A, B이므로 1가지

❹가 D이면 ❺, ❻, ❼은 A, B, C이므로 1가지

(iii) ❶이 D인 경우 ❷는 A, ❸은 C이다.

❹가 C이면 ❺, ❻, ❼은 A, D, B이므로 1가지

❹가 D이면 ❺, ❻, ❼은 C, B, A이므로 1가지

(i), (ii), (iii)에서 첫 번째 줄에 A, B, C, D를 걸고 두 번째 줄 첫 번째 칸에 B를 거는 방법의 수는 8

두 번째 줄 첫 번째 칸에 C 또는 D를 거는 방법의 수도 각각 8

첫 번째 줄에 A, B, C, D를 거는 방법의 수는 $4!=24$

$\therefore 8\times3\times24=576$ 답 576

02

[전략] B에 있던 3명 중 B의 비어 있던 2개의 의자로 옮긴 사람 수로 경우를 나누어 구한다.

탁자 B에 앉아 있던 사람을 a, b, c라 하고 앉아 있던 자리를 a', b', c', 비어 있던 자리를 d', e'이라 하자.

(i) a, b, c가 d', e'에 앉지 않는 경우
a, b, c는 b', c', a' 또는 c', a', b'에 앉아야 하므로 2가지
또 A에 앉아 있던 사람이 B의 d', e'에 앉는 경우의 수는 2
$\therefore 2\times2=4$

(ii) a, b, c 중 1명이 d', e'에 앉는 경우
a, b, c 중 1명이 d' 또는 e'에 앉는 경우의 수는 $3\times2=6$
남은 2명이 a', b', c'에 앉는 경우의 수는 3
A에 앉아 있던 사람이 남은 의자에 앉는 경우의 수는 2
$\therefore 6\times3\times2=36$

(iii) a, b, c 중 2명이 d', e'에 앉는 경우
a, b, c 중 2명이 d', e'에 앉는 경우의 수는 ${}_3P_2=6$
남은 1명이 a', b', c'에 앉는 경우의 수는 2
A에 앉아 있던 사람이 남은 의자에 앉는 경우의 수는 2
$\therefore 6\times2\times2=24$

(i), (ii), (iii)에서 $4+36+24=64$ 답 64

03

[전략] (나)에서 $f(1)$의 값은 1, 2, 3 중 하나이다.
이때 (가)를 이용하여 가능한 $f(-1)$의 값을 찾는다.

(나)에서 $f(1)$의 값은 1, 2, 3 중 하나이다.

(i) $f(1)=1$일 때
(가)에서 $|f(1)+f(-1)|=1$, $|1+f(-1)|=1$
$f(-1)=0$ 또는 $f(-1)=-2$
$0\notin X$이므로 $f(-1)=-2$

(ii) $f(1)=2$일 때
(가)에서 $|2+f(-1)|=1$
$f(-1)=-1$ 또는 $f(-1)=-3$

(iii) $f(1)=3$일 때
(가)에서 $|3+f(-1)|=1$
$f(-1)=-2$ 또는 $f(-1)=-4$
$-4\notin X$이므로 $f(-1)=-2$

(i), (ii), (iii)에서 $f(1)$과 $f(-1)$의 값을 정하는 경우의 수는
$1+2+1=4$

같은 방법으로 $f(2)$와 $f(-2)$, $f(3)$과 $f(-3)$의 값을 정하는 경우의 수도 각각 4이다.
따라서 f의 개수는 $4\times4\times4=64$ 답 64

04

[전략] 6개의 수를 2개씩 3조로 나눈다.
이때 각 조의 두 수의 합이 같은 경우가 없으면 합이 작은 조부터 1열, 2열, 3열에 쓰면 된다.

6개의 수를 2개씩 3조로 나누는 경우의 수는

$${}_6C_2\times{}_4C_2\times{}_2C_2\times\frac{1}{3!}=15\times6\times1\times\frac{1}{6}=15$$

그런데 $2+27=7+22=12+17$, $2+22=7+17$,
$2+17=7+12$, $7+27=12+22$, $12+27=17+22$
이므로
(2, 27)과 (7, 22), (2, 22)와 (7, 17),
(2, 17)과 (7, 12), (7, 27)과 (12, 22),
(12, 27)과 (17, 22)
로 조를 나누는 경우를 제외하면 각 조의 두 수의 합이 같지 않다.
따라서 합이 작은 조부터 1열, 2열, 3열에 쓰면 된다.
또 각 열에 두 수를 쓰는 방법이 2가지씩이므로 경우의 수는
$(15-5)\times2\times2\times2=80$ 답 ①

05

[전략] $a=1234$라 하고 가능한 b를 모두 찾는다.
이때 b의 네 자리 숫자가 5를 포함할 때와 포함하지 않을 때로 나누어 생각한다.

$a=1234$라 하자.

(i) B에서 뽑은 숫자가 1, 2, 3, 4인 경우
b의 천의 자리가 2인 경우는 다음과 같이 3가지이다.

a	1	2	3	4
b	2	1	4	3
		3	4	1
		4	1	3

b의 천의 자리가 3 또는 4인 경우도 3가지씩이다.
$\therefore 3\times3=9$

(ii) B에서 뽑은 숫자가 2, 3, 4, 5인 경우, 곧 b에 1이 없는 경우
b의 천의 자리가 5인 경우는 다음과 같이 2가지이다.

a	1	2	3	4
b	5	3	4	2
		4	2	3

b의 백의 자리가 5인 경우는 다음과 같이 3가지이다.

a	1	2	3	4
b	2	5	4	3
	3		4	2
	4		2	3

b의 십의 자리가 5 또는 b의 일의 자리가 5인 경우도 3가지씩이다.
$\therefore 2+3\times3=11$

(iii) b에 2 또는 3 또는 4가 없는 경우도 11가지씩이다.

(i), (ii), (iii)에서 $a=1234$일 때 가능한 b의 개수는
$9+11\times4=53$
가능한 a의 개수는 ${}_5P_4$이므로 순서쌍 (a, b)의 개수는
${}_5P_4\times53$ $\quad\therefore x=53$ 답 ③

06

[전략] 여학생 2명을 각 층에 배정하는 경우를 나누어 경우의 수를 각각 구한다.

(ⅰ) 3층 2개를 여학생 2명에게 배정하는 경우

3층의 사물함을 여학생 2명에게 배정하는 경우의 수는

$2!=2$

나머지 사물함을 남학생 3명에게 배정하는 경우의 수는

${}_{5}P_{3}=60$

따라서 경우의 수는 $2\times60=120$

(ⅱ) 2층 2개를 여학생 2명에게 배정하는 경우

(ⅰ)과 같으므로 경우의 수는 120

(ⅲ) 1층 3개 중 2개를 여학생 2명에게 배정하는 경우

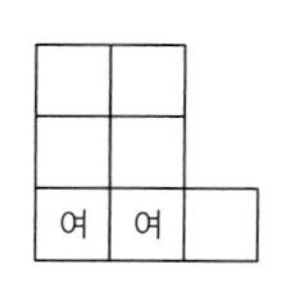

1층의 사물함을 여학생 2명에게 배정하는 경우의 수는 ${}_{3}P_{2}=6$

남학생 3명에게는 2층 또는 3층의 사물함을 배정해야 하므로 경우의 수는 ${}_{4}P_{3}=24$

따라서 경우의 수는 $6\times24=144$

(ⅳ) 2층 1개, 3층 1개를 여학생 2명에게 배정하는 경우

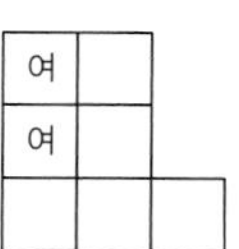

2층, 3층의 사물함을 1개씩 선택하는 경우의 수는 $2\times2=4$이고, 사물함을 여학생 2명에게 배정하는 경우의 수는 $2!=2$이므로

$4\times2=8$

남학생 3명에게는 1층의 사물함을 배정해야 하므로 경우의 수는 $3!=6$

따라서 경우의 수는 $8\times6=48$

(ⅴ) 3층 1개, 1층 1개를 여학생 2명에게 배정하는 경우

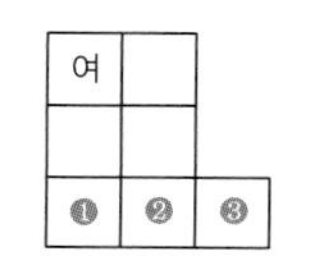

❷를 여학생에게 배정하면 남학생 3명에게 사물함을 배정할 수 없다.

3층 사물함 1개와 ❶, ❸ 중 하나를 정하는 경우의 수는 $2\times2=4$이고, 여학생 2명에게 배정하는 경우의 수는 $2!=2$이므로 $4\times2=8$

❶, ❸ 중 남은 하나와 2층 사물함을 남학생 3명에게 배정하는 경우의 수는 $3!=6$

따라서 경우의 수는 $4\times2\times6=48$

(ⅵ) 2층 1개, 1층 1개를 여학생 2명에게 배정하는 경우

(ⅴ)와 같으므로 경우의 수는 48

(ⅰ)~(ⅵ)에서

$120+120+144+48+48+48=528$ 　답 528

07

[전략] 다리가 이미 놓여 있는 두 섬을 하나의 섬으로 보고 이 섬에서 다리를 3개, 2개, 1개 놓는 경우로 나누어 생각한다.

그림과 같이 섬을 A, B, C, D, E라 하고, A와 B를 묶어 A′이라 하자.

(ⅰ) A′에 다리를 3개 놓는 경우

C, D, E에서 A 또는 B에 다리를 하나씩 놓으면 되므로

$2\times2\times2=8$ (가지)

(ⅱ) A′에 다리를 2개 놓는 경우

C, D, E 중 A′에 연결되는 섬을 선택하는 방법이 ${}_{3}C_{2}=3$ (가지)

예를 들어 C, D를 선택한 경우 E와 C, D를 연결하는 다리는 C−E 또는 D−E이므로 2가지

또 C, D에서 A 또는 B에 다리를 놓는 방법이

$2\times2=4$ (가지)

$\therefore 3\times2\times4=24$(가지)

(ⅲ) A′에 다리를 1개 놓는 경우

C, D, E 중 A′에 연결되는 섬을 선택하는 방법이 3가지

예를 들어 C를 선택한 경우 C와 D, E를 연결하는 방법이 C−D, C−E 또는 C−D−E 또는 C−E−D이므로 3가지

또 C에서 A 또는 B에 다리를 놓는 방법이 2가지

$\therefore 3\times3\times2=18$ (가지)

(ⅰ), (ⅱ), (ⅲ)에서 $8+24+18=50$ (가지) 　답 50

08

[전략] 1부터 15까지 차례로 나열한 다음, 이웃하지 않는 4장을 뽑는 경우의 수와 같다.

1부터 15까지 15장의 카드를 차례로 나열한 다음 이웃하지 않게 4장의 카드를 뽑는다고 생각한다.

따라서 ○를 11개 나열하고 양 끝과 ○ 사이에 ●를 4개 넣는 경우의 수를 생각하면

${}_{12}C_{4}=495$ 　답 495

Note

위의 그림은 2, 5, 9, 14를 뽑는 경우이다.

절대등급

정답 및 풀이

고등 **수학(하)**

내신 1등급 문제서

절대등급